식사요법

김미자 · 김정연 · 김미옥 · 김지영
강은희 · 김지연 · 고영은

창지사

머리말

최근에는 질병 예방을 위한 식사관리가 더욱 중요한 요소로 강조되고 있으며, 식사요법을 통한 영양관리는 환자의 체력을 증강시키고 면역력을 증가시켜 질병의 치료와 회복을 증진시키는 중요한 역할을 한다. 건강을 위하여 가장 중요하게 강조되는 균형 잡힌 식생활은 각종 질병을 예방하고 노화를 지연시키며, 신체적으로나 정신적으로 건강한 삶을 영위할 수 있게 한다.

한편, 최근에 발표된 한국인의 사망원인 5위 안에는 암, 심장질환, 뇌혈관질환, 고의적 자해, 폐렴 등으로 잘못된 식생활은 생활습관병인 만성질환의 증가 및 다양한 질병을 발생시킨다. 따라서 영양과 식이에 관련된 전문지식을 익혀 사회에 나가 영양 불균형을 해소하고 질병 예방을 위한 식사관리를 해야 하는 영양전문가인 식품영양전공자는 물론 간호사, 의사, 물리치료사, 보건요원, 체육인 등의 역할을 위한 체계적인 교재가 요구된다. 이를 뒷받침하기 위해서 식사요법 교과내용은 질병의 영양관리와 영양지도를 할 수 있도록, 신체 각 기관과 조직의 생리와 기능, 질환별 식사요법의 목표와 구체적인 식사방안과 영양관리를 할 수 있도록 구성되어야 한다.

본 교재는 질환별 영양생리 변화와 환자의 영양관리를 주된 내용으로 질병의 원인, 증상, 영양상태를 파악하고, 이에 따른 식사요법의 계획과 영양지도를 할 수 있도록 서술하였으며 현장에서의 실무 활용에 보탬이 되도록 하는 데 목적을 두었다. 또한, 최근 질병의 원인과 치료 방법 등이 새롭게 개발되면서 변화된 내용의 영양관리 방법들을 새로운 국내외 자료들을 참고·보완하여 기술하였다.

이 책의 건강관련 정보들은 식사요법을 배우는 학생은 물론 일반인도 활용할 수 있도록 몇몇 사례와 식단을 제시하였으므로, 환자의 치료와 건강증진, 가족 및 지역사회를 위한 영양전문가들에게 건강과 질병에 관한 올바른 지식과 정보를 전달하는 데 도움이 되길 바란다.

본 교재가 출판될 수 있도록 열정을 다하여 집필에 참여해 주신 교수님들과 창지사 사장님을 비롯한 편집부의 세심한 노고에 진심으로 감사드린다.

2018년 2월

대표저자 김미자

목차

Chapter 01

식사요법 개요

1. 식사요법의 중요성과 목적

세계보건기구(WHO)에서는 건강에 대하여 "질병이나 단지 허약한 상태가 아닐 뿐만 아니라 육체적·정신적 및 사회적으로 완전한 안녕상태를 말한다."라고 정의하였다. 건강을 유지하기 위해서는 인체에 필요한 여섯 가지 기초식품군을 균형 있게 섭취하고 섭취한 음식은 체내에서 조화를 이루어 생체 구성물질에 이용될 수 있어야 한다. 좋은 영양상태는 신체의 활동능력을 향상시키고 질병에 대한 저항력을 증가시켜 질병을 예방할 수 있도록 도와준다.

개인의 건강 유지는 그 개인의 행복뿐 아니라 건전한 사회를 이루는 기초가 된다. 또한, 평균수명이 계속 증가하고 있는 요즘 단순한 수명연장이 아니라 건강한 삶에 대한 중요성이 배가되고 있는데 그중에서도 성인병을 비롯한 각종 만성질환이 일상생활 습관 중 식생활과 밀접한 관련이 있으므로 질병의 치료와 예방에 대한 관심이 더욱 고조되고 있다.

식사요법의 중요한 목적은 어떤 질병이 양적 또는 질적으로 영양소의 결핍이나 과잉에 의해 일어나는지를 밝히고, 그 질병의 발생을 예방하며, 질병이 발생된 환자는 질병에 따른 대사장애를 치료하여, 신속한 회복과 질병의 재발 방지를 위해 영양을 공급하는 것이다.

2. 영양관리

영양관리를 실시하려면 먼저 환자의 영양상태를 평가하여야 한다. 환자의 영양 판정은 영양섭취 상황이나 영양소에 의해 영향을 받는 건강 관련 요인을 종합적으로 분석하여 환자의 영양상태를 진단하는 과정을 의미한다. 따라서 환자의 식사력(diet history), 신체계측, 생화학적 검사, 임상검사 등을 통해 필요한 자료를 수집한다.

〈표 1-1〉 환자의 영양판정에 필요한 정보

조사방법	관련 정보
식사섭취 조사	· 음식섭취와 식습관에 관한 조사를 통하여 영양소섭취량을 산출하여 영양불량 여부를 평가하는 방법 · 평소 식사섭취량을 조사(24시간 회상법, 식품섭취 빈도 조사법, 문진표 등) · 저작, 연하 능력 · 건강보조식품, 영양보충제 사용 여부 · 알레르기 식품 유무
신체 계측	· 신체부위를 측정하고 체성분이나 성잘발육 정도를 평가하여 이를 표준치와 비교함으로써 영양상태를 판정 · 신장과 체중(표준체중, 체중변화) · 체질량지수 · 허리둘레 · 체지방 · 피부두겹두께
생화학적 검사	· 체액, 혈액, 소변, 조직 등에서 특정 영양소의 함량을 측정 · 단백질의 영양상태(총단백질, 혈청 알부민, 혈청 트렌스페린, 혈청 프리알부민) · 면역기능 평가(총 림프구 수, 지연형 피부 반응) · 빈혈의 평가
임상 검사	· 병력(과거력, 가족력) · 이학적 검사(피부, 머리카락, 눈, 구강, 손톱, 상·하지, 복부, 근·골격계 및 신경학적 진찰)

장혜순 외(2014).

3. 한국인 영양섭취기준

현대사회에서 영양부족으로 인한 건강문제와 더불어 에너지, 동물성지방, 트랜스지방, 나트륨 과잉섭취로 인한 만성질환이 주요 문제로 대두되면서 식품영양섭취의 변화에 따라 한국인의 건강을 최적상태로 유지할 수 있는 영양소섭취수준인 한국인 영양섭취기준이 2005년에 제정되었고 그 후 국내외 새로운 문헌의 재검토와 우리나라의 국민건강영양조사 자료를 기준으로 2015년에 2차 개정이 발표되었다.

1) 한국인 영양섭취기준의 구성

한국인 영양섭취기준(KDRIs)은 질병이 없는 대부분의 한국 사람들을 최적의 건강상태로 유지하고 질병 예방에 도움이 될 수 있도록 제시한 기준으로 각 영양소의 평균필요량(Estimated Average Requirement, EAR), 권장섭취량(Recommended Nutrient Intake, RNI), 충분섭취량(Adequate Intake, AI), 상한섭취량(Tolerable Upper Intake Level, UL) 등 네 가지를 포함하고 있다.

(1) 평균필요량

대상 집단을 구성하는 건강한 사람들의 일일 영양소 필요량의 중앙값으로부터 산출한 값이다.

(2) 권장섭취량

인구집단의 97~98%에 해당하는 사람들의 필요량을 충족시키는 수준을 나타내며 평균필요량에 표준편차 두 배를 더한 값이다.

(3) 충분섭취량

영양소 필요량을 추정할 수 있는 과학적 근거가 부족하거나 필요량의 중앙값과 표준편차를 구하기가 어려워 권장섭취량을 제시할 수 없을 경우 건강한 사람들의 건강 유지하에 충분한 양을 제시한다.

(4) 상한섭취량

인체에 해로운 영향이 나타나지 않는 최대 영양소섭취의 상한선으로 과다섭취 시 유해한 영향이 있을 경우 설정할 수 있다.

상한섭취량=최대무해용량 또는 최저유해용량/불확실계수(UF)

(5) 에너지 적정비율

탄수화물, 지방은 적정섭취를 정할 수 있는 과학적 근거가 충분하지 않아 평균필요량이나 상한섭취량을 설정하지 못하였지만 에너지 섭취비율과 건강 관련성으로 인해 탄수화물, 지방, 단백질의 에너지 적정비율은 〈표 1-3〉과 같다.

〈표 1-2〉 **영양소별 영양섭취기준 설정 현황 및 성인(19~29세)의 영양섭취기준 예**

영양소		영양섭취기준 설정 현황				성인 남녀(19~29세)의 영양섭취기준							
		영양섭취기준				남자(173cm, 65.8kg)				여자(160cm, 56.3kg)			
		평균섭취량	권장섭취량	충분섭취량	상한섭취량	평균섭취량	권장섭취량	충분섭취량	상한섭취량	평균섭취량	권장섭취량	충분섭취량	상한섭취량
다량영양소	에너지(kcal/일)	○[1)]				2,600				2,100			
	단백질(g/일)	○	○			50	65			45	55		
	식이섬유(g/일)			○				25				20	
	수분(mL/일)			○				2,600				2,100	
	탄수화물:단백질:지방[2)]					55~65%:7~20%:15~30%				55~65%:7~20%:15~30%			
	n-6 다중불포화지방산[2)]					4~10%				4~10%			
	n-3 다중불포화지방산[2)]					1% 내외				1% 내외			
	포화지방산[2)]					7% 미만				7% 미만			
	트랜스지방산[2)]					1% 미만				1% 미만			
	콜레스테롤(mg)					<300				<300			
지용성 비타민	비타민 A(μgRE/일)	○	○		○	570	800		3,000	460	650		3,000
	비타민 D(μg/일)			○	○			10	100			10	100
	비타민 E (mg α-TE/일)			○	○			12	540			10	540
	비타민 K(μg/일)			○				75				65	

영양소		영양섭취기준 설정 현황				성인 남녀(19~29세)의 영양섭취기준							
		영양섭취기준				남자(173cm, 65.8kg)				여자(160cm, 56.3kg)			
		평균 섭취량	권장 섭취량	충분 섭취량	상한 섭취량	평균 섭취량	권장 섭취량	충분 섭취량	상한 섭취량	평균 섭취량	권장 섭취량	충분 섭취량	상한 섭취량
수용성 비타민	비타민 C(mg/일)	○	○		○	75	100		2,000	75	100		2,000
	티아민(mg/일)	○	○			1.0	1.2			0.9	1.1		
	리보플라빈(mg/일)	○	○			1.3	1.5			1.0	1.2		
	니아신(mg NE/일)	○	○		○	12	16		35[3] 1,000[4]	11	14		35[3] 1,000[4]
	비타민 B_6(mg/일)	○	○		○	1.3	1.5		100	1.2	1.4		100
	엽산(μgDFE/일)[5]	○	○		○	320	400		1,000	320	400		1,000
	비타민 B_{12}(μg/일)	○	○			2.0	2.4			2.0	2.4		
	판토텐산(mg/일)			○				5				5	
	비오틴(μg/일)			○				30				30	
다량 무기질	칼슘(mg/일)	○	○		○	650	800		2,500	530	700		2,500
	인(mg/일)	○	○		○	580	700		3,500	580	700		3,500
	나트륨(g/일)			○	○[6]			1.5	2.0			1.5	2.0
	염소(g/일)			○				2.3				2.3	
	칼륨(g/일)			○				3.5				3.5	
	마그네슘(mg/일)	○	○		○[7]	295	350		350	235	280		350
미량 무기질	철(mg/일)	○	○		○	8	10		45	11	14		45
	아연(mg/일)	○	○		○	8	10		35	7	8		35
	구리(μg/일)	○	○		○	600	800		10,000	600	800		10,000
	불소(mg/일)			○	○			3.5	10			3.0	10
	망간(mg/일)			○	○			4.0	11			3.5	11
	요오드(μg/일)	○	○		○	95	150		2,400	95	150		2,400
	셀레늄(μg/일)	○	○		○	50	60		400	50	60		400
	몰리브덴(μg/일)	○	○		○	25	30		550	20	25		450
	크롬(μg/일)			○				2				25	

1) 에너지의 경우 필요 추정량(EER) 값임
2) 탄수화물, 지방, 단백질, n-6 다중불포화지방산, n-3 다중불포화지방산, 포화지방산, 트랜스지방산의 경우 에너지 적정비율로 제시
3) 니코틴산
4) 니코틴아미드
5) 식이엽산당량(Dietary Folate Equivalent, DFE)
6) 목표량
7) 식품 외 급원의 마그네슘에만 해당

한국영양학회(2015).

〈표 1-3〉 2015 다량 영양소 에너지 적정비율

영양소	에너지 적정비율(2015)				에너지 적정비율(2010)			
	1~2세	3~18세	19세 이상	비고	1~2세	3~18세	19세 이상	비고
탄수화물	55~65%	55~65%	55~65%		55~70%	55~70%	55~70%	
단백질	7~20%	7~20%	7~20%		7~20%	7~20%	7~20%	
지질 총지방	20~35%	15~30%	15~30%		20~35%	15~30%	15~25%	
n-6계 지방산	4~10%	4~10%	4~10%		4~8%	4~8%	4~8%	
n-3계 지방산	1% 내외	1% 내외	1% 내외		1% 내외	1% 내외	1% 내외	
포화지방산		8% 미만	7% 미만				4.5~7%	
트랜스지방산		1% 미만	1% 미만				1% 미만	
콜레스테롤			300mg/일 미만	목표 섭취량			300mg/일 미만	목표 섭취량

한국영양학회(2015).

4. 우리나라 국민영양섭취실태

우리나라 국민의 식생활은 사회환경의 변화와 함께 새로운 식생활이 형성되어 정착되어 가고 있는 추세이다. 경제 성장과 식량수급이 안정되었고 국제화로 인한 수입식품의 증가로 식품선택에 다양성을 보여 주었다. 또한, 식품산업의 발달로 가공식품과 레토르트식품 등을 다양하게 섭취하고 있다.

1) 에너지 및 영양소섭취량

2016년 국민건강영양조사 결과, 에너지 섭취량은 2016년 2,026.8kcal이며, 남자는 1998년에 비해 200kcal가량 증가하였고, 여자는 1,700kcal 내외를 유지하고 있다. 에너지 섭취량에 가장 기여가 큰 식품군은 곡류(940.7kcal, 전체의 46.9%)이고, 육류(245.3kcal)와 주류(97.0kcal)순으로 나타났다. 지방섭취량(표준화)은 51.9g으로 꾸준히 증가하였으며, 지방의 에너지 섭취 분율도 1998년 17.9%에서 2016년 22.9%로 5% 증가하였다. 에너지 섭취량과 단백질, 지방의 섭취량이 가장 높은 연령은 19~29세였으며, 탄수화물 섭취량은 12~18세, 30~64세 섭취량이 더 높았다. 에너지 및 대부분의 영양소섭취량은 남자의 섭취량이 여자보다 높았지만, 남자의 지방, 단백질, 나트륨 섭취량은 여자의 1.5배 수준이었고, 에너지, 콜레스테롤 섭취량은 여자의 1.4배 수준이었다[그림 1-1], [그림 1-2].

2) 주요 급원식품

식품 중에서 백미로 섭취하는 에너지의 양이 전체 섭취량의 26%로 절대적으로 높고, 돼지고기, 소주, 빵, 라면 등의 순위로 나타났다. 단백질은 육류(21.4g)와 곡류(19.3g)를 통해 전체 섭취량의 57%를 섭취하였고, 지방은 육류, 곡류, 유지류가 주요 급원식품군이었다. 지방과 포화지방산 섭취량에 가장 크게 기여하는 급원식품은 돼지고기였으며, 콜레스테롤은 달걀이 가장 높아 전체 섭취량의 45.7%를 차지하였다. 식이섬유 섭취량의 주요 급원식품은 고추, 배추김치, 두부, 대두 등이었다. 칼슘은 주요 급원식품군인 채소류, 우유류, 어패류로부터의 섭취량이 전체 섭취량의 약 60%를 차지하는 것으로 나타났고, 우유, 배추김치, 멸치 등이 주요 급원식품이었으며, 나트륨의 주요 급원식품군은 양념류(전체 섭취량의 46.8%), 채소류, 곡류이고, 주요 급원식품은 소금, 배추김치, 간장, 된장, 라면 등이었다[그림 1-3].

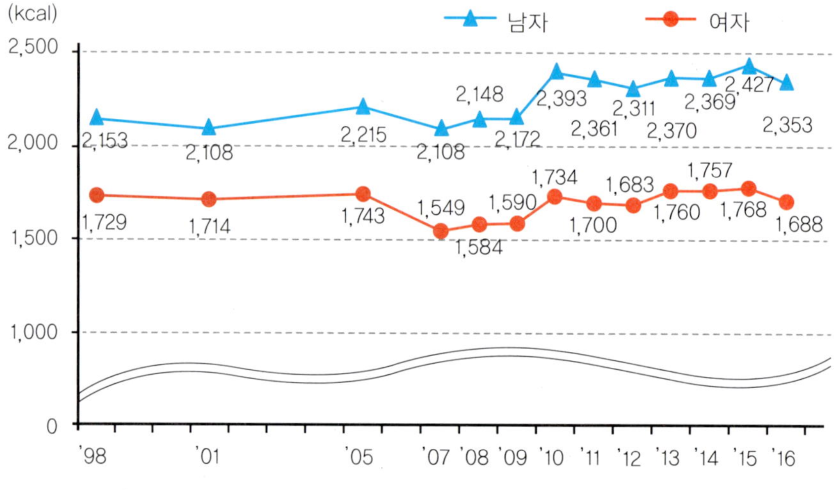

※ 2005년 추계인구로 연령표준화, 만 1세 이상

[그림 1-1] **에너지 섭취량 추이**

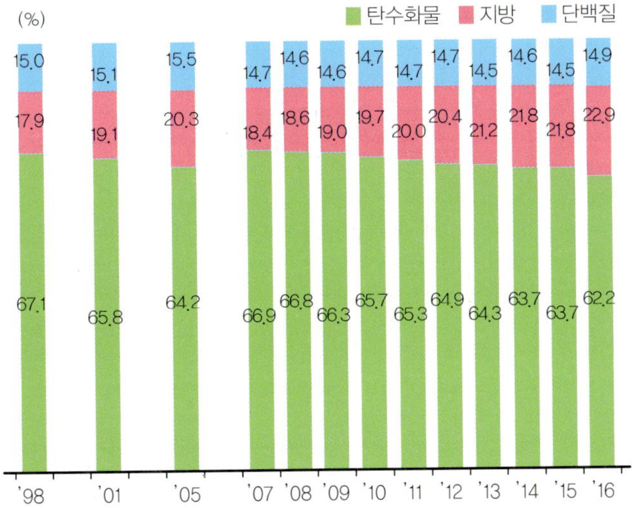

※ 단백질 급원 에너지 섭취분율: {(단백질 섭취량)×4}의 {(단백질 섭취량)×4+(지방 섭취량)×9+(탄수화물 섭취량)×4}에 대한 분율, 만 1세 이상

※ 지방 및 탄수화물급원 에너지 섭취분율: 단백질 급원 에너지 섭취분율과 같은 정의에 의해 산출

※ 2005년 추계인구로 연령표준화

[그림 1-2] 영양소별 에너지 섭취분율 추이

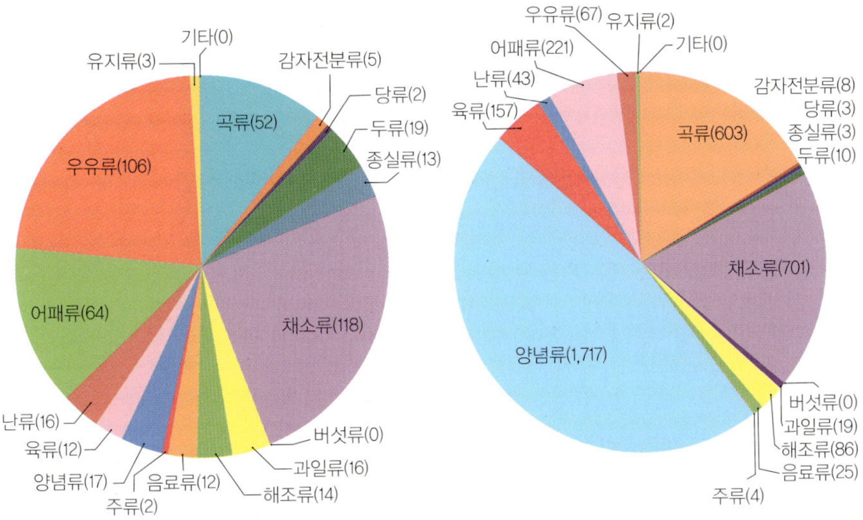

※만 1세 이상, 단위 mg

[그림 1-3] 식품군별 칼슘 및 나트륨 섭취량

3) 영양소섭취기준 대비 섭취비율

섭취비율 조사 결과 에너지 섭취량은 필요추정량의 97.1%였으며, 65세 이상은 90.3%로 가장 낮고 1~2세가 109.4%로 가장 높았다. 성별, 연령별 결과에서는 19~29세 여자가 83.7%로 가장 낮았다. 단백질, 철, 티아민은 권장섭취량과 비교 시 모든 연령군에서 100% 이상이었고, 인, 리보플라빈, 나이아신도 한 두 개 연령군을 제외하면 100% 이상을 섭취하는 것으로 조사되었다[그림 1-4]. 반면, 칼슘, 비타민 A는 권장섭취량의 60%가량 섭취하였으며, 칼슘의 권장섭취량에 대한 섭취비율은 65세 이상과 12~18세군에서 각각 50.8%, 52.1%로 가장 낮았으며, 비타민 A도 역시 같은 군에서 50.7%, 51.2%로 가장 낮았다.

4) 영양소별 부족 및 과잉

에너지 섭취가 필요추정량의 75% 미만인 사람은 30.9%이고 125% 이상인 사람은 20.8%였으며, 지방은 적정비율 미만으로 섭취한 사람이 25.8%, 초과 섭취한 사람이 20.0%로, 절반에 가까운 국민의 섭취수준이 부족 또는 과잉에 해당하는 것으로 평가되었다. 칼슘과 비타민 A는 연령, 소득수준, 거주지역과 상관없이 모든 군에서 섭취가 부족한 편으로, 12~18세(칼슘 84.1%, 비타민 A 82.3%)와 65세 이상(칼슘 83.3%, 비타민 A 81.5%)에서 특히 높았다. 비타민 C(55.7%)와 리보플라빈(41.7%)도 평균필요량 미만 섭취자 분율이 다른 영양소에 비해 높은 편이었으며, 여자는 비타민 C를 제외한 모든 영양소에서 남자보다 높았다.

5) 영양 부족 및 에너지·지방 과잉섭취

에너지와 주요 영양소(칼슘, 철, 비타민 A, 리보플라빈)의 섭취 수준이 모두 낮은 경우는 칼슘과 비타민 A 평균필요량 미만 섭취자 분율 증가 등과 마찬가지로 다소 증가하였는데 남자에 비해 여자의 증가폭이 더 컸다. 영양섭취 부족자 분율은 여자 14.6%로 남자 5.9%의 약 2.5배 수준이었고, 12~18세(19.8%), 19~29세(17.3%)의 분율이 특히 높았다. 반면, 에너지·지방과잉섭취자 분율(표준화)은 전년 대비 다소 감소하여 7.8%였으며, 남자(10.0%)가 여자(4.3%)의 약 2.5배 수준이었고, 19~29세가 12.3%로 다른 연령대에 비해 높았는데, 19~29세는 영양섭취 부족과 과잉 분율이 모두 높은 경향을 보였다[그림 1-5].

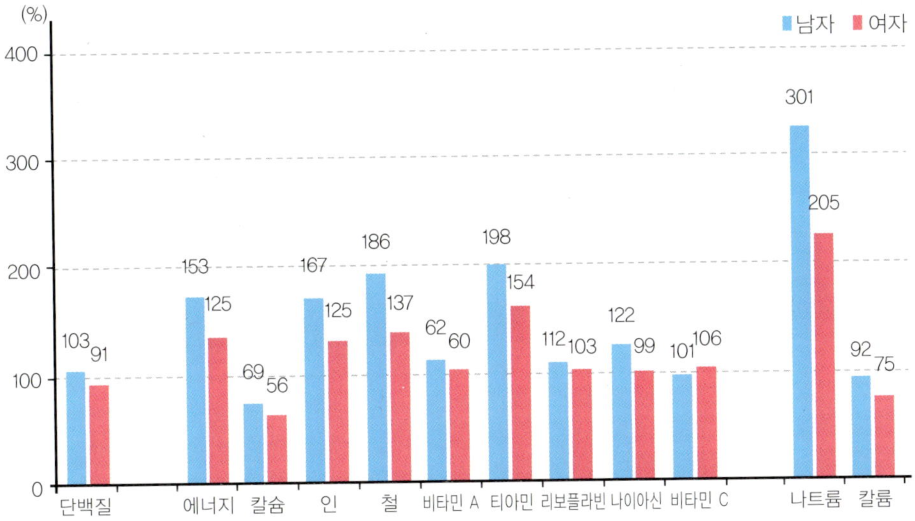

※ 영양소섭취기준에 대한 섭취비율: 영양소섭취기준에 대한 개인별 영양소섭취량 백분율의 평균값, 만 1세 이상

※ 영양소섭취기준: 2015 한국인 영양소섭취기준(보건복지부, 2015); 에너지, 필요추정량; 나트륨, 칼륨, 충분섭취량; 기타, 권장섭취량

[그림 1-4] **영양소섭취기준에 대한 섭취비율**

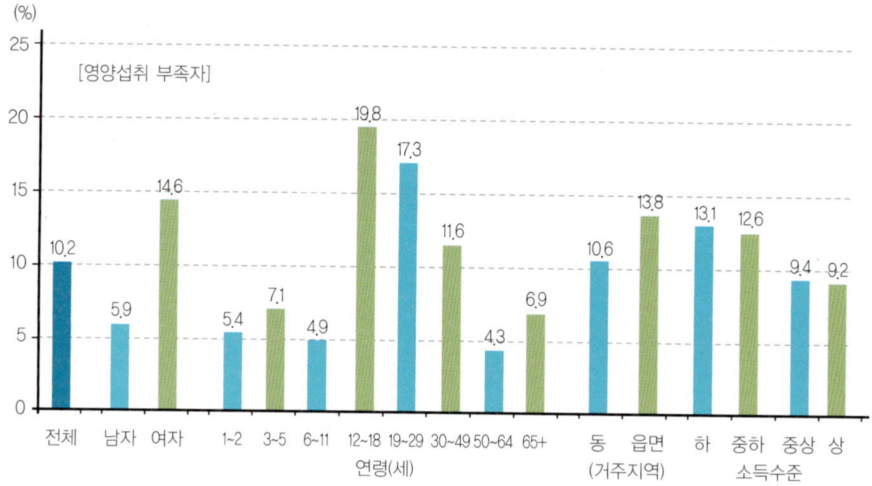

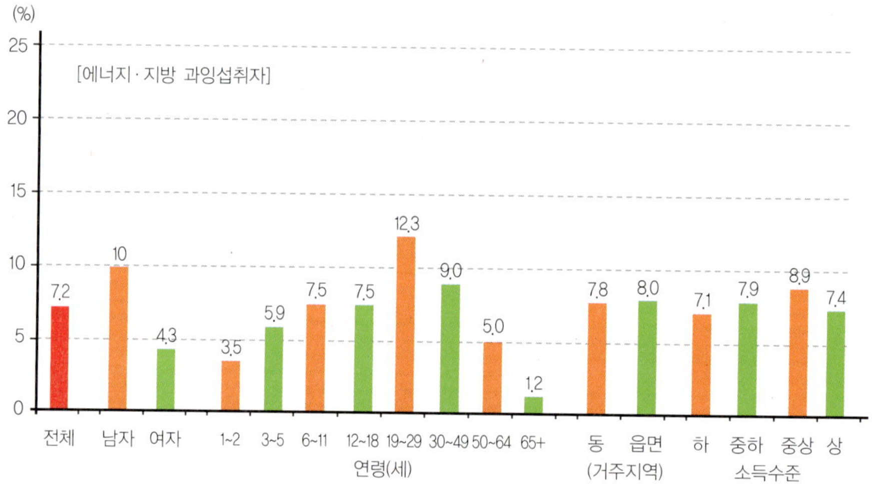

※ 영양섭취 부족자 분율: 에너지 섭취량이 필요추정량의 75% 미만이면서 칼슘, 철, 비타민 A, 리보플라빈의 섭취량이 평균필요량 미만인 분율, 만 1세 이상

※ 에너지·지방과잉섭취자 분율: 에너지 섭취량이 필요추정량의 125% 이상이면서 지방 섭취량이 지방에너지적정비율의 상한선을 초과한 분율

※ 소득수준: 월가구균등화소득(월가구소득/$\sqrt{가구원수}$)을 성별·연령별(5세 단위) 사분위로 분류

※ 거주지역, 소득수준에 따른 결과는 2005년 추계인구로 연령표준화하여 산출

※ 에너지 필요추정량, 영양소별 평균필요량, 지방에너지적정비율: 2015 한국인 영양소섭취기준(보건복지부, 2015)

※ 본 결과는 1일 간의 섭취량 조사로부터 산출한 값이므로 문제 규모가 과대 산출될 가능성이 높다는 점을 참고하여 활용

[그림 1-5] 영양섭취 부족자 및 에너지/지방과잉섭취자 분율

5. 우리나라 국민의 사망원인의 변화

우리나라는 영양부족 및 영양과잉으로 인한 건강문제가 공존하고 있어 에너지와 지방 과잉섭취비율은 증가하지만, 칼슘, 철, 리보플라빈 등은 평균필요량 미만으로 섭취하는 비율이 여전히 높았다.

우리나라 인구집단의 건강 수준을 제시하는 중요 보건지표는 평균수명(mean longevity), 사망수준(mortality), 질병이환율(morbidity) 등이며, 2014년 통계청에 의하면 우리나라 기대수명은 82.4년이며 남자는 79.3년, 여자는 85.4년으로 남녀 간 차이는 6.5년으로 나타났다.

5대 사망원인 순위는 악성신생물(암), 심장질환, 뇌혈관질환, 고의적 자해, 폐렴, 당뇨 등의 순위였다. 특히 2004년 암으로 인한 사망률 26.7%, 심장질환 5.2%였던 것이 2014년 각각 40.6%, 14.1%로 증가하였다. 또한, 남자는 여자에 비해 고의적 자해(자살), 간질환, 운수사고 순위로, 여자는 당뇨병, 폐렴 및 고혈압성 질환의 순위로 사망원인이 높은 것으로 나타났다. 한편 2011년 전체 여성의 10대 사망 원인 중 알츠하이머병이 9위로 나타나 순위에 처음 포함되었으며, 2014년에는 8위로 순위가 올라섰다. 남성은 운수사고와 추락사가 9위와 10위로 여성에 비해 사고사 비율이 높음을 보여 주었다[그림 1-6].

〈표 1-4〉 우리나라 5대 사망원인 순위 추이(2001년~2014년)

순위	2001년	2011년	2014년
1	악성 신생물(암)	악성 신생물(암)	악성 신생물(암)
2	뇌혈관질환	뇌혈관질환	심장질환
3	심장질환	심장질환	뇌혈관질환
4	당뇨병	고의적 자해(자살)	고의적 자해(자살)
5	간질환	당뇨병	폐렴

통계청(2015).

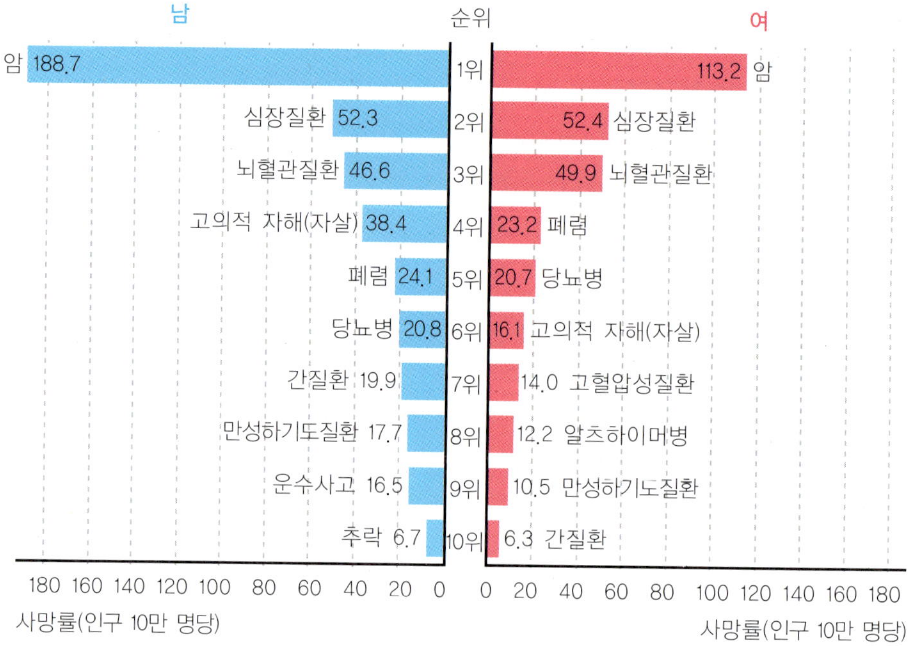

[그림 1-6] 성별 사망 원인 순위(2014)

통계청(2015).

6. 식사계획

1) 우리나라 식사 구성안

건강유지와 질병의 예방 및 알맞은 치료를 위해서는 균형 잡힌 음식이 필요하며, 일반인이 식단을 구성하거나 평가하는 일은 어려운 일이다. 따라서 식사 구성안은 일반인에게 영양섭취기준에 만족할 만한 식사를 제공할 수 있도록 식품군별 대표 식품과 섭취 횟수를 위한 식사의 기본 구성 개념을 제시하였다.

[그림 1-7] 식품 구성자전거

한국영양학회(2015).

식사 구성안의 1단위는 우리나라 국민들이 많이 섭취하는 식품을 중심으로 설정하였으며, 식품군별 대표식품의 1인 1회 분량을 기준으로 섭취횟수를 조사하고, 개인별 권장 섭취패턴을 계획하거나 평가할 수 있도록 하였다.

2015년 새로 개정된 식사 구성안은 여러 식품이 적절히 구성된 영양적으로 균형 잡힌 식사를 실천하도록 고안되었으며 여섯 가지 식품군으로 분류하였다. 특히 [그림 1-7]의 식품 구성자전거는 유지·당류를 제외한 다섯 개의 식품군에 권장 식사 패턴의 섭취횟수와 분량에 맞추어 바퀴 면적을 배분하여 기존의 식품 구성탑보다 다양한 식품섭취를 통한 균형 잡힌 식사와 수분섭취의 중요성을 나타냈으며, 적절한 운동을 통한 비만 예방이라는 기본 개념을 설명하였다.

식사 구성안을 위한 1인 1회 분량은 〈표 1-5〉와 같다.

〈표 1-5〉 식품군별 대표식품의 1인 1회 분량

식품군	1인 1회 분량	
곡류(300kcal)	곡류	백미(90g), 보리(90g), 수수(90g), 옥수수(70g)*, 쌀밥 1공기(210g)
	면류	국수(건면)(90g), 생면(210g), 당면(30g)*, 라면사리(120g)
	떡류	가래떡·백설기(150g), 떡(팥소, 시루떡 등)(150g)
	빵류	식빵(35g)*, 빵(잼빵, 팥빵 등)(80g), 빵(기타)(80g)
	시리얼류	시리얼(30g)*
	감자류	감자(140g)*, 고구마(70g)*
	기타	묵(200g)*, 밤(60g)*, 밀가루·전분·빵가루·부침가루(30g)*
	과자류	과자(비스킷, 쿠키)(30g)*
고기·생선·달걀·콩류(100kcal)	육류	쇠고기·돼지고기·닭고기·오리고기(60g), 햄·소시지·베이컨·통조림 햄(30g)
	어패류	생선(생)(60g), 바지락·게·굴·오징어·새우·낙지(80g), 자건품(멸치, 오징어, 새우, 뱅어포, 명태)(15g), 어묵·게맛살(30g), 어류 젓(40g)
	난류	달걀·메추리알(60g)
	콩류	대두·완두콩(20g), 두부(80g), 순두부(200g), 두유(200g)
	견과류	땅콩·아몬드·호두·잣·해바라기씨·호박씨(10g)*
채소류(15kcal)	채소류	파·양파·당근·풋고추·시금치·고사리·미나리 등(70g), 배추김치·깍두기·단무지·열무김치·총각김치(40g), 우엉(40g), 마늘·생강(10g)
	해조류	미역·다시마(30g), 김(2g)
	버섯류	느타리버섯·표고버섯·양송이버섯·팽이버섯(30g)
과일류(50kcal)	과일류	수박·참외·딸기(150g), 사과·귤·배·바나나·감·포도·복숭아(100g), 건포도·말린 대추(15g)
	주스류	과일음료(100g)
우유·유제품류(125kcal)	우유	우유(200mL)
	유제품	치즈(20g)*, 호상요구르트(100g), 액상요구르트(150mL), 아이스크림(100g)
유지·당류(45kcal)	유지류	참기름·콩기름·포도씨유·들기름(5g), 흰깨·들깨·버터·마요네즈(5g), 커피믹스(12g), 커피크림(5g)
	당류	설탕·물엿·조청·꿀(10g)

※ 유지·당류(6회): 조리 시 소량씩 사용됨
※ *표시는 0.3회

한국영양학회(2015).

1일 식품군별 권장 섭취횟수와 식사구성을 위한 예는 〈표 1-6〉, 〈표 1-7〉과 같다. 어린이와 성인의 음식섭취 양상과 우유·유제품류에 대한 기호도를 고려하여 어린이와 청소년은 우유·유제품류를 1일 2회 사용한 A타입, 성인은 1회 사용한 B타입으로 나누었다.

〈표 1-6〉 식품군별 권장 섭취횟수(2,000kcal)

식품군		곡류	고기·생선·달걀·콩류	채소류	과일류	우유·유제품	유지·당류
권장 섭취 횟수	A타입	3	3.5	7	2	2	6
	B타입	3.5	4	8	2	1	4

한국영양학회(2015).

〈표 1-7〉 권장식사패턴(섭취횟수)

구분	A타입					B타입			
	1,400A	1,600A	1,800A	2,000A	2,600A	1,600B	1,900B	2,000B	2,400B
적용대상	3~5세 유아	6~11세 여	6~11세 남	12~18세 여	12~18세 남	65세 이상 여	19~64세 여	65세 이상 남	19~64세 남
곡류	2	2.5	3	3	3.5	3	3	3.5	4
고기·생선·달걀·콩류	2	3	3.5	3.5	5.5	2.5	4	4	5
채소류	6	6	7	7	8	6	8	8	8
과일류	1	1	1	2	4	1	2	2	3
우유·유제품류	2	2	2	2	2	1	1	1	1
유지·당류	4	5	5	6	8	4	4	4	6

1) 곡류: 식이섬유 섭취를 늘리기 위해서 잡곡류 사용을 권장함
2) 고기·생선·달걀·콩류: 고기의 경우 살코기 기준이며, 지방 함량이 높은 식품을 이용할 경우에는 유지류를 추가 사용하는 것으로 간주해야 함
3) 채소류: 소금 5g 이하의 영양목표를 달성하기 위해 가능한 한 싱겁게 조리하도록 함
4) 나트륨: 국, 찌개류의 경우 건더기 위주로 섭취하도록 함
5) 과일류: 식이섬유 섭취를 늘리기 위해 주스보다는 생과일 섭취를 권장함
6) 우유·유제품류: 단순당질이 적게 함유된 제품을 권장함
7) 유지·당류: 조리 시 사용되는 양도 섭취 횟수 범위 내에서 사용하도록 함
8) 양념류: 각 권장 섭취패턴에 이미 양념 사용량이 포함되어 있음.
*여기서 양념이란 간장, 고추장, 된장, 소금 등의 조미료류를 말하며 50~85kcal 사용된 것으로 계산함

한국영양학회(2015).

〈표 1-8〉 식단구성의 예(2,000kcal A타입의 경우)

메뉴	분량	아침	점심	저녁	간식
		현미밥 무채국 장조림 양상추샐러드 배추김치	참치덮밥 호박된장국 오징어채무침 오이피클	보리밥 순두부찌개 브로콜리볶음 고사리나물	바나나 아이스크림 방울토마토 우유 사과
곡류	3회	현미밥 210g(1)	쌀밥 210g(1)	보리밥 210g(1)	
고기·생선·달걀·콩류	3.5회	쇠고기 60g(1)	참치통조림 30g(0.5) 건오징어채 15g(1)	순두부 100g(0.5) 바지락 20g(0.25) 돼지고기 15g(0.25)	
채소류	7회	무 35g(0.5) 양상추, 오이, 당근 70g(1) 배추김치 40g(1)	양파 35g(0.5) 호박 35g(0.5) 오이 35g(0.5)	호박, 양파 35g(0.5) 브로콜리 70g (1) 고사리 35g(0.5)	방울토마토 70g(1)
과일류	2회				바나나 100g(1) 사과 100g(1)
우유·유제품	2회				아이스크림(100g)(1) 우유 200mL(1)

한국영양학회(2015).

2) 영양소 필요량 산정

질병에 따라 환자의 영양소 필요량을 산정하기 위해서는 곡류, 채소류, 과일류, 어육류 및 콩류, 우유 및 유제품류, 유지류 등 여섯 가지 기초식품군이 골고루 함유된 식사를 계획하며, 영양섭취기준을 고려하여야 한다. 정상인의 영양요구량, 질환의 종류, 체내 영양소 보유능력, 피부, 소변, 장관을 통한 영양소 손실량, 약물과 영양소의 상호작용, 여러 가지 영양소 간의 상호작용 등을 고려하여 영양소 필요량을 설정한다.

3) 식품의 선택과 조리법

질병의 상태나 식욕에 따라 소화상태가 떨어지기 쉬우므로 소화 흡수가 잘되는 식사와 분량, 조리법을 선택한다. 영양소 제한으로 인한 단조로움을 피하고 다양한 식단을 구성하며 환자의 기호와 식습관을 존중하여 식욕이 촉진되도록 계획한다. 또한, 환자는 시각, 후각, 청각, 미각, 촉각에 매우 예민하므로 음식의 색과, 모양, 식기에도 변화를 준다.

4) 식품의 안전성

식품첨가물의 안전성, 중금속, 잔류 농약 및 발암성과 식품저장 중에 일어나는 성분 변화에 대한 유해성, 미생물로 인한 독소의 생성 등에서 유해물질이 발견되므로 위생적으로 식품을 취급해야 한다. 환자는 저항력이 약하므로 안전에 문제가 될 수 있는 식품, 즉 가공 식품, 반조리 제품 등은 피한다.

5) 식사 환경

식사환경은 정신적으로 안정되도록 밝은 분위기를 조성하며, 또한, 식욕은 심리적 영향을 많이 받으므로 채광, 냄새, 소음 등의 생활환경을 잘 변화시켜서 환자가 식욕을 잃지 않도록 고려한다. 특히 만성소모성질환은 식욕 부진이 많으므로 식욕향상에 노력해야 한다.

7. 식품교환군을 이용한 식단 작성

건강한 생활을 유지하는 데 필요한 영양소는 매우 많고 이들 영양소의 체내 역할은 다르므로 영양소 상호 간에 균형이 깨지지 않게 골고루 선택하여 섭취해야 한다.

1) 식품교환표

식품교환표는 우리가 먹는 식품을 영양소가 비슷한 것끼리 묶어 여섯 가지 기초식품군으로 나누었다. 같은 식품군 내에서 동일한 영양소를 함유한 식품을 서로 교환하여 사용할 수 있도록 설정해 놓은 것이 1교환단위이다. 2010년 개정 발표한 각 식품군 1교환단위당 영양가는 〈표 1-9〉에 제시하였다. 각 식품군별 영양가는 〈표 1-10〉~〈표 1-18〉과 같다(한국영양학회, 2015).

〈표 1-9〉 주요 식품군 교환단위의 영양가

식품		열량(kcal)	당질(g)	단백질(g)	지방(g)
곡류군		100	23	2	-
어육류군	저지방	50	-	8	2
	중지방	75	-	8	5
	고지방	100	-	8	8
채소군		20	3	2	-
지방군		45	-	-	5
우유군	일반우유	125	10	6	7
	저지방우유	80	10	6	2
과일군		50	12	-	-

한국영양학회(2015).

(1) 곡류군

〈표 1-10〉 곡류군 1교환단위의 양

(당질 23g, 단백질 2g, 열량 100kcal)

식품명	무게(g)	목측량
밥/죽류		
쌀밥	70	1/3공기(소)
쌀죽	140	2/3공기(소)
알곡류 및 가루제품		
미숫가루	30	1/4컵
밀가루	30	5Tbsp
백미, 쌀보리, 현미	30	5Tbsp
국수류		
(건)냉면, (건)당면	30	
(건)국수, 스파게티, 쌀국수	30	
(삶은)국수, 스파게티, 쌀국수	90	1/2공기(소)
감자류		
감자	140	중 1개
고구마	70	중 1/2개
찰옥수수	70	1/2개
떡류		
가래떡	50	썬 것 11~12개
인절미	50	3개
절편	50	1개(5.5×5×1.5cm)
빵류		
식빵	35	1쪽(11×10×1.5cm)
모닝빵	35	중 1개
바게뜨빵	35	중 2쪽
묵류		
도토리묵	200	1/2모(6×7×4.5cm)
기타		
강냉이(옥수수)	30	1.5공기(소)
마	100	
밤	60	대 3개
콘플레이크	30	3/4컵
크래커	20	5개

한국영양학회(2015).

(2) 어·육류군

〈표 1-11〉어·육류군(저지방 1교환단위의 양)

(단백질 8g, 지방 2g, 열량 50kcal)

식품명	무게(g)	목측량
고기류		
닭고기(껍질, 기름기 제거 살코기)	40	소 1토막(탁구공 크기)
돼지고기(기름기 전혀 없는 살코기)	40	로스용 1장(12×10.3cm)
쇠고기(사태, 홍두깨)	40	로스용 1장(12×10.3cm)
오리고기	40	
생선류		
가자미, 광어, 대구, 동태, 병어, 연어, 조기, 참치, 코다리, 한치	50	소 1토막
건어물류 및 가공품		
건오징어채	15	
게맛살	50	
굴비	15	1/2토막
멸치	15	잔 것 1/4컵
뱅어포	15	1장
기타 해산물		
굴	70	1/3컵
꽃게	70	소 1마리
낙지	100	1/2컵
물오징어	50	몸통 1/3등분
중하	50	3마리
조갯살	70	1/3컵

한국영양학회(2015).

〈표 1-12〉 어 · 육류군(중지방 1교환단위의 양)

(단백질 8g, 지방 5g, 열량 75kcal)

식품명	무게(g)	목측량
고기류		
돼지고기(안심)	40	로스용 1장(12×10.3cm)
햄	40	2장(8×6×0.8cm)
쇠고기(안심, 등심, 양지)	40	로스용 1장(12×10.3cm)
생선류		
갈치, 고등어, 꽁치, 삼치, 임연수어,	50	소 1토막
청어, 훈제연어, 장어	50	소 1토막
가공품		
어묵(튀긴 것)	50	2장(15.5×10cm)
알류		
달걀	55	중 1개
메추리알	40	5개

〈표 1-13〉 어 · 육류군(고지방군)

식품	무게(g)	목측량	식품	무게(g)	목측량
쇠갈비	40	4×3.5×3.6cm	치즈	30	1.5장
돼지족	50		참치(통)	50	소 1/3컵
쇠꼬리	40		꽁치(통)	50	소 1/3컵
우설	40		고등어(통)	50	소 1/3컵
런천미트	40	5.5×4×1.8cm	뱀장어	50	소 1토막
프랑크소시지	40	13×1.9cm	유부	30	긴 유부 5장
베이컨	7	1조각	금태(=긴따로)	30	

(3) 채소군

〈표 1-14〉 채소군 1단위교환의 양

(당질 3g, 단백질 2g, 열량 20kcal)

식품명	무게(g)	목측량
고사리(익힌 것), 근대, 돌미나리, 부추	70	익혀서 1/3컵
숙주, 시금치, 쑥갓, 아욱	70	익혀서 1/3컵
적양배추, 브로콜리, 상추, 양배추, 배추	70	
양파, 양상추, 치커리, 풋고추, 단무지	70	
가지	70	지름 3cm×길이 10cm
오이	70	중 1/3개
애호박	70	지름 6.5cm×길이 2.5cm
파프리카	70	대 1개
피망	70	중 2개
무	70	지름 8cm×길이 1.5cm
콩나물	70	익혀서 2/5컵
고춧잎, 당근	70	
깻잎	40	20장
더덕, 도라지	40	
단호박, 연근, 우엉, 쑥	40	
곤약	70	
김	2	1장
미역(생것), 파래(생것)	70	
버섯류(생것)	50	
깍두기	50	10개(1.5cm 크기)
배추김치	50	6~7개
총각김치	50	2개
나박김치, 동치미	70	

(4) 지방군

〈표 1-15〉 지방군 1단위교환의 양

식품명	무게(g)	목측량
견과류		
참깨	8	1Tbsp
땅콩	8	8개
아몬드	8	7개
잣	8	50알(1Tbsp)
호두	8	중 1.5개
고체성 기름		
땅콩버터	8	1tsp
버터*, 마가린	5	
드레싱		1tsp
마요네즈	5	2tsp
사우전드드레싱, 프렌치드레싱	10	
식물성 기름		
들기름, 참기름	5	1tsp
올리브유, 홍화씨유, 카놀라유	5	1tsp
콩기름, 포도씨유, 해바라기씨유	5	1tsp

*포화지방산이 많은 식품

(5) 우유군

〈표 1-16〉 우유군(저지방 1교환단위의 양)

(당질 10g, 단백질 6g, 지방 2g, 열량 80kcal)

식품명	무게(g)	목측량
저지방우유(2%)	200	1컵(1팩)

〈표 1-17〉 우유군(일반우유군 1교환단위의 양)

(당질 10g, 단백질 6g, 지방 7g, 열량 125kcal)

식품명	무게(g)	목측량
두유	200	1컵(1팩)
일반우유	200	1컵(1팩)
전지분유, 조제분유	25	5Tbsp

(6) 과일군

〈표 1-18〉 과일군 1교환 단위의 양

(당질 12g, 열량 50kcal)

식품명	무게(g)	목측량
단감	50	중 1/3개
귤	120	
오렌지	100	대 1/2개
한라봉	150	
귤(통조림)	70	
딸기	150	중 7개
멜론	120	
바나나(생)	50	중 1/2개
배	110	대 1/4개
황도복숭아	150	중 1/2개
천도복숭아	150	소 2개
복숭아통조림	60	반절 1쪽
사과	80	중 1/3개
수박	150	중 1쪽
자두	150	특대 1개
참외	150	중 1/2개
키위	80	중 1개
방울토마토	300	
토마토	350	소 2개
파인애플	200	
파인애플(통조림)	70	
포도	80	소 19알
건포도	15	
배주스, 포도주스	80	
사과주스, 오렌지주스, 토마토주스	100	1/2컵

2) 식품교환표를 이용한 식단작성

(1) 영양기준량 설정

대상자의 연령, 성별, 활동량, 현재 체중 및 질병의 종류와 정도 등을 고려하여 1일 영양소열량을 산정한다. 한국인 영양섭취기준인 탄수화물 55~65%, 단백질 7~20%, 지방 15~30%의 비율에 맞추어 정한다.

→ 정해진 열량에 맞춰 탄수화물, 단백질, 지질의 영양소별 비율을 조정한다.

- 에너지 1,800kcal
- 탄수화물 1,800kcal×0.6÷4(kcal/g)=270g
- 단백질 1,800kcal×0.18÷4(kcal/g)=81g
- 지방 1,800kcal×0.22÷9 (kcal/g)=44g

(2) 식품군별 교환단위 수 결정

- 우유군, 채소군, 과일군의 교환 수를 결정
- 곡류군의 교환단위 수 결정
- 어육류군의 교환단위 수 결정
- 지방군의 교환단위 수 결정

(3) 1일 교환단위 수를 3회의 정규식사와 간식으로 배분

〈표 1-19〉 1일 식품군 교환단위 수 결정의 예

(에너지 1,800kcal, 탄수화물 270g, 단백질 81g, 지방 81g, 에너지 44g)

식품교환군		교환단위	탄수화물(g)	단백질(g)	지방*(g)	에너지 (kcal)
우유군	일반우유	2	20	12	14	250
채소군		7	21	14	-	140
과일군		2	24	-	-	100
탄수화물 계산	탄수화물 소합계		65			
	필요 탄수화물량		270−65=205			
	필요 교환단위		205÷23=9			
곡류군		9	207	18	-	900
단백질 계산	단백질 소합계			44		
	필요 단백질량			81−44=37		
	필요 교환단위			37÷8=5		
어육류군	저지방	3	-	24	6	150
	중지방 소합계	2	-	16	10	150
지방 계산	필요 지방량				30	
	필요				44−30=14	
	필요 교환단위				14÷5=3	
지방군		3	-	-	15	135
계		-	272	84	45	1,825
총에너지에 대한 비율			60%	18%	22%	100%

*조리 시 소량씩 사용

장혜순 외(2014).

(4) 식품교환군 목록에서 식품을 선택하여 식단 작성

〈표 1-20〉 1일 1,800kcal식단의 예

구분	1일	아침		점심		간식		저녁	
	단위 수	단위 수	선택식품	단위 수	선택식품	단위 수	선택식품	단위 수	선택식품
곡류군	9	2	보리밥 (140g)	3	현미밥 (210g)	1	식빵 (35g)	3	보리밥 (210g)
어육류군	(5)								
저지방	3	1	조기(50g)	1	쇠고기(40g)			1	닭정육(40g)
중지방	2				두부(80g)			1	갈치(50g)
채소군	8	2.5	무(35g) 느타리버섯 (50g) 배추김치 (50g)		숙주(35g) 대파(20g) 고사리 (35g) 호박(70g) 깍두기(25g)			2.5	시금치 (35g) 오이(70g) 당근+양파(35g) 나박김치(35g)
지방군	3	1	식용유(5g)	1	식용유 (5g)	1	버터(5g)		
우유군	(2)								
일반우유	1	1	일반우유(1컵)						
저지방우유	1					1	저지방우유(1컵)		
과일군	2					1	토마토 (350g)	1	자두 (150g)
완성식단		보리밥		현미밥		토스트		보리밥	
		무국		육개장		우유		시금칫국	
		조기구이		두부조림		토마토		닭조림	
		느타리버섯볶음		호박전				갈치구이	
		배추김치		깍두기				오이생채	
								나박김치, 자두	
1일 합계	에너지 1,800kcal 당질 275g 단백질 86g 지방 40g								

윤옥현 외(2012).

Chapter 02

병원식의 이해

질병치료를 위해 병원에 입원한 환자는 질병의 상태에 따라 적절한 영양 공급을 필요로 하는데, 이때 필요한 식사를 '병원식사'라 하고 '치료식사'라 하기도 한다. 병원식사 즉, 치료식사는 일반치료식사와 특별치료식사의 두 가지로 크게 구분할 수 있다. 일반치료식사는 특별히 영양소의 조절을 필요로 하지 않으면서 균형된 영양소와 충분한 열량을 공급할 수 있는 식사를 말하고, 특별치료식사는 환자의 질병상태에 따라 영양소의 조성과 점도 조절 그리고 에너지를 조절해서 제공하는 식사이다. 이 두 가지 식사는 모두 각 질병 상태에 따라 조속한 회복을 돕고 또한 다른 질병으로 이환하는 것을 예방하는 식사를 말한다. 이 외에도 입으로 식사할 수 없는 경우에는 위 장관에 튜브를 삽입하여 제공하는 경장영양이 있고, 위장관 이용을 못하는 경우에는 큰 혈관을 통해 공급하는 정맥영양이 있다.

1. 일반치료식

1) 밥식

(1) 특징

질병치료상 특별한 식사조절이나 제한이 필요하지 않은 환자에게 이용되며, 한국인 영양권장량을 기준으로 환자의 영양상태를 유지하거나 질병회복에 도움이 되도록 최적의 영양상태를 유지하기 위하여 제공되는 식사이다.

의사의 식사처방의 예: 일반식 밥

〈표 2-1〉 1일 영양기준량

열량(kcal)	탄수화물(g)	단백질(g)	지방(g)
2,000	296	90	55

〈표 2-2〉 1일 식품 구성

식품군	곡류군	어육류군	채소군	지방군	우유군	과일군
식품교환단위 수	11	6	7	4	1	1

(2) 유의사항

① 한국인 영양섭취기준(한국영양학회, 2015)을 기준으로 한다.

② 다섯 가지 기초식품군을 고루 배합하여 영양적인 균형식이 되도록 하고 식품을 특별하게 제한하지 않는다.

③ 환자의 섭취량에 따라 선호하는 식품을 메뉴에 반영하거나, 그렇지 않은 식품을 제외하는 등의 개별식단을 제공하여 질병의 빠른 회복을 도울 수 있도록 한다.

2) 죽식

부드러운 식사형태로 회복기의 환자에게 유동식에서 일반식 밥으로 넘어가기 전 단계에 적용되는 식사이다. 일반식 죽 이외에도 의료 기관에 따라 명칭이 다를 수는 있으나 일반식 밥 형태에서 반찬을 부드럽게 조리하여 으깨거나 갈아 만든 반유동식이나, 다져서 만든 치아 보조식이 있다. 이 두 식사는 소화기능에는 문제가 없으나 얼굴 부상이나 수술, 치아 문제 등으로 씹거나 삼키는 구강의 기계적인 문제가 있는 환자에게 제공하는 식사이다. 영양기준량은 일반식 죽과 동일하다.

(1) 일반식 죽

① 특징

부드럽고 질기지 않아 씹고 삼키기 쉽고 소화하기 쉬우면서 영양적으로 균형된 식사이므로 신체적, 정신적으로 일반식 밥에 적응하기 어려운 환자, 소화기능이 저하된 환자나 치아상태가 좋지 않은 환자에게 이용된다. 또한, 고열이나 식욕부진 환자에게도 공급이 가능하다. 조리방법은 튀김이나 부침 형태의 기름이 많은 것은 피하고 삶거나 찌는 형태로 조리한다. 죽식을 조리할 때는 허용식품과 주의식품을 참고하도록 한다.

의사의 식사처방의 예: 일반식 죽

〈표 2-3〉 1일 영양기준량

열량(kcal)	탄수화물(g)	단백질(g)	지방(g)
1,600	200	80	57

〈표 2-4〉 1일 식품 구성

식품군	곡류군	어육류군	채소군	지방군	우유군	과일군
식품교환단위	7	6	6	4	1	1

② 유의사항

① 섬유질이나 결체조직이 적은 식품을 선택한다.

② 소화되기 쉽고 부드러운 식품으로 구성한다.

③ 튀김이나 부침 등의 조리법은 이용하지 않는다.

④ 향신료나 조미료 사용은 최소한으로 한다.

〈표 2-5〉 허용식품과 주의식품

종류	허용식품	주의식품
죽류	흰죽, 옥수수죽(껍질 없이), 녹두죽, 깨죽, 닭살애호박죽, 연두부야채죽	
육류	부드럽게 조리된 쇠고기 요리, 연한 닭고기	탕수육 등의 튀긴 고기요리
어류	기름기가 적은 생선	기름기 많은 생선, 생선튀김
난류	수란, 달걀찜, 반숙	
유제품	우유 및 모든 유제품	
채소류	모든 채소	
과일류	과일주스, 익힌 과일(바나나)	건조과일(건포도, 대추, 곶감), 생과일(바나나 제외)

(2) 반유동식

① 특징

치아가 전혀 없거나 치아나 틀니의 상태가 좋지 않아서 잘 씹지 못하는 환자, 구강 내에 염증이 있는 환자, 뇌혈관 사고나 무기력한 환자에게 씹지 않고 삼킬 수 있도록 부드러운 음식을 제공하여 충분한 영양을 섭취하기 위한 식사이다.

의사의 식사 처방의 예: 반유동식

〈표 2-6〉 1일 영양기준량

열량(kcal)	탄수화물(g)	단백질(g)	지방(g)
1,700	195	70	65

〈표 2-7〉 1일 식품 구성

식품군	곡류군	어육류군	채소군	지방군	우유군	과일군
식품교환단위	7*	6	3	5	2	1
*반찬을 갈 때 사용하는 죽량 포함.						

② 유의사항

① 환자의 씹거나 삼키는 능력에 따라 음식의 질감을 조절해야 한다.

② 반유동식은 원활한 경구섭취를 위해 식사의 형태 및 식품의 종류를 조절하는 죽식이고 식사 중 단순당은 포함하지 않는다.

③ 의료기관에 따라 특별치료식사로 구분하여 처방하기도 한다.

〈표 2-8〉 허용식품과 주의식품

식품군	허용식품	주의식품
곡류	흰죽, 호박죽, 잣죽, 깨죽, 녹두죽 등	
어육류	쇠고기(돼지고기, 닭고기), 두부, 새우살, 달걀, 대구살, 동태살 등	
채소류	당근, 호박, 무, 시금치, 버섯, 쑥갓, 껍질 벗긴 오이·가지 등	
과일류	사과, 복숭아, 껍질 벗긴 토마토, 바나나, 과일주스, 과일통조림 등	
지방류	참기름, 들기름, 식용유, 버터, 올리브유, 코코넛유 등	
조미료	소금, 간장, 설탕, 된장 등	파, 마늘, 자극적인 향신료
간식류	아이스크림, 젤리, 푸딩, 셰이크, 커스터드, 우유+미숫가루, 영양보충식(뉴케어, 그린비아, 메디웰 등), 두유, 호상요구르트, 액상요구르트 등	캐러멜, 땅콩버터 등

(3) 치아보조식

① 특징

치아 또는 틀니 상태가 좋지 않아서 잘 씹지 못하거나 치아 문제를 가진 머리나 목 수술 환자, 씹고 삼키기 어려울 정도로 쇠약한 환자에게 적용되며 최소한의 씹는 동작을 통해 음식을 삼켜서 소화할 수 있도록 구성된 식사이다.

의사의 식사 처방의 예: 치아보조식

〈표 2-9〉 1일 영양소 기준(죽식 기준)

열량(kcal)	탄수화물(g)	단백질(g)	지방(g)
1,500	175	75	55

〈표 2-10〉 1일 식품 구성(죽식기준)

식품군	곡류군	어육류군	채소군	지방군	우유군	과일군
식품교환단위	6	6	6	4	1	1

② 유의사항

① 환자의 적응도와 수용도에 따라 음식의 질감을 조절한다.

② 치아보조식은 원활한 경구섭취를 위해 식사의 형태를 조절하는 죽식이고 하루 1,500kcal 제공이 가능하며 식사 중 단순당은 포함하지 않는다.

③ 환자의 상태에 따라 밥식의 형태로 처방과 공급이 가능하다.

④ 의료기관에 따라 특별치료식사로 구분하여 처방하기도 한다.

〈표 2-11〉 허용식품

식품군	허용식품
곡류	죽 또는 쌀밥, 보리밥, 잡곡밥 등
어육류	쇠고기, 돼지고기 닭고기, 오리고기, 두부, 새우살, 달걀, 대구살, 동태살 등
채소류	당근, 호박, 무, 시금치, 버섯, 쑥갓, 껍질 벗긴 오이·가지 등
과일류	사과, 복숭아, 껍질 벗긴 토마토, 바나나, 과일주스, 과일통조림 등
지방류	참기름, 들기름, 식용유, 버터, 올리브유, 코코넛유 등
조미료	소금, 간장, 설탕, 된장 등
간식류	아이스크림, 커스터드, 카스텔라, 케이크, 부드러운 빵이나 과자, 젤리, 푸딩, 셰이크, 우유+미숫가루, 두유, 호상요구르트, 액상요구르트, 영양보충음료(뉴케어, 그린비아, 메디웰 등) 등

3) 유동식

(1) 맑은 유동식

① 특징

수술 전후나 장 검사 이후 수분과 전해질의 공급 목적으로 제공되는 유동식이다. 당질과 수분 위주의 식사로서 상온에서 맑은 액체로 구성되어 위장관에서 쉽게 흡수되고 자극이 거의 없으며 잔여물이 거의 남지 않는다. 영양밀도가 너무 낮기 때문에 1끼~3일 정도의 단기간만 공급이 가능하다.

의사의 식사처방의 예: 맑은미음

〈표 2-12〉 1일 영양소 구성

열량(kcal)	탄수화물(g)	단백질(g)	지방(g)
400	90	3	1

〈표 2-13〉 1일 식품 구성

식품군	곡류군	어육류군	채소군	지방군	우유군	과일군
단위	2	-	-	-	-	6

〈표 2-14〉 1일 식단의 예

아침	점심	저녁
쌀미음 사과주스 맑은국국물 물김치국물	쌀미음 포도주스 맑은국국물 물김치국물	쌀미음 사과주스 맑은국국물 물김치국물

② 유의사항

① 주로 당질과 물로 구성되며 위장관의 자극을 적게 하며 최소한의 잔사를 남기는 상온의 맑은 음료로 구성된다.

② 열량, 단백질을 비롯한 모든 영양소가 부족하므로 별도의 영양보충 없이 3일 이상 이 식사만을 제공하는 것은 바람직하지 않다.

③ 탄산음료나 탄산주스는 일부 수술 환자에게 불편할 수 있으므로 제외한다.

〈표 2-15〉 허용식품

식품종류	허용식품
국	기름기가 제거된 맑은 육즙이나 맑은 국물
미음	묽은 쌀미음, 맑은 조미음 등의 곡류 미음
음료	맑은 과일주스(사과주스, 포도주스 등), 보리차

(2) 일반유동식

① 특징

수술 후 회복기의 환자들이나 금식 후 식사를 시작하여 맑은 유동식에서 죽식으로 넘어가기 전 단계 식사로 이용되거나, 구강섭취 적응을 위해 잠시 제공되는 식사이다. 위장관기능 감소, 급성감염, 고열구강, 인후 식도장애 등이 있는 환자에게도 제공된다. 위장관의 자극을 줄이고 쉽게 소화·흡수되도록 하기 위하여 상온에서 액체 혹은 반액체 상태의 식품을 공급하는 식사이다.

이 식사는 수분이 많고 영양 밀도가 낮아서 3일 이상 장기간 공급할 경우 영양불량을 초래할 수 있으므로 고단백 고열량 유동식으로 변경하여 공급한다.

의사의 식사처방의 예: 일반식 미음

〈표 2-16〉 1일 영양기준

열량(kcal)	탄수화물(g)	단백질(g)	지방(g)
1,200	200	35	30

〈표 2-17〉 1일 식품 구성

아침	점심	저녁
쌀미음 1공기(250cc) 크림수프 1/2대접(200cc) 영양보충음료 1컵 물김치 국물 1찬기(100cc)	조미음 1공기(250cc) 크림수프 1/2대접(200cc) 영양보충음료 1컵 물김치 국물 1찬기(100cc)	깨미음 1공기(250cc) 크림수프 1/2대접(200cc) 오렌지주스 1컵 물김치 국물 1찬기(100cc)

② 유의사항

① 이 식사는 단백질, 칼슘, 비타민 C를 제외한 대부분의 영양소가 부족되므로 별도의 영양보충 없이 3일 이상 이 식사만을 제공하는 것은 바람직하지 않다.

② 수분이 많고 에너지 밀도가 낮아서 한꺼번에 많은 양을 섭취하기 어려우므로 하루 5회~6회로 나누어서 공급하는 것이 좋다.

③ 이 식사를 장기간 사용할 경우에는 영양상태 유지를 위해 영양보충음료를 제공한다.

〈표 2-18〉 허용식품

식품종류	허용식품
곡류	쌀미음, 깨미음, 잣미음, 조미음
어육류	고깃국물, 생선국물
난류	커스터드, 푸딩, 미음에 달걀 푼 것
유제품	우유, 요구르트, 아이스크림, 밀크셰이크
채소류	삶아 으깬 채소, 채소즙
과일류	과일즙
음료	보리차, 홍차, 유자차, 영양보충음료(뉴케어, 그린비아, 메디웰 등)

4) 산모식

(1) 특징

정상분만을 한 산모에게 적용되며 임신 중 소모된 체조직을 보수하고, 수유에 필요한 영양소를 공급하기 위한 식사로 1일 4회(야식포함) 제공한다.

의사의 식사처방의 예: 일반식 산모식

〈표 2-19〉 1일 영양기준량

열량(kcal)	탄수화물(g)	단백질(g)	지방(g)
2,600	370	120	70

〈표 2-20〉 1일 식품 구성

식품군	곡류군	어육류군	채소군	지방군	우유군
식품교환단위	14	8	9	4	1

(2) 유의사항

① 정상성인 여자의 1일 영양권장량보다 열량은 400kcal 이상, 단백질은 25g 이상 제공한다.

② 비타민, 무기질은 충분히 공급하도록 한다.

③ 자극적이지 않으며 부드러운 형태의 음식으로 1일 4회(야식포함) 제공한다.

5) 소아식

(1) 특징

소아식은 건강한 만 6~12세 소아에게 적용되는 식사이다. 이 식사는 정상적인 성장과 발달을 특징으로 하며, 한국인 영양섭취를 기준으로 하여 소아의 영양적 특성과 기호를 고려하여 공급되는 식사이다.

의사의 식사처방의 예: 일반식 소아식

〈표 2-21〉 1일 영양기준량

열량(kcal)	탄수화물(g)	단백질(g)	지방(g)
2,000	290	90	55

〈표 2-22〉 1일 식품 구성

	곡류군	어육류군	채소군	지방군	우유군
식품교환단위	11	6	7.5	4	1

(2) 유의사항

① 소아의 경우 영양기준량은 대사 및 신체 활동, 성장, 질병 치료 등을 위해 충분한 양으로 산정되어야 하고, 일반적인 에너지 및 단백질 필요량은 한국인 영양섭취기준량(2015년)을 참고로 한다.

② 일반식 밥 기준으로 제공되는 것을 원칙으로 하고, 특별한 변경이 필요한 경우에는 영양부서에 의뢰한다.

6) 조유식

(1) 특징

출생 후 모유를 먹을 수 없거나 조유식 보충이 필요한, 출생 후부터 12개월까지의 영아에게 적용되며, 정상적인 성장과 발육을 위하여 생리적, 영양적 요구에 알맞게 계획된 식사이다.

의사의 식사 처방의 예: 조유식

일반분유/표준농도/120cc×6회(2, 2, 2)
일반분유/고열량 80kcal/120cc×6회(2, 2, 2)
미숙아분유/표준농도/30cc×8회(3, 2, 3)

〈표 2-23〉 1일 영양기준량

열량(kcal)	탄수화물(g)	단백질(g)	지방(g)
482	53	11	25
일반분유/표준농도 720mL/일			

열량(kcal)	탄수화물(g)	단백질(g)	지방(g)
576	62	13	31
일반분유/고열량 80kcal, 720mL/일			

열량(kcal)	탄수화물(g)	단백질(g)	지방(g)
194	20	5.76	10
미숙아분유/표준농도 240mL/일			

(2) 조제분유의 특징

- 조제분유란 모유의 대체 식품으로 개발된 식품으로서, 영아에게 필요한 영양소를 공급할 수 있도록 하였으며 모유를 기반으로 영양소 함량이 정해진다.
- 1세 미만 영아에게 적용되며, 일반조제유, 특수질환용 조제분유가 있다.
- 보통 100cc당 65~70kcal의 열량을 공급할 수 있으며, 필요시 열량밀도를 높인 고열량 분유(80~130kcal/100cc)가 제공된다.

① 일반조제분유

- 만삭아로 태어난 환아용 분유, 생후 12개월까지 처방한다.
- 경구용/관급용으로 처방할 수 있다.
- 100cc당 13g의 일반조제분유를 첨가하여 조제한다.

② 특수조제분유

특수한 질환이 있는 경우 제공되는 분유이며, 종류는 다음과 같다.

미숙아분유	· 37주 이전에 태어나거나 저체중으로 출생한 환아를 위한 특수분유다. · 유당은 당질 중 60%이고, 중간사슬지방(Medium Chain Triglyceride, MCT)은 지방 중 30%이다. · 100cc당 16g의 미숙아분유를 첨가하여 조제한다.
급성설사분유	· 세균, 바이러스 감염 등으로 인한 급성설사로 입원한 환아용 특수 분유다. · 일반조제분유보다 유당, 지방, 철분함량이 적고 단백질과 일부 미네랄의 함량은 높아서, 2주 이상 단독사용을 금한다. · 100cc당 14g의 급성설사분유를 첨가하여 조제한다.
HA분유	· 단백질 알레르기, 만성설사로 입원한 환아용 특수 분유다. · 단백질을 가수분해(펩티드 형태)해 놓은 분유다. · 100cc당 14g의 HA 분유를 첨가하여 조제한다.
MCT분유	· 담도 폐쇄증, 유미흉증(유미복수증)이 있는 환아용 특수 분유다. · 지방 중 85%를 MCT오일로 대체한 분유이다. · 100cc당 14g의 MCT분유를 첨가하여 조제한다.
LP분유	· 저칼슘혈증, 고인혈증, 만성신부전으로 입원한 환아용 특수 분유다. · 일반조제유보다 인(P)의 함량이 적고 칼슘과 인의 비율은 4:1이다. · 100cc당 14g의 LP분유를 첨가하여 조제한다.
대두분유	· 우유단백질 알레르기, 갈락토오스혈증, 유당불내증으로 입원한 환아용 특수 분유이다. · 우유 대신 식물성 대두(분리대두단백)로 대체한 분유다. · 100cc당 13g의 대두분유를 첨가하여 조제한다.

③ 고열량분유

- 일반조제분유 또는 특수조제분유에 당질, 지방, 단백질성분의 모듈라를 첨가함으로써 영양밀도를 조정하여 특수조제한 분유이다.
- 수분 제한이 필요하거나 성장부전으로 영양밀도의 조정이 필요할 때 도움이 된다.

■ 열량 조정

일반조제분유나 미숙아분유 또는 특수분유에 당질 모듈라(폴리코즈, 맥시줄 등)와 지방 모듈라(MCT오일)를 혼합해서 100cc당 80~130kcal까지 열량밀도를 올릴 수 있다.

단백질 증량

모유를 충분히 먹지 못하거나 미숙아 또는 성장부전인 경우 단백질 증량이 필요하며, 단백질파우더(프로맥스 등)를 100cc당 1g 첨가한다.

(3) 유의사항

특수조제분유는 개별관리가 필요하고 환아의 영양상태, 성장 정도, 섭취량 등에 따라 처방량을 달리한다.

2. 특별치료식

환자의 질병 상태에 따라 특정 영양소의 양을 제한하거나 조절하여 질병을 치료하거나 예방을 하기 위해 제공되는 식사이다. 질병의 종류와 상태에 따라, 복합된 질병의 상황에 따라 섭취해야 하는 영양소의 양과 에너지의 양이 다르기 때문에 이를 충족하는 식품의 구성과 식사의 형태는 매우 다양하다. 특별치료식사는 환자를 치료하는 주치의가 식사처방 시 상세 내역을 처방하고, 필요한 경우에는 임상영양사의 의견에 따라 변경하기도 한다. 특별치료식사는 의료기관마다 그 다양성에 많은 차이가 있다. 3차 종합 병원일수록, 그리고 병상 규모가 클수록 더욱 다양한 특별치료식사가 처방되고 의료기관의 특성에 따라 다빈도 특별치료식사가 다양하다. 특별치료식을 처방받은 환자에게는 임상영양사가 특별치료식사에 대해서 설명하고, 병원식 이외의 식품섭취를 제한하거나, 섭취 시 주의사항에 대하여 설명하여 입원기간의 치료성과에 기여한다. 다음 특별치료식사 중 다빈도 질병치료에 필요한 치료식을 각 장에서 다루도록 한다.

〈표 2-24〉 특별치료식의 종류

당뇨식
- 당뇨식
- 소아당뇨식
- 고단백당뇨식
- 당뇨 이상지질혈증식
- 당뇨 저염식
- 당뇨 저단백식
- 당뇨 저염저단백식

간장질환식
- 간성혼수식
- 간장질환식
- 알코올성간장질환식
- 간장질환 저염식
- 간장질환 저칼륨식
- 알코올성간장질환 저염식

신장질환식
- 신부전식(투석전)
- 혈액투석식
- 복막투석식
- 당뇨 신부전식(투석전)
- 당뇨 혈액투석식
- 당뇨 복막투석식

심장질환식
- 심장질환식
- DASH Diet

수술 전후식
- 위 절제 후식
- 저잔사식
- 췌장 수술 후식
- 유방암 수술 후식
- 두경부 수술 후식
- 식도 절제 후식
- 저잔사 저칼륨식
- 저장쇄중성지방 췌장 수술 후식

이식 후식
- 간 이식 후식
- 신장 이식 후식
- 심장 이식 후식-성인
- 심장 이식 후식-소아
- 췌장이식후식
- 신장 췌장 이식 후식
- 간 이식 후 저염식
- 간 이식 후 저칼륨식
- 당뇨 신장 이식 후식
- 당뇨 심장 이식 후식
- 신장 이식 후 저칼륨식
- 심장 이식 후 저칼륨식
- 저염 심장 이식 후식-성인

염분 조절식
- 무염식
- 저염식
- 고염식
- 고염 고단백식
- 저염 고단백식
- 고염 수분 제한식
- 저염 수분 제한식
- 저염 이상지질혈증식
- 저염 저단백식
- 저염 저지방식
- 저염 저칼슘식
- 저염 저칼륨식
- 저염 채식
- 저염 퓨린 제한식

단백질 조절식
- 저단백식
- 고단백식
- 고단백 저칼륨식
- 저단백 수분 제한식

지방 조절식
- 이상지질혈증식
- 저장쇄중성지방식
- 저지방식
- 케톤식

열량 조절식
- 열량조절식
- 열량조절이상지질혈증식
- 열량조절저염식

무기질 조절식
- 저칼륨식
- 저칼슘식
- 저요오드식
- 인 제한식
- 고칼슘식
- 수분 제한 저칼륨식

균 조절식
- 저균식
- 멸균식
- BMT식
- 멸균 저염식
- 멸균 저칼륨식
- 저균 저염식
- 저균 저칼륨식

점도 및 질감 조절식
- 연하장애식 1
- 연하장애식 2
- 연하장애식 3
- 반유동식
- 치아보조식
- 과도기식
- 농축유동식
- 맑은 유동식
- 멸균 반유동식
- 멸균 연하보조식
- 멸균 치아보조식
- 반유동 저단백식
- 반유동 저염식
- 반유동 저칼륨식
- 저단백 연하보조식
- 저염 연하보조식
- 저염 치아보조식
- 저칼륨 연하보조식식
- 저칼륨 치아보조식

유전자대사질환식
- 당원병식
- 윌슨병(구리 제한)식
- 윌슨병 저염식

기타
- 저알레르기식
- 채식
- 고섬유식
- 퓨린 제한식
- 수분 제한식

*3차 종합 병원에서 처방되는 대부분의 특별치료식사를 나타내었다. 상기 치료식사 중에는 자주 처방되는 특별치료식사가 있고, 수개월에 한두 번씩 처방되는 특별치료식사도 있다.

3. 경장영양

1) 특징

경장영양(Enteral Nutrition, EN)은 경구(입)로 음식섭취가 불가능한 환자, 경구섭취가 요구량보다 현저히 부족한 환자에게 관(tube)을 통해 영양을 공급하는 식사이다. 경구섭취가 불가능한 경우에 영양 공급 경로는 장을 이용한 경장영양과, 혈관을 이용한 정맥영양이 있는데, 경장영양은 정맥영양에 비해 생리적이며, 영양 공급 시 안전하고 비용이 저렴하다는 장점이 있다.

2) 경장영양의 적용지침(indications)

소화 흡수 기능은 정상이나 적절한 영양상태를 유지하는 데 필요한 영양소를 환자가 충분히 먹을 수 없거나 먹으려 하지 않는 경우에 사용된다.

예 정신과적장애, 심한 연하곤란, 식도폐쇄, 신경과적장애, 중화상이나 외상, 장기부전, 항암치료(약물이나 방사선), 후천면역결핍증후군(AIDS), 누출이 적은 장루(low-output fistula) 등.

3) 경장영양의 금기지침(contraindications)

소화기관의 기능장애가 있거나 장기간의 장 휴식이 필요한 경우 혹은 경장영양의 이익보다 문제점이 많은 경우에는 경장영양을 사용하지 말아야 한다.

예 급성췌장염, 장출혈, 장허혈, 단장증후군(초기단계), 장폐색, 미만성복막염, 마비성일레우스(ileus), 누출이 심한 장루(>500mL/일), 난치성설사 및 구토 등.

의사의 식사 처방의 예: 기본관급식 1,800cc/일, 기본농도

※단, 영양소 조절이 필요한 경우 치료식 관급식의 세부사항을 선택한다.

〈표 2-25〉 경장영양 공급 경로

경장영양 투입 부위	적응증	장점	단점
비 위	· 소화기능이 정상	· 정상적인 소화기능을 사용하고 자극한다. · 유연성 있게 공급할 수 있다. · 급식튜브를 이용해서 약물을 공급할 수 있다. · 침상에서 튜브삽입이 가능하다.	· 흡인 · 환자가 불편하다. · 코를 자극한다. · 튜브의 위치가 변할 수 있다.
비 십이지장	· 정상적인 소장기능 · 급식의 주요 부위로 위의 우회를 필요로 함	· 침상에서 튜브삽입이 가능하다.	· 환자가 불편하다. · 튜브의 위치가 변할 수 있다.
비 공장	· 정상적인 소장기능 · 급식의 주요 부위로 위의 우회를 필요로 함	· 침상에서 튜브삽입이 가능하다.	· 환자가 불편하다. · 튜브의 위치가 변할 수 있다.
위루	· 정상적인 소장기능 · 그러나 상부위장관의 우회를 필요로 하지 않음 · 장기간 급식을 위한 경로	· 장기간 급식을 위한 경로이다. · 튜브 위치의 변경 위험을 줄일 수 있다. · 볼루스 급식이 가능하다.	· 수술과정 필요 · 튜브 삽입부위에 감염과 자극의 위험이 있다.
경피적 위루	· 정상적인 소장기능 · 그러나 상부위장관의 우회를 필요로 하지 않음 · 장기간 급식을 위한 경로	· 마취절차 없이 외래에서 시술 가능하다. · 수술적 방법보다 가격이 싸다. · 튜브 위치의 변경 위험을 줄일 수 있다. · 볼루스 급식이 가능하다.	· 튜브 삽입부위에 감염과 자극의 위험이 있다.
경피적 공장루	· 정상적인 소장기능 · 그러나 상부위장관의 우회를 필요로 하지 않음 · 장기간 급식을 위한 경로	· 경장영양의 조기 시작을 위해 적응성을 증가시킨다.	· 수술과정 필요 · 튜브 삽입 부위에 감염과 자극의 위험이 있다. · 굵기가 가는 것을 필요로 함 · 관 막힘의 위험이 더 크다.

Nelms et al.(2011).

4) 경장영양용액의 성분

(1) 탄수화물

- 가장 흔히 사용되는 탄수화물 급원은 말토덱스트린(maltodextrin)이며 이 밖에도 변성전분이나 콘시럽이 사용되고 대부분의 상업용액에는 유당이 제외되었다.
- 총열량 중 탄수화물이 차지하는 비율은 30~90%이며 대부분의 한국제품은 50~60% 정도이다.

(2) 지방

- 대부분 경장영양용액의 지방은 옥수수유, 대두유, 해바라기유 등의 식물성 기름이며, 주로 긴사슬중성지방(Long Chain Triglycerides, LCT)로 되어 있어 필수지방산을 공급하고 맛을 증진시킨다.
- 지방소화 흡수를 용이하도록 소량의 중간사슬중성지방(Medium Chain Triglycerides, MCT) 기름을 사용한 용액도 있고 일부제품(외국)은 어유(오메가-3지방산)를 포함하기도 한다.
- 총열량 중 지방이 차지하는 비율은 1~55%이며 대부분의 한국제품은 20~30% 정도이다.

(3) 단백질

- 총열량 중 단백질이 차지하는 비율은 4~32%이다.
- 단백질의 가수분해 정도에 따라서 세 가지 종류로 분류된다.
  - 일반(polymeric)용액: 가수분해되지 않는 단백질인, 카세인염이나 대두단백추출물을 사용한다.
  - 일부가수분해(semi-elemental)용액: 소화 효소에 의해서 가수분해된 카세인이나 유청을 사용하며 '펩티드형(peptide-based)' 용액이라고도 하고 우리나라에는 판매중인 제품이 없다.
  - 가수분해(elemental)용액: 소화 효소에 의해서 완전히 가수분해된 유리아

미노산을 사용한다. 우리나라에서 사용중인 제품은 없고, 필요한 경우 수입한 제품을 구매하여 사용한다.

(4) 수분

- 수분함량에 따라서 용액의 열량밀도가 결정되고 농축용액은 수분 제한을 필요로 하는 환자에게 사용되는데 1kcal/mL 용액은 약 85%, 2kcal/mL 용액은 약 70%의 수분을 함유한다.

(5) 섬유소

- 가장 흔히 사용되는 섬유소는 불용성 섬유소인 대두에서 추출한 다당체로서 변비 예방, 대변용적 증가, 위장 이동시간 감소에 도움이 될 수 있다. 아라비아 검(gum arabic), 구아 검(guar gum), 펙틴(pectin) 등의 수용성 섬유소를 사용한 일부 외국 제품이 있으나 점도를 상승시키므로 많은 양을 사용할 수 없다.
- 중환자의 경우 과한 섬유소가 장폐색의 원인이 될 수 있으므로 섬유소를 제거한 용액을 사용하고 상태 회복에 따라 점진적으로 섬유소 함량을 증가시킨다. 우리나라에서도 일부 제품에 섬유소를 제거한 제품을 출시하여 판매하고 있다.

(6) 비타민과 무기질

- 대부분의 상업용 제품은 하루 1,500~2,000mL를 공급했을 때 영양권장량의 100%를 충족시킬 수 있다.
- 화상이나, 외상이 심한 환자 등과 대사상태의 환자에게 사용할 수 있는 항산화 비타민이 과량 함유된 제품이 외국에서는 생산되고 있으나 우리나라에는 일반적으로 권장량 범위를 충족하고 있다.

〈표 2-26〉 경장영양의 급식방법

	지속적 급식	간헐적 급식 (intermittent feeding)	볼루스 급식 (bolus feeding)	주기적 급식 (cyclic feeding)
급식 방법	펌프나 중력(gravity)에 의해서 계속적으로 투여하는 방법이다.	펌프나 중력을 이용할 수 있고 매 4~6시간 간격으로 매번 60~120분 정도에 걸쳐 주입하는 방법이다.	급식용 주사기를 사용하여 튜브에 밀어 넣어 주입하는 방법으로 5~10분 동안에 400~500mL를 한꺼번에 투여하는 방법이다.	주로 야간에 펌프나 중력에 의해 주입하는 방법이다.
적용 환자	관급식을 처음 시작하는 환자, 중환자, 소장급식을 요하는 환자, 간헐적 혹은 볼루스 급식에 적응하지 못하는 환자	일반환자(중환이 아닌), 재택환자, 재활환자	일반환자(중환이 아닌), 재택환자, 재활환자가 위장으로 주입하는 경우에만 사용한다.	일반환자(중환이 아닌), 재택환자, 재활환자가 관급식에서 경구섭취로 전환하는 과도기에 사용된다.
장점	위 잔여물의 과다축적과 폐흡인의 위험도를 최소화할 수 있다.	주입 속도에 따라 급식을 융통성 있게 조절할 수 있다. 급식 사이에 자유시간을 가질 수 있다.	주입하기 쉽고 시간이 짧게 걸린다.	신체적, 심리적 자유를 허용한다.
단점	24시간 동안 계속적으로 투여하므로 보행이나 다른 활동에 제약을 받는다.	흡인, 구토, 복통, 복부팽만, 설사 등의 부작용의 위험이 높다. 목표량에 도달하는 데 있어 소화기관의 적응불량 가능성이 있다.	흡인, 설사, 구토, 복통 등이 위험이 아주 높다.	야간에 단시간 동안 많은 양을 주입해야 하므로, 소화관의 부적응을 초래할 가능성이 있다.

Nelms et al.(2011).

5) 경장영양의 실시

지속적 급식 방법으로 경장영양 공급의 예를 아래 표에 나타내었다. 의료기관마다 주입 프로토콜이 다소 다를 수 있고 병원의 여러 부서(영양부서, 영양집중지원팀, 간호부서 등)의 협의하에 결정하게 된다.

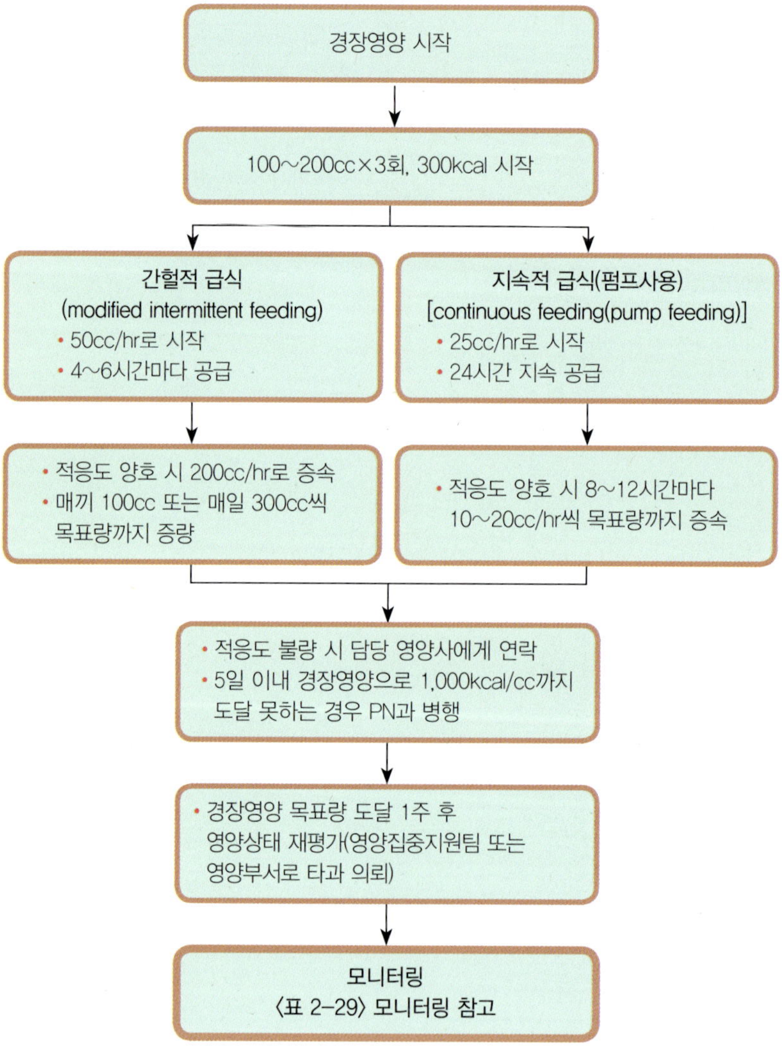

Nelms et al.(2011).

4. 정맥영양

1) 특징

정맥영양(Parenteral Nutrition, PN)이란 경구섭취나 경장영양을 할 수 없는 경우에 소화관을 이용하지 않고 정맥혈관을 이용하여 영양을 공급하는 것을 말한다. 중환자나 영양불량이 심각한 상태의 환자에게 가능한 한 빨리 영양 공급을 개시함으로써 감염 등의 다양한 합병증을 예방하고, 치료에 도움을 준다. 그러나 상태가 불안정해서 경구섭취나 경장영양으로 안전한 영양 공급을 할 수 없다고 판단 되면 정맥을 통해 영양 공급을 시작할 수 있다. 심한 설사가 있거나, 장의 많은 부분을 절제한 경우, 심한 항암치료로 소화기 부적응증이 심하거나 심한 중환자는 장을 이용할 수 없으므로 정맥영양을 공급한다. 주로 중환자에게 공급하는 정맥영양과 경장영양은 선택에 있어서 어느 한 가지의 장점만 고려하기보다는 영양 공급의 효율성, 생리적, 경제적, 면역학적인 면을 고려하여 적절히 선택한다.

2) 정맥영양의 종류

정맥영양은 수분, 덱스트로오스, 아미노산, 지방, 전해질, 비타민, 그 외 미량 영양성분으로 구성되며 용액의 삼투압 농도가 높다. 일반적으로는 상업용으로 판매되는 것을 사용하지만, 특별한 조성을 필요로 하는 경우에는 병원 약제 부서에서 조제하여 사용하기도 한다. 정맥영양액 조성은 덱스트로오스, 아미노산, 전해질, 비타민과 지방 유화액을 분리해서 공급하는 2-in-1 형태와 지방까지 모두 포함시켜서 한꺼번에 공급하는 3-in-1형태, 다른 용어로는 TNA(Total Nutrient Admixture)로 구분된다. 각각의 특징은 〈표 2-27〉을 참고한다. 이러한 정맥영양액을 공급하는 경로는 중심정맥과, 말초정맥 두 가지로 구분할 수 있고 특징은 다음과 같다.

(1) 중심정맥영양(total parenteral nutrition)

영양액의 삼투압이 900mOsmol/L 이상인 영양액은 중심정맥을 통해 공급해야 한다. 중심정맥으로는 1800mOsmol/L 이상의 고농도 영양액을 공급할 수 있으므로, 고농도의 영양을 함유한 고농도의 영양액은 중심정맥을 이용하여 공급하므로 충분한 영양 공급하기에 적절하다. 그러나 중심정맥을 확보하는 것은 말초정맥 확보에 비해 위험이 있을 수 있으므로 영양불량이 심하거나 장기간 정맥영양 공급을 해야 하는 경우에 이용하는 것이 좋다.

(2) 말초정맥영양(peripheral parenteral nutrition)

주로 팔에 있는 말초정맥을 통해 영양소를 공급하는 방법으로 영양액의 삼투압이 900mOsmol/L 이하인 경우만 공급이 가능하다. 삼투압을 900mOsmol/L 이하로 만들기 위해서는 영양소를 충분히 함유하기 어렵고, 따라서 충분한 영양을 공급하기 어려우므로 단기적으로 또는 일시적으로 정맥영양을 공급해야 하는 경우에 이용한다. 만약 2주 이상 말초정맥영양액을 동일한 정맥으로 공급할 경우 말초정맥염 발생의 위험이 있으므로 사용기간이 제한되어 있으며, 2~3일에 한 번 주입 부위를 교체하도록 한다.

〈표 2-27〉 정맥영양용액의 조성방법

	2-in-1용액(two-in-one formulation)	Total Nutrient Admixture(TNA) 또는 3-in-1용액(three-in-one formulation)
제조형태	재래식 정맥영양용액 제조방법으로서 덱스트로오스, 아미노산, 전해질, 미량원소, 비타민 등을 혼합하고 지방유화액은 별도로 '피기 백(piggy back)' 형태로 주입하는 것을 말한다.	덱스트로오스, 아미노산, 지방, 전해질, 비타민, 미량원소 등 모든 영양소가 한 용기 내에 혼합된 용액을 말한다.

	2-in-1용액(two-in-one formulation)	Total Nutrient Admixture(TNA) 또는 3-in-1용액(three-in-one formulation)
장점	공급할 수 있는 덱스트로오스와 아미노산량의 융통성이 크고 용액이 투명하여 침전물을 관찰할 수 있다. 또한, 0.22μm 크기의 필터(filter)를 사용하므로 박테리아를 걸러낼 수 있다.	간호시간과 조제시간이 감소할 수 있고 접촉감염과 카테터 감염의 위험이 감소할 수 있다. 또한, 가정간호환자의 중심정맥영양용액 주입이 용이할 뿐 아니라 지방을 24시간 동안 지속적으로 주입하므로 이용률을 증진시킬 수 있다.
단점	시간과 비용이 TNA보다 많이 소요되고 접촉감염(touch-contamination)의 위험이 높다.	지방이 다른 성분들로부터 분리될 가능성 때문에 안정성 감소하고 지방용액에 혼합할 수 있는 영양소의 양이 제한되어 있다. 또한, 용액이 불투명하기 때문에, 침전물이나 불순물을 육안으로 감식하기 어렵다. 뿐만 아니라 TNA는 입자가 크기 때문에 박테리아를 걸러 낼 수 있는 0.22μm 필터를 사용할 수 없고 대신 1.2μm 필터를 사용해야 하므로 박테리아 오염을 제거할 수 없다.

ASPEN(1998).

3) 정맥영양용액의 성분

정맥영양에 사용되는 화학물질들은 각각 독특한 생리 화학적 특성을 갖고 있기 때문에 이들을 모두 같은 용기에 혼합할 때 서로 영향을 미친다. 따라서 안전하고 임상적으로 적절한 정맥영양용액을 조성하기 위해서는 사용되는 각 영양소에 대한 이해가 필요하다.

(1) 탄수화물

탄수화물은 주로 에너지원으로 사용되며 정맥영양용액에 사용되는 상업용 탄수화물은 거의 모두가 무수물 덱스트로오스 일수화물(anhydrous dextrose monohydrate) 형태로서 3.4kcal/g을 제공하며 농도는 5%에서부터 70%까지 다양하다.

탄수화물 필요량은 환자의 열량 요구량, 포도당 산화율, 그리고 비단백질 열량원으로서의 탄수화물과 지방의 적정 균형에 따라 결정된다. 탄수화물의 최소 요구량은 '100g/일'이다.

(2) 단백질

정맥영양에서 단백질의 주요 기능은 질소평형을 유지함으로써 골격근이 열량원으로 이용되는 것을 방지하는 것이다.

정맥영양에 공급되는 단백질은 결정아미노산 형태로 되어 있으며 농도는 3~15%로 다양하다.

대부분의 환자들을 위한 단백질 요구량은 '1.2~2 g/kg/일'이나 신부전, 간부전의 경우에는 단백질 요구량이 감소된다.

(3) 지방

정맥으로 주입되는 지방은 유화액의 형태로 되어 있으며 필수지방산과 농축열량을 공급한다. 정맥지방(parenteral lipid)은 당불내증이 있는 환자에게 덱스트로오스 대신 열량원으로 사용하거나 수분 제한을 요하는 환자에게 농축 열량원으로 사용할 수 있다.

지방 유화액은 대두유나 해바라기유로 된 긴사슬중성지방(Long Chain Triglycerides, LCT)과 글리세롤 유화제(glycerol emulsifier)와 난황인지질(eggyolk phospholipid)로 되어 있다. 최근에는 오메가-3, 오메가-9 지방산을 함유한 제품이 다양화되어 있다.

정맥지방의 농도는 10%, 20%, 30%의 세 가지가 있으며 각각 1.1kcal/mL, 2kcal/mL, 3kcal/mL를 공급한다.

(4) 전해질(electrolytes)

전해질은 체내에서 여러 가지 중요한 생리학적 기능을 수행하는 필수영양소들이다. 중심정맥영양(TPN)을 공급받는 환자의 전해질 요구량은 체중, 영양상태, 이화작용, 전해질 부족 정도, 장기기능의 변화, 전해질의 지속적 손실 및 질환의 진전상태 등에 따라 조절한다.

(5) 비타민과 무기질

대부분의 경우 정맥영양 공급 용도로 조성된 종합 비타민 제제를 사용하게 되는데, 주로 상처회복과 중환자에게 사용되므로 경구섭취환자의 요구량과는 다르게 조성이 된다.

〈표 2-28〉 정맥영양 시 비타민 요구량

비타민	요구량
비타민 B_1(vitamin B_1)	6mg
비타민 B_2(vitamin B_2)	3.6mg
니아신(niacin)	40mg
엽산(folic acid)	600mcg
판토텐산(pantothenic acid)	15mg
피리독신[pyridoxine(B_6)]	6mg
시아노코발라민[cyanocobalamin(B_{12})]	5mcg
비오틴(biotin)	60mcg
아스코르브산(ascorbic acid)	200mg
비타민 A(vitamin A)	3300IU
비타민 D(vitamin D)	200IU
비타민 E(vitamin E)	10IU
비타민 K(vitamin K)	150mcg

Mirtallo et al.(2004).

〈표 2-29〉 경장 및 정맥영양 공급 시 모니터링

지표	의학적, 영양적으로 불안정 시	의학적, 영양적으로 안정 시
영양 공급의 충분 정도: 섭취·배출	매일	매주
전해질, 혈중요소질소(BUN), 크레아티닌(creatinine)	주 3회보다는 매일	주 3회
마그네슘, 인산, 칼슘	주 3회보다는 매일	주 3회
간기능 검사	매주	필요에 따라
중성지방	매주	1~2주에 한 번
체중	매일	매주
수분상태: 피부의 탄력 정도, 부종 여부, 체온, 구강상태 (색깔, 질감, 촉촉한 정도)	매일	주 3회
생명 징후: 혈압, 호흡, 맥박	매일	주 3회
장기능	매일	필요에 따라
혈당	안정 시까지 하루 3회	1~2주에 한 번
질소평형	PRN(필요시)	PRN(필요시)

Nelms et al.(2011).

Chapter 03

식도 및 위장질환

식도, 위, 장은 음식물을 섭취하여, 음식물 내의 영양소를 소화, 흡수, 배설하는 기관으로 식도는 입에서 1차 소화된 음식물을 위로 보내는 역할과, 위에서 다시 입으로 역류하는 것을 방어하는 역할을 수행한다. 위는 음식물을 잘게 부수어 위산과 소화액을 혼합하여 소장으로 보내거나, 일시적으로 위에 보관하기도 한다. 소장에서 주요 영양소를 흡수한 후 찌꺼기를 대장으로 보내면 대장에서는 나머지 영양소와 물을 흡수하고, 변을 만들어 배출한다.

1. 식도질환

1) 식도의 구조와 역할

식도는 약 25cm 정도의 관이며 윗부분은 인두(pharynx)에 연결되어 있고 기관과 심장의 뒷부분으로 내려가 횡격막을 관통하여 위에 연결된다. 식도는 조직적으로는 소장과 비슷하나 흡수기능은 없다. 식도 근육은 상부는 골격근(수의근), 하부는 평활근(불수의근)으로 되어 있으며, 상부와 하부에 각각 괄약근이 있다. 상부 괄약근은 공기가 위로 들어가는 것을 막고, 하부 괄약근은 위장의 내용물이 식도로 역류하는 것을 막기 위해 존재한다. 식도에서는 연동과 수축에 의하여 음식물을 위장으로 보낸다. 식도에서는 소화액이 분비되지 않으며 민감한 식도 점막은 음식물의 자극에 많은 영향을 받는다. 산성 위액이나, 알칼리성 장액 등에 의해서 손상받기 쉽기 때문에 음식물이 식도로 역류했을 경우 문제가 발생할 수 있다. 따라서 역류한 위액이 접촉하기 쉬운 하부 괄약근 부위는 식도염이나, 식도암의 발생 빈도가 높다.

2) 식도질환과 식사요법

(1) 연하장애

① 원인 및 특징

연하장애는 음식물이 구강 내에서 위 속으로 이동되는 연하과정에 장애가 생긴 것을 말한다. 음식물이 구강 내에서 저작(mastication)에 의해 덩어리(bolus)를 형성한 후에 구강, 인두, 식도의 3단계를 통과하는 데 요하는 시간은 단지 5~10초에 불과하다. 그러나 이 과정 중 어느 단계에서든 장애가 생길 경우 질식(choking)이나 흡인(aspiration)으로 인해 폐렴이 발생할 수 있고 심할 경우 질식사할 수도 있다. 특히 표면상으로 나타나는 증후가 없는 '무음흡인(silent aspiration)'이 발생될 수 있어 매우 위험하다. 연하장애는 식도 수술, 식도 종양이나 암에 의한 폐색, 식도염 등의 기계적인 원인과 뇌졸중, 머리손상, 뇌종양, 신경계질환 등에 의한 마비적 원인에 의해 발생되며 이 밖에도 약물 사용에 기인하는 경우도 있다. 약물 중 특히 항정신병약, 항콜린작용약(anticholinergic), 진통제, 항경련제 등 인지기능의 장애를 일으키는 약물이나, 구강건조증(xerostomia), 식도염(esophagitis) 등을 초래하는 약물들은 연하장애를 유발하기 쉽다. 따라서 연하장애 환자는 각각 서로 다른 양상을 보이기 때문에 각 환자의 연하능력과 기호도에 따라서 개별화된 영양관리와 연하 재활치료가 필요하다.

② 식사요법

삼키는 기능에 장애가 생긴 환자에게 적용되며 연하장애 식사의 목표는 사래들리지 않고 안전하게 음식을 삼키도록 해서 무음흡인을 예방하고 충분한 영양공급을 하여 영양결핍증과 탈수를 예방하고 정상체중을 유지하는 것이다. 삼키는 능력에 알맞게 식사의 점도를 조절하고 식사 적응도에 따라서 점진적으로 진전시킴으로써 흡인의 위험을 방지하고 적절한 영양상태를 유지하기 위하여 계획된 식사이다. 연하능력 평가를 통해 경구섭취가 가능하다고 판정된 환자의 경우 환자의 연하 능력에 따라 연하장애식의 단계를 결정한다.

의료기관에 따라 단계 결정 방법이 다소 다를 수 있다. 보통은 연하기능검사 중 가장 정확하고 효과적인 방법인 비디오 투시 연하 검사(Video Fluoro Swallowing Study, VFSS)를 통해 환자의 연하단계에서의 이상 유무를 검사하여 연하 능력에 따라 식사 단계를 결정하지만, 이러한 설비가 없는 경우에는 교액반사(gag reflex)

를 확인한 후 1단계 식이로 환자의 적응도를 판정하고, 적절한 단계의 식이를 제공한 후 1, 2, 3 단계를 거쳐 정상적인 식사로 복귀할 수 있다.

의사의 식사 처방의 예: 연하장애식 1단계

〈표 3-1〉 1일 영양기준량

	열량(kcal)	탄수화물(g)	단백질(g)	지방(g)
1단계	1,700	200	75	65
2단계, 3단계	1,600	180	70	65

〈표 3-2〉 1일 식품 구성

	식품군	곡류군	어육류군	채소군	지방군	우유군	과일군
1단계	식품교환단위	7*	6	3	6	2	1
2단계, 3단계	식품교환단위	6	6	3	6	2	1

* 1단계 죽의 경우 반찬을 갈 때 사용하는 죽량이 포함됨

③ 유의사항

① 연하장애식 1단계는 죽과 반찬을 곱게 갈아서 걸쭉하고 부드러운 상태로, 연하장애 2단계는 갈지 않은 죽에 반찬은 다져서, 그리고 연하장애 3단계는 갈지 않은 죽에 부드러운 반찬을 원형으로 제공하며 국물음식은 제한한다. 1단계, 2단계, 3단계는 환자의 임상상태에 따라 처방되어야 한다.

① 묽은 액체(물, 주스, 우유, 홍차, 커피, 콜라, 사이다 등), 기름진 음식, 매운 음식, 입천장에 달라붙는 음식(땅콩버터, 캐러멜), 지나치게 차갑거나 뜨거운 음식, 파·마늘 등의 자극적인 향신료, 점도나 질감이 서로 다른 식품들이 혼합된 음식(예: 야채 건더기가 있는 국, 과일조각이 있는 젤로 등)은 포함하지 않는다.

③ 연하장애식사는 의료기관마다 연하곤란식, 연하보조식으로 처방하는 등 명칭과 지침이 다소 다를 수 있다. 향후 연하장애학회 등에서 표준화된 지

침을 수립한다면 그 차이를 줄일 수 있을 것이다.

■ 점도증진제(thickeners)

- 연하장애가 있는 환자가 액체 음료를 마실 때 삼키는 데 도움이 되도록 상업용 점도증진제(토로미 퍼펙트, Thick&Easy 등)를 사용하며, 1회 분량만큼 만들어서 먹도록 한다.
- 어육류나 채소를 갈아서 만든 음식의 점도를 조절하기 위해서는 흰죽을 곱게 갈아서 섞는 것이 효과적이다.

(2) 식도정맥류(esophageal varices)

① 원인 및 특징

식도정맥류는 간경화로 인하여 문맥(portal vein)의 압력이 증가하여 작은 식도정맥들이 확장된 상태를 말한다. 심한 경우 확장된 식도정맥들이 파열되면 경구출혈을 일으키고 혼수, 쇼크, 구토물의 기도흡인 등을 초래하여 사망에 이를 수 있다. 변비가 있으면 장에서 독소가 흡수되어 간성혼수에 이르게 되기 쉽기 때문에 변비를 방지하는 것이 중요하다.

② 식사요법

식도정맥류 환자의 치료식사는 저섬유소식사 또는 일반식 죽으로 제공하여 확장된 정맥에 자극을 줄여서 증상의 악화를 방지하고, 변비를 예방하고 간성혼수를 예방하는 것을 목표로 한다.

의사의 식사처방의 예: 일반식 죽

③ 유의사항

- 혼수상태가 아니면 부드럽고 섬유질이 적은 음식을 소량씩 자주 공급한다(하루 5~6회).

• 간기능에 따라 영양소의 섭취량을 조절하고 수분을 적절히 공급한다.

(3) 역류성식도염(reflux oesophagitis)

① 원인 및 특징

위-식도 역류는 하부식도 괄약근(lower esophageal sphincter)의 수축이 약화되어 위내용물이 식도로 역류되어 가슴안 쪽으로 타는 듯한 통증이나 쓰림을 일으키는 질환을 말하며 말하며 식도열공탈장(hiatal hernia)나 하부식도 괄약근 기능 이상, 위 배출기능 저하, 식도운동기능이 저하된 환자에게서 발생될 수 있다. 가장 흔한 증상은 속쓰림(heartburn)이며, 만성적 위식도 역류는 식도염, 식도궤양, 식도출혈 및 식도협착을 초래할 수 있다. 괄약근의 압력을 저하시키는 식생활습관은 위식도 역류를 악화시킬 수 있다. 이 밖에도 과식, 비만, 임신, 가로누운 자세, 몸에 꽉 끼는 의복 등은 복부 내의 압력을 증가시켜서 위식도 역류를 유발할 수 있다.

② 식사요법

식도에 물리적, 화학적 자극을 최소화하는 식사를 제공하여 역류와 관련된 증상을 최소화한다. 식습관으로는 과식과 폭식을 피하고 열량보충이 필요한 경우에는 여러 끼(하루 5~6회)로 나누어 먹는 것이 좋고 눕기 전에 적어도 2시간 동안은 식사나 간식을 피한다. 흡연과 음주, 식품으로는 기름진 음식, 초콜릿, 가스형성식품(마을, 양파, 계피, 민트), 탄산음료, 커피, 후춧가루, 토마토, 오렌지, 매우 차거나 뜨거운 음식 등의 자극성 음식은 하부 식도 괄약근을 이완시킬 수 있으므로 제한한다. 그러나 하부식도 괄약근에 영향을 미치지 않는 3대 영양소가 포함되어 있는 균형 잡힌 식사는 충분히 섭취하여 식도염이나 기타 합병증의 위험을 줄이고 정상체중을 유지하는 것을 목표로 한다.

의사의 식사 처방의 예: 일반식 죽

③유의사항

- 비만인 경우 체중조절식을 실시한다.
- 너무 꽉 끼는 의복을 삼간다.
- 반드시 금연한다.
- 스트레스를 줄이고, 규칙적인 생활을 한다.

2. 위질환

1) 위의 구조와 역할

위는 세 부분인 바닥부위(fundus), 몸통 부위(body), 그리고 공간(방, antrum)으로 나뉜다. 위와 식도와 연결된 부위에 들문(분문)조임근(cardiac sphincter)이 있고 소장과 연결 부위에 날문(유문)조임근(pyloric sphincter)이 있다. 위에 머무는 음식의 양은 성인은 1.5L가량 가능하며 위 근육 수축을 통해 휘젓는 운동을 하여 식도에서 들어온 음식물 덩어리를 잘 으깨고 위액과 섞어 일정 시간 동안 머물러 있게 한 후 소장으로 밀어내는 일을 한다.

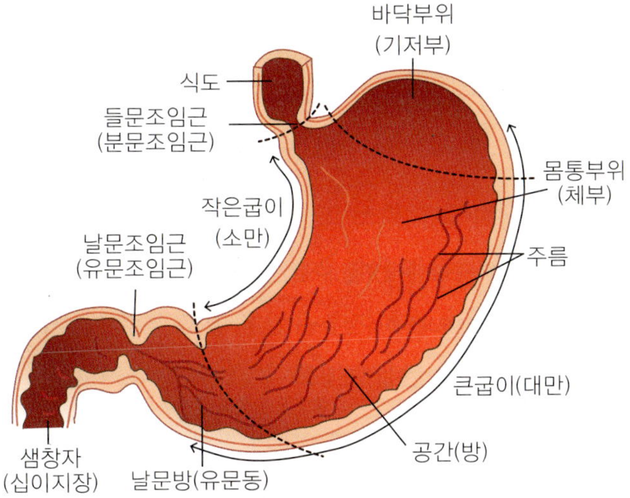

[그림 3-1] 위의 구조

2) 위질환과 식사요법

(1) 위염

위염은 일반적으로 위에서 산이 과다하거나 상피 표면을 보호하기 위한 점액이 불충분할 때 발생하며 급성위염과, 만성위염으로 분류할 수 있다.

① 급성위염

위염은 심각성의 정도가 다양한데 가장 심각한 형태는 급성출혈성위염이다. 위의 상피표면이 대사성 과정에서 염증반응에 자극을 받아 파괴되면서 체내의 산도가 증가하여 세포가 수소 이온을 흡수하고 위액에 노출된다. 아스피린과 다른 항염증약, 특히 비스테로이드 사용을 늘렸을 때 발생하고, 과다한 알코올, 음식 중독(예: 황색포도상구균, 장티푸스균, 또는 바이러스)이나 산성 또는 알칼리성의 상한 음식섭취를 했을 때, 위 내로 쓸개즙이 역류했을 때 발생한다. 대부분 원인이 제거되면 회복된다.

■ 급성위염의 식사요법

급성위염이 발생한 경우 우선적으로 원인 물질(알코올, 카페인 등이 들어 있는 음료, 향신료, 차거나 뜨거운 음식, 아스피린과 항생제 등)을 제한하고, 구토나 설사 그리고 위통이 심할 때에는 하루 정도는 절식을 하는 것이 좋다. 그 후 차나 맑은 국, 과즙 등으로 위에 부담이 없는 유동식을 공급한다. 증상이 호전되는 것을 보면서 죽식에서 일반식으로 단계 이행한다.

의사의 식사 처방의 예: 일반식 죽

② 만성위염

만성위염은 위점막에 생긴 염증이 만성화된 질환으로 급성위염과는 달리 분명한 원인을 모르는 경우가 많다. 만성위염이 잘 치료되지 않고 진행되면 위궤양이나 위암으로 진행하는 경우도 있으므로 주의 깊은 치료가 필요하다. 보통은 헬리코박터균과 관련이 있고 노화에 따른 위점막의 위축이나, 대체적으로 불규칙한 식습관, 폭음, 폭식, 담배, 뜨거운 음식, 조미료, 약물, 커피 등의 지속적인 자극에 노출되었을 때 생기는 것으로 알려져 있다. 만성위염은 다음과 같이 크게 두 가지로 나눌 수 있다.

- 위축성위염: 노령 등으로 위선이 위축되어 위산의 감소 또는 헬리코박터균의 만성적인 감염으로 위 점막세포가 위축되어 발생하는 무산성위염
- 표재성위염: 주로 청장년기에 위산 분비가 항진되어 점막 조직에 염증이 생겨 위점막을 자극함으로써 위산 분비가 과다하게 일어나는 과산성위염

■ 만성위염의 식사요법

만성위염의 원인이 될 수 있는 생활습관을 교정하는 것이 우선이다. 위축성위염인 경우 불규칙한 식생활과 폭음과 폭식, 자극적인 음식, 커피, 탄산음료 등을 줄이고 균형 잡힌 식사를 규칙적으로 하는 식습관을 가지도록 한다. 염증 회복을 위해서는 3대 영양소의 균형이 중요하므로 한 가지 영양소에 편중된 식사, 예를 들어 탄수화물 위주의 식사를 피하도록 한다. 반면에 노화로 인해 위선이 위축된 위축성위염의 경우는 위산 분비를 자극하는 무즙이나, 과즙, 파·마늘 등의 향신료를 충분히 사용하고, 소화가 용이한 달걀이나 치즈, 생선, 부드러운 고기 등을 제공하여 충분한 단백질 공급과 소화를 돕도록 한다.

의사의 식사 처방의 예: 일반식 밥 또는 일반식 죽

(2) 소화성궤양(peptic ulcer)

① 원인 및 특징

소화성궤양은 위나 십이지장의 점막 내층에 침식이 생기고 점막층의 손상으로 위액의 펩신이나 위산에 노출되어 점막 조직이 떨어져 나간 상태를 말하며 부위에 따라 식도궤양, 위궤양, 십이지장궤양으로 진단된다. 위에서는 강력한 소화작용을 가진 위산과 펩신이 나와 음식을 소화시키는데, 위는 위산과 펩신으로

부터 스스로를 지키는 위점막 보호기능이 있어 위벽이 소화되는 것을 막을 수 있다. 그런데 위점막 보호기능이 약해지면 위점막이 위산과 펩신에 의해 소화되어 생긴다는 의미로, 위궤양을 소화성궤양이라고 한다. 주요 원인은 헬리코박터균에 의한 감염인 경우가 많으며, 이 밖에도 흡연, 카페인, 알코올, 스트레스 등의 잘못된 생활습관과 위에서 분비되는 염산과 펩신이 궤양 발생에 관여하는 것으로 알려져 있다. 그 외에 아스피린(aspirin), 이부프로펜(ibuprofen), 나프록센나트륨(naproxen sodium) 등 관절염 치료에 사용되는 각종 비스테로이드성 항염증제(Non Steroidal Anti-Inflammatory Drugs, NSAIDs)는 위산에 대한 위의 방어기능을 약화시켜서 위궤양을 유발시킬 수 있다. 가장 흔한 증상은 타는 듯하거나 갉아내는 듯한 복통이며, 대개 식사 사이 또는 한밤중에 발생되나, 경우에 따라서는 증상이 전혀 없을 수도 있다. 이 밖에도 메스꺼움, 구토, 식욕감퇴, 체중 감소 등이 있으며 위나 십이지장으로부터 출혈이 있을 수도 있다. 소화성궤양의 치료는 약물요법과 병행하여 환자에게 통증이나 불편감을 초래하는 식품만을 제외한 균형 잡힌 식사가 바람직하다.

② 식사요법

소화성궤양의 식사요법은 초기에는 약물과 함께 병행하는 것이 불편증상이 감소되어 음식섭취를 원할하게 함으로써 충분한 영양섭취를 할 수 있다. 부드럽고 자극이 적으며 흡수율이 좋은 균형 잡힌 식사를 통해 과다한 위산 분비를 막고 궤양으로 인한 증상을 감소시켜서 체중 감소와 출혈로 인한 빈혈을 예방하는 것을 목표로 한다. 출혈이 있는 경우에는 지혈을 우선으로, 2~3일간 금식으로 점막을 보호한 후 3~5일간 유동식으로 식사한다. 만약 출혈이 지속되면 수액이나, 경장영양으로 영양 공급을 대신한다. 맵고 짠 음식(김치류, 찌개류 등), 튀긴 음식, 인스턴트 음식, 생채소, 질긴 채소, 과자류, 자극이 강한 향신료는 피한다. 잦은 식사나 취침 전 간식을 피하고 알코올, 흡연, 아스피린, 기타 비스테로이드성 항염증제를 피한다. 카페인 음료는 물론 카페인이 제거된 음료라도 위산분비를 자극할 수 있으므로 적당량만 사용하며 빈속이나 취침 시에는 사용하지 않도록 한다. 통증이 심한 경우에는 불편감을 주는 조미료를 피한다.

③ 유의사항

증상은 완화되었지만 궤양상태가 회복된 것은 아니므로 2~3개월 동안은 꾸준히 치료하는 것이 바람직하다.

의사의 식사 처방의 예: 일반식 밥, 일반식 죽

(3) 위절제술과 미주신경절제술(gastrectomy&vagotomy)

① 원인 및 특징

위절제술과 미주신경절제술은 소화성궤양에 대한 내과적인 치료가 실패했거나 위암이 있을 경우에 위의 상당부분(subtotal) 혹은 전부를 절제하거나 위산분비를 제거하기 위하여 미주신경을 절제하는 수술이다. 절제술 후 흔히 체중 감소나 덤핑증후군(dumping syndrome)이 발생되고 비타민 B_{12}, 철분, 엽산, 지방, 칼슘, 비타민 D 등 각종 영양소의 흡수불량으로 빈혈, 지방변 혹은 대사성골질환이 초래 될 수 있다. 위절제 후 나타나는 증상 중 식후 10~30분쯤 발생되는 초기덤핑증후군(early dumping syndrome)은 위 배출 시간의 단축으로 고농도의 액체나 미처 소화되지 않은 음식물이 십이지장 내로 유입되기 때문이며 증상은 설사, 복통, 복부 팽만, 메스꺼움, 구토 등이다. 식후 1~4시간에 발생되는 후기덤핑증후군(late dumping syndrome)은 탄수화물 섭취에 의한 인슐린 분비 과다로 저혈당이 초래되기 때문이며 증상은 발한, 쇠약감, 화끈거림, 두근거림 등이다. 일부 환자들은 조기만복감, 상복부 불쾌감, 식욕부진 및 흡수불량으로 25~30%의 체중 감소를 보이는 경우도 있어 적절한 식사요법이 필요하다.

② 식사요법

위절제 수술 후 식사요법의 목표는 음식물의 위 배출을 지연시키거나 정상화시키고 덤핑증상을 최소화하도록 단순당을 제한하고 체중 감소를 최소화하기 위하여 충분한 열량과 단백질 공급이 중요하다. 수술 후 3~5일간은 금식 상태에서 정맥수액(포도당, 아미노산, 지방)을 공급한다. 그 다음 유동식 → 위절제후식으로 진전시킨다. 대체로 수술 후 5~7일이 되면 고형음식을 먹을 수 있다. 한꺼번에 먹을 수 있는 양이 적으므로 소량씩 자주(하루 5~6회) 섭취하고 수분섭취는 식사 후 30~60분으로 미룬다. 위기능이 부족하므로 소화하기 어려운 섬유소의 섭취는 당분간 줄이고 지방변이 있을 경우 중간사슬지방(MCT oil)을 사용한다. 위절제 수술 후 나타나는 복부 팽만감, 조기 포만감, 메스꺼움, 복통, 설사, 저혈당 증세를 나타내는 덤핑증후군은 대개의 경우 시일이 경과함에 따라 호전된다. 흔히 현저한 체중 감소(평소의 25~30% 감소)가 발생되므로 제공된 식사를 충분히 섭취한다.

의사의 식사처방의 예: 위절제후 식(미음 · 죽)

〈표 3-3〉 1일 영양기준

	열량(kcal)	탄수화물(g)	단백질(g)	지방(g)
미음	290	40	10	10
죽	1,100	145	45	40

〈표 3-4〉 1일 식품 구성

식품군		곡류군	어육류군	채소군	지방군	우유군	과일군	영양보충 음료
단위	미음	0.7	-	-	-	1	0.5	-
	죽	4	5	3	3	1	1	0.5캔

〈표 3-5〉 1일 식단의 예

	아침	간식	점심	간식	저녁	간식
미음	쌀미음(100cc)		조미음(100cc)	호박죽 (100cc)	쌀미음(100cc)	유당 제거 우유 (200cc)
죽	흰죽(1/2공기) 국(80cc) 병어조림 숙주나물 참기름	영양음보충료 (1/2캔)	흰죽(1/2공기) 국(80cc) 불고기 애호박나물 참기름	호박죽	흰죽(1/2공기) 국(80cc) 가자미구이 오이나물 참기름	호상요구르트 (200cc)

③ 유의사항

① 끼니와 3회 간식으로 총 6회의 식사가 제공된다.

② 철분, 비타민 B_{12}, 엽산, 비타민 D, 칼슘 등의 결핍증상이 올 수 있으므로 처방받은 식사를 충분히 섭취하는 것이 중요하고 필요한 경우에는 이들의 보충제를 병행한다.

③ 유당 제거 우유는 대표적으로 '소화가 잘되는 우유(매일 유업)'가 있다.

④ 영양보충음료는 대두단백을 이용해서 영양밀도를 1kcal~2kcal/cc로 만들어 놓은 고농도의 경구용 영양용액이다. 대표적인 제품으로는 뉴케어(대상), 그린비아(정식품), 메디웰(엠디웰) 등이 있다.

〈표 3-6〉 권장식품과 주의식품

식품군	권장식품	주의식품
곡류	식빵, 롤빵, 크래커, 전분류, 보리, 마카로니, 감자, 고구마, 쌀, 국수, 스파게티	· 팝콘, 튀긴 감자 · 잡곡은 부드럽게 조리해서 드십시오.
어육류	육류, 생선, 두부, 달걀, 부드러운 치즈	· 가공 및 저장식품류(훈제 육류, 햄, 비엔나 소시지, 핫도그, 젓갈) · 멸치, 뱅어포는 잘게 부수어 드십시오.
지방류	버터, 마요네즈, 식용유, 올리브유 등	· 견과류(호두, 땅콩, 잣, 아몬드)는 잘게 부수어 드십시오.

식품군	권장식품	주의식품
채소류	부드러운 채소(당근, 호박, 오이, 김치, 시금치), 버섯류	· 섬유질이 많은 채소(도라지, 더덕, 콩나물, 우엉, 연근 등)는 오래 씹어서 드십시오. · 장아찌, 해조류(미역, 다시마, 김)
과일류	과일 및 과일주스	· 말린 과일(대추, 건포도, 곶감) · 탄닌이 많은 과일(바나나, 감)
유제품	우유, 두유, 액상요구르트, 호상요구르트	· 술, 탄산음료(사이다, 콜라)

3. 장질환

1) 장의 구조와 역할

장은 소장과 대장으로 나눌 수 있고 장과 관련한 질환은 식이요법에 잘 반응하는 특징이 있다. 대부분의 장질환 증상은 설사나 변비, 그리고 흡수불량으로 나타나는데 개인에 따라 영양소의 이용 정도가 달라 영양의 위험 정도가 다르게 나타난다. 소화기관의 주요 기능인 운동, 분비, 소화, 흡수는 장의 역할로 매우 중요하고, 그중에서 소화와 흡수는 98% 이상이 소장과 대장에서 일어날 만큼 영양소의 흡수를 위해서는 장질환의 식사요법이 매우 중요하다. 소장은 십이지장(duodenum), 공장(jejunum), 회장(ileum)으로 나눌 수 있고 이들은 해부학적, 운동, 분비, 소화와 흡수를 각각 달리한다. 소장에서는 점막세포의 융모와 융모의 표면을 구성하며 솔가장자리(brush border)로 불리는 미세융모는 소장의 기능에 아주 중요하다. 장 세포의 회전율은 매우 빠르게 일어나므로 건강한 장 세포의 유지와 기능을 위해서는 충분한 영양을 필요로 하고, 장질환의 식사요법은 질병의 부위에 따라 다른 식사요법이 필요하다.

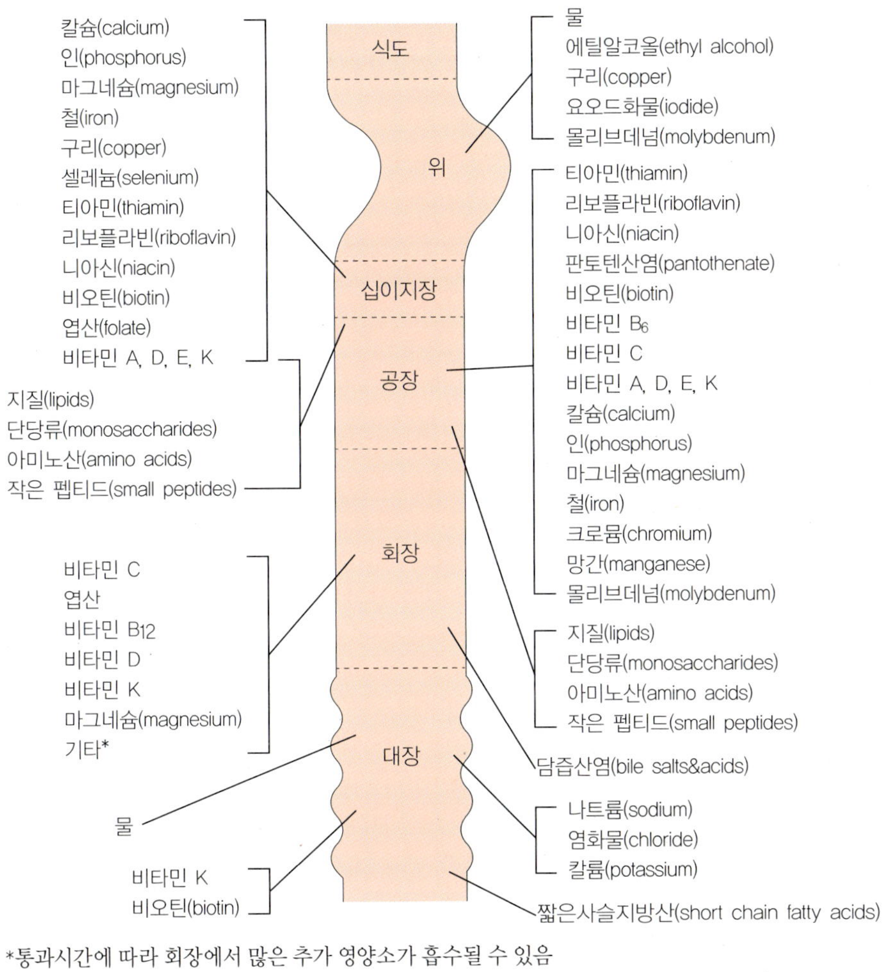

[그림 3-2] **장과 영양소 흡수**

Smith et al. (2005).

2) 장질환과 식사요법

(1) 유당불내증(Lactose Intolerance)

① 원인 및 특징

유당은 우유에 함유된 이탄당(disaccharide)으로, 유당분해 효소인 락타아제(lactase)가 부족하면 소화되지 않은 유당이 소장에서 삼투현상에 의해 수분을 끌어들임으로써 팽만감과 경련을 일으키고 대장을 통과하면서 설사를 유발하게 되는데 이러한 현상을 유당불내증이라 한다. 유당분해 효소는 미세융모의 가장 윗부분에서 분비되는 효소로서 과한 알코올이나 항생제 등 약물의 과다 사용, 소장의 자극 등에 의한 손상이 잦다. 이런 경우 유당불내증 증상이 발생하거나 심해질 수 있다. 이차적 유당 결핍은 급성혹은 만성소화기질환[열대스푸르(tropical sprue), 복강스푸르(celiac sprue), 크론병(Crohn's disease)], 소장이나 위수술 혹은 장기간 정맥영양을 계속했던 환자들에게서 나타난다. 유당불내증은 섭취한 유당의 양과 불내증의 정도에 따라 소화기 증상의 심각도가 다르다. 한국인을 비롯한 동양인에서는 선천적으로 락타아제 결핍이 있는 사람들이 매우 많다.

② 식사요법

우유 제한으로 부족해지기 쉬운 영양소의 결핍을 예방하여 영양적으로 균형 잡힌 식사를 공급하는 것을 목표로 한다. 유당 제외 식사로 시작하여 소량의 유당 함유식품을 점진적으로 첨가함으로써 개인별 유당내성을 유도한다. 또한, 유당은 다른 음식과 섭취했을 때 비교적 적응이 잘되므로 우유만을 마시는 것을 삼간다. 요구르트나 따뜻하게 데운 우유로도 증상이 나타나는 경우에는 시중에 판매되고 있는 유당제거(락토오즈 프리) 우유를 제공한다(예: 소화가 잘되는 우유). 또한, 칼슘과 비타민 B_2[리보플라빈(riboflavin)]가 풍부한 식품을 선택한다.

의사의 식사처방의 예: 일반식(우유제외)

③ 유의사항

① 유당불내증을 나타내는 유당의 양은 정도가 사람마다 다를 수 있다. 따라서 불편함을 유발하는 우유양 이하로 섭취하거나, 유산균음료 또는 유당 제거 우유를 섭취하면 대부분의 경우 불내증을 최소화할 수 있다.

② 우유는 3대 영양소와 비타민, 무기질을 고루 갖춘 완전 식품이므로 불편함을 최소화하는 방법을 통해 섭취하도록 노력한다.

(2) 과민성장증후군(Irritable Bowel Syndrome, IBS)

① 원인 및 특징

과민성장증후군은 소장이나 대장의 운동(motility)이 비정상적으로 항진되는 것을 말한다. 증상은 경련성복통, 설사나 변비, 식후 팽만감 등이며 원인으로는 식사의 양과 내용, 약물, 월경 시의 호르몬 변화, 심리적 스트레스 등이 있다. 식사의 내용으로는 탄수화물 중에서 크기가 작은 당류는 소장에서 완전히 흡수가 안 되고 대장에서 쉽게 분해되면서 가스를 발생시키기 때문에 과민성장증후군환자의 증상을 악화시킬 수 있다. 이렇게 쉽게 발효되어 문제가 되는 당분을 묶어서 포드맵(FODMAP)이라고 하는데 특히 복통, 가스, 설사, 복부 팽만 등의 증상을 유발시키고 악화시키며, 변비 증상에는 영향이 적다. 최근에는 과민성장증후군 증상이 심한 경우 대변 장내세균 이식(Fecal Microbiota Transplantation, FMT)을 통해 증상이 개선된 연구 결과가 있고, 일부 의료기관에서 관심을 가지고 시도하고 있다.

② 식사요법

과민성장증후군의 식사요법은 흔한 증상인 변비와 설사를 예방하면서 적절한 영양상태 유지를 목적으로 한다. 우선으로 장내 문제를 야기하는 식품을 알아내서 제한하도록 한다. 되도록 소량씩 자주 먹고 처음에는 저지방 저섬유소식사를 시작하고 점진적으로 증가시킨다. 평소 생활 시 '저포드맵식(low FODMAPs diet)'이 도움이 될 수 있다. 알코올과 카페인 섭취를 제한하고 규칙적으로 운동하며 스트레스를 감소시키고 충분한 수분섭취를 위해 하루에 8컵 이상의 수분을 섭취한다.

의사의 식사처방의 예: 식사 초기-저지방 저섬유소식
평상시-저포드맵식(Low FODMAPs Diet)

〈표 3-7〉 1일 영양소 구성

열량(kcal)	탄수화물(g)	단백질(g)	지방(g)
1,800	300	80	30

〈표 3-8〉 1일 식품 구성

식품군	곡류군	어육류군	채소군	지방군	우유군	과일군
단위	11	5	8	0	1	1

③ 유의사항

식품의 제한이 많아지므로 체중 감소가 일어나지 않도록 열량을 충분히 섭취하도록 한다.

〈표 3-9〉 권장식품 및 주의식품

식품군	권장식품	주의식품
곡류	쌀밥, 잡곡밥, 국수, 식빵, 떡, 찹쌀 미숫가루	카스텔라, 핫도그, 도넛, 볶음밥, 라면, 달걀 또는 치즈가 들어간 빵, 잣, 땅콩, 깨가 들어간 미숫가루, 케이크, 페이스트리
육류 (하루 160g 이하)	쇠고기, 돼지고기, 닭고기, 가자미·대구·동태·조기·삼치·갈치 등 생선류, 달걀, 새우, 굴, 두부, 콩 등	갈비, 삼겹살, 양지 돼지머리, 쇠꼬리 등 지방이 많은 고기, 햄, 스팸, 런천미트, 기름에 담근 생선 통조림, 장어, 연어알, 고등어, 꽁치
채소류	지방으로 조리하지 않은 모든 야채(생야채, 냉동야채, 통조림)	허용량 이상의 기름을 사용하여 조리한 야채

식품군	권장식품	주의식품
지방류 (하루 1Tbsp 이하의 불포화지방)	허용량 이내의 지방: 마요네즈(1Tbsp), 식용유(1Tbsp), 아몬드 6개, 땅콩(10~20개), 호두(1개), 피스타치오(18개), 해바라기씨(1Tbsp), 올리브오일(1Tbsp),	허용량 이상의 지방: 버터, 크림치즈
유제품 (하루 1잔 이하)	저지방우유, 저지방치즈, 저지방우유로 만든 요구르트	전유, 전유로 만든 요구르트, 치즈, 아이스크림, 푸딩
과일류	모든 종류의 과일: 신선한 과일, 냉동과일, 통조림 과일, 과일주스	
기타 (조미료)	케첩, 식초, 설탕, 꿀, 물엿, 엿기름, 간장, 된장, 고추장 등	깨소금, 각종 고지방 드레싱, 소스(마요네즈 드레싱, 프렌치 드레싱, 그레이비 소스 등)

④ 저포드맵식(Low FODMAPs Diet)

'Low FODMAPs Diet'란 과당, 유당, 올리고당[프럭탄(fructan), 갈락탄(galactan)], 식품첨가물로 사용되는 당알코올 등이 포함된 음식의 섭취를 제한하거나 줄이는 것이다. 이러한 성분들은 과일, 채소, 가공식품 등에 골고루 함유되어 있으므로 이들 성분들을 흡수하는 것이 어려워 복부 불편감, 설사 등을 경험하는 사람들은 특별히 관심을 갖고 주의하며 과민성장증후군 증상 발현을 최소화하기 위해 문제시되는 음식의 섭취를 제한하거나 줄인다.

FODMAP이란?

Fermentable(발효성)
Oligosaccharides(올리고당: 프럭탄, 갈락탄)
Disaccharides(이당류: 유당)
Monosaccharides(단순당: 과당)
And(그리고)
Polyols(당알코올류: 솔비톨, 만니톨, 말티톨, 자일리톨, 이소말트)

⑤ Low FODMAPs Diet 식사원칙

① 초기 한 달 동안 FODMAP 관련 허용식품 위주로 섭취한다.

② 일정기간 경과 후 임상영양사의 지도하에 주의식품을 소량씩 시작한다.

③ 3일(72시간)마다 새로운 음식을 추가한다.

④ 증상이 발현하면 해당 식품군은 피하고, 다른 식품군의 음식으로 시작한다.

⑤ 장기적으로 과도한 고함량 FODMAP식품섭취는 피한다.

⑥ 식품성분표를 확인하는 습관을 갖는다.

〈표 3-10〉 Low FODMAP Diet 초기 1달간 적용되는 허용식품 및 주의식품

식품군별	허용식품	주의식품
곡류군	쌀밥, 잡곡밥, 감자, 고구마, 옥수수, 밤	국수, 모든 빵 및 쿠키류
어육류군	육류, 어류, 달걀, 두부, 조개류, 해산물, 콩류(강낭콩 및 통조림콩 제외)	강낭콩, 통조림콩(베이크드빈스)
채소군	파(초록색 부분), 그 외 각종 채소류(예: 가지, 당근, 애호박, 파프리카, 양상추, 상추, 셀러리, 무, 열무, 죽순, 고추, 청경채 등)	버섯류, 마늘, 파(흰부분), 양파, 부추, 쑥갓, 우엉, 머위, 브로콜리, 콜리플라워, 케일, 냉이, 배추, 양배추(적채포함), 깻잎, 치커리, 아스파라거스, 비트, 민들레잎
과일군	포도, 오렌지, 참외, 귤, 자몽, 딸기, 키위, 토마토, 오렌지주스, 포도주스, 토마토주스, 파인애플주스, 과일통조림	사과, 망고, 수박, 배, 멜론, 자두, 체리, 파인애플, 롱간(용안), 리치, 백도, 천도복숭아, 사과주스
유제품군	유당분해우유(소화가 잘되는 우유), 두유, 모차렐라치즈, 파마산치즈, 슬라이스치즈	우유, 액상요구르트, 호상요구르트, 아이스크림, 크림치즈, 연유, 커스터드크림, 마스카포네치즈
기타	소금, 각종 장류(된장, 고추장, 간장 등), 후추, 와사비, 겨자, 설탕, 메이플시럽, 결정포도당	꿀, 올리고당, 고과당콘시럽, 모든 초콜릿류, 자일리톨껌, 기타가공식품[1]

1) 식품성분표 확인(솔비톨, 만니톨, 자일리톨, 말티톨, 이소말트 등)

⑥ 유의사항

① 주의식품 시도 과정 중 반복적 증상이 발생될 경우 잠재적으로 피하도록 한다.

② 마늘, 양파를 양념으로 사용할 때는 소량씩 사용하고, 구운 마늘, 양파와 같은 형태는 섭취하지 않는다.

③ 물김치를 담글 때는 마늘을 소량 사용하거나, 마늘 및 양파가 많이 들어가는 김치 대신 초절임 식품으로 대체한다.

④ 당류 사용 시 올리고당 대신 설탕이나 물엿을 사용한다.

〈표 3-11〉 FODMAP별 식품 분류

	과당(fructose)	유당(lactose)	프럭탄(fructan) 갈락탄(glactan)	당알코올(polyol)
고함량 FODMAP 식품	**과일군:** 사과, 배, 복숭아, 망고, 수박, 파인애플, 사과주스	**유제품군:** 우유, 액상요구르트, 호상요구르트, 아이스크림, 크림치즈, 연유, 커스터드크림, 마스카포네치즈	**곡류군:** 국수, 모든 빵 및 쿠키류 **두류군:** 강낭콩, 통조림콩(베이크드빈스) **채소군:** 버섯류, 마늘, 파(흰부분), 양파, 부추, 쑥갓, 우엉, 머위, 브로콜리, 콜리플라워, 케일, 냉이, 배추, 양배추(적채 포함), 깻잎, 치커리, 아스파라거스, 비트, 민들레잎 **과일군:** 수박, 백도, 람부탄, 감 **기타:** 꿀, 올리고당, 고과당콘시럽, 모든 초콜릿류,	**과일군:** 사과, 살구, 체리, 롱간(용안), 리치, 배, 천도복숭아, 자두, 수박 **기타:** 가공식품(식품성분표확인: 솔비톨, 만니톨, 자일리톨, 말티톨, 이소말트 등), 자일리톨껌
저함량 FODMAP 식품	**과일군:** 바나나, 블루베리, 포도, 자몽, 키위, 레몬, 귤, 오렌지, 딸기 **기타군:** 메이플시럽	**유제품군:** 유당분해제품(예: 소화가 잘되는 우유), 단단한 치즈, 슬라이스치즈, **지방군:** 버터	**채소군:** 죽순, 당근, 셀러리, 고추, 옥수수, 가지, 상추, 호박, 토마토	**과일군:** 바나나, 블루베리, 자몽, 포도, 키위, 레몬, 라임, 오렌지 등 **기타:** 설탕, 물엿

Gibson et al.(2010).

(3) 변비(Constipation)

① 원인 및 특징

변비는 대변을 보기가 힘들거나 3일에 한 번씩 보는 등 횟수가 적거나, 변이 지나치게 굳거나, 변이 아직도 남아 있다는 느낌이 드는 상태를 말한다. 변비의 증세가 있는 환자들은 대부분 심한 과민성장증후군을 가지고 있으며 변비의 형태와 빈도에 따라서 변비의 유형을 결정할 수 있다.

② 변비의 종류

- 경련성변비: 장에 경련성 변화가 있어서 작은 리본모양의 변, 또는 토끼똥 모양의 변을 보는 것을 말하며 이는 장폐색, 신경, 불안, 우유나 밀로 인한 식품 알레르기에 기인한다.
- 이완성변비: 완하제의 과다사용이나 나쁜 배변습관 등으로 대장의 근육이 더 이상 적절한 기능을 못할 때 나타난다.
- 폐쇄성변비: 항문협착, 직장탈장 등 직접 대변을 보는 기전의 폐쇄로 생기는 변비이며, 심하면 수술적 치료가 필요하다.

③ 식사요법

섬유소 섭취는 점진적으로 증가시킨다. 처음에는 과일과 야채에서 주로 섬유소를 공급하다 차츰 전곡류를 시도한다. 이렇게 섬유소 섭취를 증가시키는 과정에서 처음에는 가스가 차고 방귀가 잦은 등 불편이 있으므로 환자에게 자세한 설명이 필요하다. 수분섭취는 점진적으로 증가시키고 경련성변비에서 통증이 심한 경우에는 채소류에 의한 섬유소의 섭취를 줄이고 차츰 말린 과일, 신선한 과일, 채소, 견과류 등을 제공한다.

의사의 식사처방의 예: 고섬유소식

〈표 3-12〉 1일 영양소 구성

열량(kcal)	탄수화물(g)	단백질 (g)	지방(g)	식이섬유소(g)
2,200	330	90	60	35

〈표 3-13〉 1일 식품 구성

식품군	곡류군	어육류군	채소군	지방군	우유군	과일군
단위	11	6	9	4	1	3

〈표 3-14〉 1일 식단의 예

아침	점심	저녁
현미밥 미역국 굴비구이 깻잎찜 건포도야채샐러드 배추김치 사과	잡곡밥 시금치된장국 불고기 연근조림 미나리나물 열무김치 토마토	팥밥 버섯국 닭조림 부추해물전 도라지생채 배추김치 귤 우유

④ 유의사항

① 갑자기 다량의 섬유소를 섭취할 경우 설사, 복통, 가스발생, 복부팽창 등의 증상이 나타날 수 있고, 섬유소가 무기질과 결합함으로써 흡수를 감소시킬 수 있으므로 점진적으로 섬유소 섭취를 증가시키는 것이 바람직하다.

② 이완성변비는 연동운동을 자극시키고, 대변의 용적과 수분을 증가시키며, 경련성변비는 증상이 악화된 경우에는 과도한 장의 자극을 피하고 증상이 호전된 뒤에 섬유소의 양을 증가한다.

③ 항문괄약근의 이완과 수축을 담당하는 신경조직의 기능 부전으로 아무리 직장에 변이 차 있어도 항문이 열리지 않는 출구 폐쇄형 변비일 경우에는

바이오피드백(biofeedback) 치료법이 시행되기도 한다. 바이오피드백은 일종의 행동요법으로서 항문을 여는 연습을 시키는 치료법이다.

섬유소(Fiber)

① 섬유소란 식물의 구성성분 중 소화되지 않는 잔사를 의미하며 식품 내의 섬유소 함량은 흔히 식이섬유소(dietary fiber)나 조섬유(crude fiber)로 표시된다.
② 조섬유는 산이나 알칼리에 의해서 처리되고 남은 잔사로서 셀룰로오즈, 헤미셀룰로오즈, 리그닌 등으로 되어 있다. 그러나 추출과정에서 상당량의 수용성 섬유소가 제거되므로 조섬유는 식품 내의 실제 섬유소 함량보다 훨씬 적게 측정된다.
③ 식이섬유소란 인체 내의 소화 효소에 의해 분해되지 않는 모든 식물성 성분과 동물 조직을 통틀어 말하며 수용성 섬유소(soluble fiber)와 불용성 섬유소(insoluble fiber)로 분류된다.

〈표 3-15〉 식이섬유소의 분류 및 특징

	수용성 섬유소(soluble fiber)	불용성 섬유소(insoluble fiber)
종류	검류(gums), 점액질류(mucilage), 펙틴(pectin), polydetrose(난소화성 덱스트린)	셀룰로오스(cellulose), 리그닌(lignin), 헤미셀룰로오스(hemicellulose)
특징	·수분과 결합하여 겔(gel)상의 점성을 나타내고 대장 내 박테리아(bacteria)에 의해 발효된다. ·장내 이동을 지연시켜 위 배출을 지연시키고 콜레스테롤(cholesterol)과 당(glucose) 흡수를 감소시킨다.	·소화과정에서 변화되지 않은 채 원래 상태를 유지한다. ·장내 이동을 촉진시키고, 변량을 증가시킨다.
급원	과일, 보리, 말린 콩, 오트밀, 섬유음료	과일, 채소, 시리얼, 통밀제품

〈표 3-16〉 권장식품

식품군	권장식품
곡류	보리, 현미, 율무, 조, 수수, 팥 등의 잡곡류, 콩류 감자, 고구마, 밤, 옥수수, 미숫가루, 통밀빵
채소류	모든 채소(고사리, 우엉, 도라지, 근대, 미나리, 풋고추, 셀러리 등) 말린 나물류(무말랭이, 말린 호박, 건취나물, 건표고 등)
과일류	모든 생과일(토마토, 딸기, 파인애플, 복숭아, 감, 배, 사과 등) 말린 과일류(건포도, 곶감, 대추, 말린 바나나 등)
해조류 및 견과류	미역, 김, 다시마, 파래 등 땅콩, 아몬드, 호두, 해바라기씨 등

(4) 크론병(Crohn's disease)

① 원인 및 특징

크론병은 입에서 항문에 이르는 소화기 내의 어느 부위에서도 발생할 수 있으나 특히 회장과 대장에서 흔히 잘 발생되는 염증성장질환이다. 증상으로는 복통, 열, 식욕부진, 체중 감소, 성장부진(어린이의 경우) 등이 나타나며 장협착이나 누공을 초래하기도 한다. 크론병은 활동기와 관해기(remission)를 반복하는데 이를 효과적으로 관리하기 위해서는 적절한 영양과 약물, 그리고 외과적 치료를 필요로 한다. 상당수의 크론병 환자들은 장 절제 수술을 받게 되지만 재발되는 경우가 많으며 단장증후군(short-bowel syndrome)의 발생 위험이 높아진다. 크론병은 영양소를 흡수하는 부위에서 잘 발생하므로 영양과 관련한 문제가 다양하게 나타나고 이를 고려한 식사요법이 필요하다.

② 영양관련 문제점

- 설사, 복통, 조기 만복감 등으로 식사섭취량이 크게 감소된다.
- 소장 점막의 손상으로 인하여 영양소의 소화·흡수에 장애가 생겨서 지방변, 비타민 B_{12}, 칼슘 및 마그네슘 결핍을 초래할 수 있다.
- 심한 염증으로 단백질과 아연의 손실이 증가한다.

- 장 점막의 출혈로 인하여 철분결핍을 초래할 수 있다.
- 열과 감염 등으로 영양 요구량이 증가한다.
- 스테로이드 약물의 사용은 단백질 분해 증가, 칼슘흡수 억제, 소변으로의 마그네슘 손실을 유발한다.

③ 식사요법

수분 및 전해질을 유지하면서 더 이상의 체중 감소를 방지하고 가능한 한 체중 증가를 목표로 한다. 또한, 장폐색 및 누공, 신결석을 방지하며 단백질, 철분, 칼슘, 마그네슘, 비타민 B_{12} 등 영양소의 결핍을 방지하도록 한다. 반드시 각 환자의 식품 적응도에 따라서 식사를 조절하도록 하며 식사제한은 되도록 하지 않는 것이 좋다. 우유에 대한 불내증이 있는 경우에는 우유를 제한하고(통상적인 제한은 불필요함), 소장 협착이나 장폐색의 위험이 있는 경우에는 일시적으로 저잔사식을 제공하는 것이 바람직하다. 경구섭취가 불충분하거나 성장부진이 있는 경우에는 경장영양을 실시한다. 단장증후군이나 심한 누공으로 경구섭취나 경장영양 공급이 불가능한 경우에는 정맥영양을 고려한다.

의사의식 식사처방의 예: 저잔사식

〈표 3-17〉 1일 영양소 함량

열량 (kcal)	탄수화물(g)	단백질(g)	지방(g)
1,500	200	55	40

〈표 3-18〉 1일 식품 구성

식품군	곡류군	어육류군	채소군	지방군	우유군	과일군
단위	6	6	3	3	1	2

〈표 3-19〉 1일 식단의 예

아침	점심	저녁
흰죽 국(250cc) 연두부찜 애호박나물 병어조림 물김치국물 영양보충음료	흰죽 국(250cc) 가자미찜 가지나물 달걀찜 물김치국물 오렌지주스	흰죽 국(250cc) 불고기 숙주나물 새우살찜 물김치국물 두유

④ 유의사항

설사, 복통, 혈변의 증상이 가라앉고 차츰 회복기에 접어들 때에는 저잔사식에서 점차 정상식으로 옮겨가면서 통증이나 불편을 주는 식품만 선별적으로 제한하도록 한다.

저잔사식을 장기간 계속할 경우, 장의 정상적인 운동을 위축시키고 변비를 초래하여 증상을 악화시킬 수 있다.

비타민 C, 엽산 및 무기질 등이 결핍될 수 있으므로 보충이 필요할 수 있다.

〈표 3-20〉 권장식품 및 주의식품

식품군	권장식품	주의식품
곡류	쌀밥, 찹쌀밥, 식빵, 국수, 으깬 감자	보리, 현미, 율무, 팥, 콩류, 미숫가루, 고구마, 옥수수, 통밀빵
어육류	연한쇠고기, 돼지고기, 달걀, 두부, 닭고기(껍질 제외), 생선 (껍질 제외)	질긴 육류, 햄류, 조개류, 콩류, 비지
유제품	우유, 호상요구르트(딸기 제외), 푸딩, 이이스크림(과일, 땅콩제외)	딸기나 과일, 땅콩이 함유된 유제품
채소류	잘 익힌 시금치, 애호박, 당근, 가지, 숙주, 양송이, 양상추, 야채주스	허용식품 이외의 채소(도라지, 근대, 고사리, 콩나물, 우엉, 부추 등) 말린 나물(무말랭이, 건호박 등)

식품군	권장식품	주의식품
과일류	잘 익은 바나나 과일통조림(복숭아, 포도 등) 과일주스, 생과일(껍질 제외)	말린 과일(대추, 곶감, 건포도 등)
해조, 견과류		미역, 김, 다시마, 파래 등 땅콩, 아몬드, 호두, 해바라기씨 등
기타	소금, 간장, 설탕, 꿀, 식초	과량의 된장·고추장, 겨잣가루 등 팝콘, 포테이토칩 등의 간식

(5) 궤양성대장염(ulcerative colitis)

① 원인 및 특징

궤양성대장염은 대장의 점막층에 염증과 궤양을 일으키는 만성질환이다. 증상은 식욕부진, 메스꺼움, 복통, 구토, 점액이 섞인 피설사 등이며 그로 인해 성인은 체중 감소 및 영양불량, 소아인 경우에는 성장부진을 나타낸다. 증상에 따라 약물의 종류나 사용하는 정도는 다르겠으나 주로 사용하는 약물은 스테로이드, 항생제, 염증치료제를 처방하게 되는데 이로 인해 단백질이화작용이 증가하고 칼슘과 칼륨의 배설 증가, 비타민 K 합성 감소, 엽산 흡수 감소 등의 부작용이 있을 수 있으므로 식사요법이 중요하다. 또한, 대장의 염증으로 수분흡수가 잘 되지 않아 심한 설사를 유발하면서 수분 및 전해질 손실이 심해지고 대장 점막층의 궤양으로 단백질과 아연이 손실되며 점막의 출혈로 철분 손실이 생기기 쉬우므로 이를 고려한 식사요법이 필요하다. 그러나 이러한 것을 제외한 궤양성대장염 치료를 위해 특수한 식사요법은 필요치 않으므로 개인의 식품 적응도에 따라 개별화하는 것이 바람직하다.

② 식사요법

궤양성대장염의 경우 수분 및 전해질 불균형을 교정하고 대장의 염증을 악화시킬 수 있는 자극을 피한다. 정상체중 유지와 약물 사용으로 인한 엽산 결핍을 예방하는 것을 목표로 한다. 급성기에는 저잔사식을 공급하는 것이 좋고 유당불내증이 있는 경우에만 우유를 제한한다. 식욕부진이 있는 경우 소량씩 자주 공급하고 염증치료제 복용 시 엽산을 보충한다. 만약 경구섭취가 불량한 경우에는 경장영양을 고려한다.

의사의 식사 처방의 예: 저잔사식

(6) 회장조루술과 결장조루술(ileostomy&colostomy)

① 원인 및 특징

회장조루술과 결장조루술은 장내 노폐물을 인위적으로 배출하기 위하여 복벽을 통해서 회장이나 결장에 개구부(stoma)를 설치하는 외과적 수술이다.

② 회장조루술

대체로 궤양성대장염, 크론병, 폴립증, 대장암 등이 악화되어 결장과 직장을 완전히 절제한 경우에 시행된다. 회장의 일부를 절제한 경우에는 담즙산 부족으로 지방변이나 담석증이 생기고 비타민 B_{12} 흡수가 감소될 수 있으며 대장 절제수술을 한 경우에는 수분, 나트륨, 칼륨 등의 손실이 증가한다. 남아 있는 장의 길이와 적응도에 따라 차이는 있으나 차츰 흡수율이 증가되어 체액과 전해질 균형은 회복된다. 회장조루술 후에는 전이시간(transit time)이 감소되어 음식이 소화되지 않은 채 배설되는 경우가 많다.

③ 결장조루술

암, 게실염, 장천공, 방사선장염, 장폐색 등으로 결장이나 직장의 일부를 절제한 경우에 시행된다. 수술 후 남아 있는 장의 길이에 따라 개구부로 나오는 배설량이 다르므로 결장조루술이 시행된 부위에 따라서 영양관리가 달라진다. 횡행결장(transverse colon)이나 하행결장(descending colon)에 결장조루술을 시행한 환자는 개구부로 배출되는 수분 손실이 별로 많지 않으나 상행결장(ascending colon)에 결장조루술을 시행한 환자는 묽은 변의 배설량이 많아져서 수분 및 전해질 손실이 훨씬 크다. 결장조루술을 한 환자들은 불편감을 주는 식품을 제외하고는 대개 일반음식을 먹을 수 있다.

④ 식사요법

변에서 불쾌한 냄새를 최소화하고 과다한 배설을 방지해서 적절한 영양상태와 수분 및 전해질 균형을 유지하는 것을 목표로 한다. 식사는 유동식으로 시작하고 삼투성설사를 방지하기 위하여 농축된 과일주스는 희석해서 공급한다. 수용성 섬유소가 많고 잔사와 불용성 섬유소가 적으며 적당량의 지방으로 구성된 식사를 점진적으로 제공하는 것이 좋다. 소량씩 자주 공급하며 개구부를 폐쇄할 수 있는 음식은 제한하고, 음식을 꼭꼭 씹어서 먹도록 안내한다. 생셀러리, 생양배추, 호두, 씨, 옥수수 등의 가스를 많이 발생하거나 냄새를 유발하는 식품, 설사 유발 식품, 혹은 소화되지 않은 채로 배설되는 식품을 제한한다. 수분은 하루 8~10컵으로 충분히 섭취한다. 만약 밤사이 배변량을 감소시키고자 한다면 석식의 식사량을 줄인다. 수술 후 6~8주에는 불용성 섬유질이 많은 식품을 한 가지씩 시도하기 시작한다. 이 밖에도 환자에 따라 불편감을 주는 식품은 당분간 피하도록 하며 몇 달 후에 다시 시도한다. 그러나 각 환자마다 식품에 대한 적응도가 다르므로 불필요한 식사제한은 하지 않는 것이 좋다.

- 가스발생식품: 콩, 브로콜리, 양배추, 양파, 콜리플라워, 탄산음료
- 냄새유발식품: 달걀, 생선, 마늘, 양파, 무, 맵고 짠 음식
- 불완전소화식품: 양배추, 셀러리, 견과류, 코코넛, 옥수수, 말린 과일, 피망, 팝콘

의사의 식사 처방의 예: 저잔사식

Chapter 04

간·담도계 및 췌장질환

1. 비알코올성지방간

1) 원인 및 특징

지방간은 간의 지방증(steatosis)을 의미하는 용어로 간세포의 5% 이상에서 지방이 있거나 간 100mg당 지방이 5mg 이상일 때를 말한다. 지방간이 생길 수 있는 원인으로는 과음, 비만, 당뇨병, 고지혈증, 약제 등이 있으며 원인이 과음인 경우에는 알코올성지방간이라 하고, 원인이 비만, 당뇨, 고지혈증, 약제 등인 경우에는 비알코올성지방성간질환(Non Alcoholic Fatty Liver Disease, NAFLD)이라 한다. 지방간을 조절하지 않은 채 방치하는 경우 간경변증으로 진행될 수도 있으므로 조기치료와 관리를 요한다.

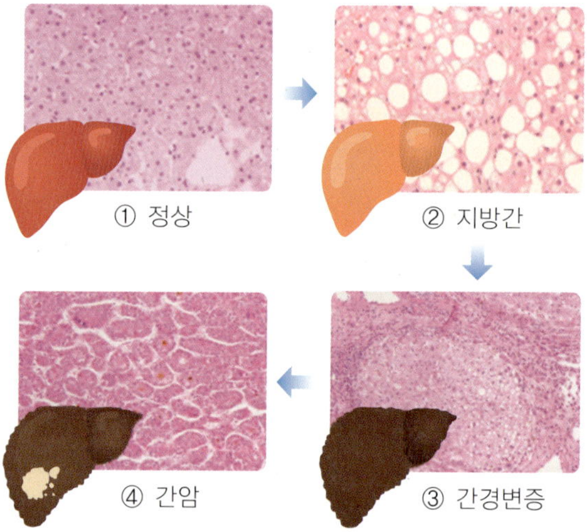

서울아산병원 건강증진센터.

2) 식사요법

알코올성지방간과는 달리 식습관 교정이 우선인데 불규칙한 식습관 및 편식을 교정하고, 비만인 경우 체중감량(5~10%)을 하고 적절한 운동을 하면 증상회복에 도움이 된다. 따라서 금주와 함께 굶거나 과식하지 않고 여러 가지 식품이

고루 포함된 음식(예: 비빔밥, 샤부샤부 등) 위주로 섭취하고 단순당이 많이 함유된 식품(단음료, 꿀, 초콜릿, 아이스크림, 팥빙수, 단 빵이나 과자 등), 특히 과당(fructose)이 많은 과일이나 과일주스, 과일청 등을 피한다. 또한, 밥이나, 국수, 떡, 고구마 등의 탄수화물 식품이 과하지 않도록 조절한다. 신선한 채소, 해조류, 잡곡 등을 통해 비타민과 무기질을 충분히 섭취하는 것이 좋다. 또한, 오메가-3지방산과 콜린(choline)이 많은 음식을 자주 먹는 것이 좋고 포화지방을 불포화지방산으로 대체하는 것도 도움이 된다.

〈표 4-1〉 권장식품과 피해야 할 식품

영양소	권장 식품	피해야 할 식품
콜린	바다생선, 살코기, 두부 및 콩류, 달걀 및 난류, 조개류, 해조류, 깻잎, 마늘, 버섯	
오메가-3	등푸른 생선(고등어, 꽁치, 삼치, 연어 등)	
카페인	당분이 첨가되지 않은 커피, 녹차, 홍차 등	
당질 및 과당		설탕, 꿀, 물엿, 사탕 등 단순당, 감자*, 고구마*, 옥수수*, 미숫가루*, 떡*, 과자, 빵, 생과일, 과일주스, 시럽, 각종 음료수(캔커피, 드링크 등), 단 액상요구르트나 호상요구르트, 가공 시리얼 등
포화지방 및 트랜스지방		동물성 지방(고기기름, 닭껍질 등), 소시지, 베이컨, 쇼트닝, 마가린, 팜유, 버터, 크림, 야자유, 코코넛유, 크림, 튀긴 라면, 과자, 팝콘, 감자튀김, 기름진 빵(크림빵, 도넛, 페이스트리, 크루아상), 아이스크림 등
술		각종 술(소주, 맥주, 양주, 막걸리, 와인 등)
*표시된 식품은 경우에 따라 밥량과 서로 조절하여 먹을 수도 있다.		

의사의 식사처방의 예: 일반식 밥

2. 간염(hepatitis)

1) 원인 및 특징

급성간염(acute hepatitis)은 바이러스, 약물, 알코올 등으로 인해 발병하며 가장 흔한 원인은 바이러스에 의한 급성바이러스성감염으로 그 원인 바이러스에 따라 A형, B형, C형, D형, E형 간염으로 구분된다. B형 간염이 우리 나라에서 가장 많이 발생하여 주로 혈액을 통해 감염되고 B형 간염 바이러스의 감염이 장기간 지속되면 만성간염, 간경변증, 간암과 같은 만성간질환을 일으킬 수 있다. 급성간염은 대개 3~4개월이면 완전히 회복되지만 호전되지 않고 간의 염증 및 조직 괴사가 6개월 이상 지속될 때 만성간염(chronic hepatitis)이라 하고 급성간염에서 간경변증으로 점차 바뀌는 과정의 질환이라고 할 수 있다. 급성간염 시 심한 피로감과 권태감으로 일상생활을 유지하기 힘들게 되며 황달이 심해지고 오심, 구토, 식욕부진, 미열 등으로 인해 식사섭취 상태가 불량하여 체중 감소 및 영양불량 상태를 초래할 수 있으므로 적극적인 영양지원이 필요하다. 간질환의 치료 시 안정을 권하는 것은 누워 있을 때 간에 유입되는 혈류량이 활동 시보다 2~3배 많아지므로 간조직에 충분한 산소와 영양분을 공급하여 재생을 촉진시킬 수 있기 때문이다. 만성간염 시 지나친 열량섭취는 비만, 지방간을 유발할 수 있으므로 주의하여야 한다.

2) 식사요법

간염의 식사요법은 손상된 간세포의 재생을 도모하여 간조직의 정상기능을 유지하는 것을 목표로 체중 감소를 예방하기 위해 열량을 충분히 제공한다(35~40 kcal/kg IBW). 식사섭취가 불충분할 경우 정맥주사나 경장영양을 고려한다. 충분한 단백질(1.5~2.0 g/kg)과 적당량의 지방이 필요한데 고단백 식사는 바이러스 간염에 대한 저항력을 높이고 손상된 간세포를 빠르게 재생시키며 간의 혈류량을 증가시킨다. 반드시 금주가 필요하고, 필요에 따라 비타민 B군, 비타민 C, 비타민 K,

아연을 보충하는 것이 좋다. 또한, 소량씩 자주 섭취하고 충분한 휴식이 필요하다.

의사의 식사처방의 예: 고단백 고열량식

〈표 4-2〉 1일 영양소 구성

열량(kcal)	탄수화물(g)	단백질(g)	지방(g)
2,400	335	110	70

〈표 4-3〉 1일 식품 구성

식품군	곡류군	어육류군	채소군	지방군	우유군	과일군
단위	13	9	4	3	1.5	1

〈표 4-4〉 1일 식단의 예

아침	점심	저녁
밥 아욱국 장조림 두부부침 느타리버섯 볶음 김치	밥 대구매운탕 불고기 상추쌈 가지나물 김치 포도	밥 육개장 갈치조림 닭강정 애호박나물 김치 우유

3) 유의사항

① 고단백 식사의 경우 열량을 충분히 섭취하지 못하면 섭취된 단백질이 체단백 보수보다는 열량원으로 우선적으로 쓰이게 되므로 실제 고열량식이 병행되어 제공된다.

② 경구섭취가 원활하지 않은 경우 영양보충음료 등을 병행하여 섭취하는 것이 좋다.

〈표 4-5〉 권장식품

식품군	식품명
곡류	쌀밥, 잡곡밥, 보리밥, 빵, 국수, 감자, 고구마, 옥수수, 밤 등
어육류	신선한 육류(살코기), 신선한 어류(생선, 조개류 등), 두부, 콩, 달걀 등
유제품	우유, 두유, 액상요구르트, 호상요구르트, 아이스크림, 분유 등
채소류	신선한 채소
과일류	신선한 과일, 과일통조림, 과일주스 등
지방류	참기름, 들기름, 식용유, 깨, 잣, 호두, 땅콩, 아몬드 등
기타	설탕, 잼, 젤리, 꿀, 물엿, 알사탕, 콜라, 사이다, 식혜, 수정과, 칼로리-에스 등
영양보충음료	그린비아, 뉴케어, 메디푸드, 메디웰 등

3. 간경변증

1) 원인 및 특징

간경변증(Liver Cirrhosis)은 간세포의 지속적인 파괴로 섬유조직과 재생결절이 형성됨으로써 간이 위축·경화되어 정상적인 기능을 못 하는 질환이다. 원인은 간염 바이러스와 알코올이 가장 흔하고, 약물, 영양불량, 대사이상, 담도폐쇄 등도 원인이 될 수 있다. 증상은 피로, 소화불량, 오심, 구토, 식욕부진, 부종, 황달, 체중 감소 등이며 합병증으로는 문맥고혈압(portal hypertension)으로 인한 비장비대(spleno megaly), 복수, 식도정맥류, 원발성세균성복막염(spontaneous bacterial peritonitis), 간-신증후군(hepato-renal syndrome), 간성혼수 등이 발생될 수 있다. 간경변증 환자에 있어서 영양불량 발생율은 27~87%로 매우 높으며 이는 대사적 변화, 식욕부진, 메스꺼움, 구토, 소화 및 흡수불량, 염분 제한식 등과 관련이 있다.

2) 식사요법

간경변의 식사요법은 체지방 및 근육소모를 최소화하고 복수, 부종, 간성혼수, 식도정맥류 등의 합병증을 예방 또는 교정하는 것을 목표로 적절한 열량 및 영양소를 제공하여 영양결핍을 예방하고 빈혈을 예방하기 위한 식사를 필요로 하며 아래의 사항에 준한다.

- 충분한 열량과(30~35kcal/kg IBW) 양질의 단백질을 적당히 섭취한다(1~1.5g/kg).
- 지방을 적당량 섭취한다.
- 부종, 복수가 있을 경우에는 염분 섭취를 제한한다.
- 식도정맥류가 있을 경우에는 섬유소가 많은 음식을 제한한다.
- 금주하며 끼니를 거르지 않고 규칙적으로 식사한다.
- 필요에 따라 비타민 B군, 비타민 K 등을 보충하도록 한다.

의사의 식사 식사처방의 예: 간장질환식

〈표 4-6〉 1일 영양소 구성

열량(kcal)	탄수화물(g)	단백질(g)	지방(g)
2,500	340	110	80

〈표 4-7〉 1일 식품 구성

식품군	곡류군	어육류군	채소군	지방군	우유군	과일군
단위	13	8	7	6	1	1

〈표 4-8〉 1일 식단의 예

아침	점심	저녁
밥 콩나물국 쇠고기장조림 두부부침 오이생채 배추김치	밥 대구매운탕 불고기 상추쌈 달걀찜 부추겉절이 사과	밥 육개장 생선조림 애호박나물 닭강정 배추김치 두유

3) 유의사항

① 염분 공급량을 하루 15g으로 제한하며, 생선회, 젓갈류는 제외하고 충분한 열량과 단백질을 공급하므로 간질환 환자에게 일반식보다 더욱 권장되는 식사이다.

② 고열량, 고단백, 염분제한 식사의 구성이므로 단백질 제한 또는 염분 제한 식사와 병행하지 않아도 된다.

③ 대상성간경변이 동반된 간암 환자에게도 적용되는 식사이다.

④ 간경변증 환자들은 비타민 A, 비타민 E 및 B군, 아연 등이 결핍되기 쉬워서 이들 영양소의 결핍으로 인한 합병증[빈혈, 신경병증, 운동실조, 야맹증 등]이 발생될 수 있다.

⑤ 간경변증 환자는 식사 사이의 시간이 너무 길지 않도록 하고 끼니를 거르는 것은 피하며 야식을 포함해서 자주 먹는 것이 좋다.

4. 간성뇌증

1) 원인 및 특징

간성뇌증(Hepatic Encephalopathy, HE)은 간성혼수(hepatic coma)라고도 하며 간경변증이나 급성간부전(fulminant hepatic failure) 등으로 간기능이 심하게 손상되었을 때 발생되는 중추신경계의 기능장애를 말한다. 간성뇌증의 정확한 원인은 알려져 있지 않으나 혈청 암모니아 농도의 증가와 관련이 있고, 그 외에 전해질 불균형, 이뇨제 과다복용, 감염 등에 의해서도 나타날 수 있다. 고암모니아 혈증은 출혈, 고단백식, 변비, 신기능 저하(요독증)에 의해 생길 수 있으나 고암모니아 혈증은 간성뇌증에서만 특이하게 나타나는 소견이 아니다. 간성뇌증은 초기에는 집중력이 떨어지고 불안해하는 것에서부터 의식 및 행동장애, 인격과 신경상태의 변화가 나타나고 나아가서는 혼수 또는 사망으로 진행하는 특징이 있다. 간성뇌증 환자는 혈청 메티오닌(methionine) 및 방향족 아미노산(Aromatic

Amino Acids, AAA)의 농도가 증가하는 반면 분지사슬아미노산(Branched Chain amino Acids, BCAA) 농도의 감소를 보인다.

2) 식사요법

간성뇌증의 경우는 체내 암모니아 및 독성물질의 생성을 최소화하고 영양결핍을 예방하거나 교정하는 것을 목표로 한다. 또한, 간조직의 재생을 촉진하고 출혈 및 장내 혈액손실을 예방하거나 치료한다. 변비가 생기지 않도록 하고 수분 및 전해질 불균형을 예방하거나 교정하기 위한 식사가 필요하다. 그러기 위해서는 단백질 섭취를 줄이는 것이 중요하다. 증상에 따라 0.5~0.8g/kg IBW으로 단백질을 제한한다. 환자의 상태가 호전됨에 따라 2~3일 간격으로 10g씩(0.2g/kg IBW) 증가하여 1.2~1.5g/kg까지 도달하도록 하며 다시 간성뇌증 증후가 나타나면 이전의 단백질량으로 제한한다. 열량은 충분히 섭취하고(30~35 kcal/kg IBW) 소량씩 자주 식사하도록 한다. 만약 간성혼수가 심하여 경구섭취가 어려운 경우에는 경장영양이나 정맥주사를 고려한다.

의사의 식사처방의 예: 간성혼수식(단백질 40g)

〈표 4-9〉 1일 영양소 구성

열량(kcal)	탄수화물(g)	단백질(g)	지방(g)	염분(g)
1,800	305	40	40	5

〈표 4-10〉 1일 식품 구성

식품군	곡류군	어육류군	채소군	지방군	우유군	과일군
단위	11	1	8	7	0.5	2

〈표 4-11〉 1일 식단의 예

아침	점심	저녁
밥 콩나물국 김구이 애호박나물 도라지생채 저염김치	밥 근대국 가지미구이 양상추샐러드 가지나물 저염김치 사과	밥 미역국 숙주나물 오이생채 연근조림 저염김치 귤 두유 1/2개

3) 유의사항

① 저단백 식사의 경우 양질의 단백질 공급이 어려우므로 저단백 식사를 장기간 섭취하지 않도록 하고 증상이 호전됨에 따라 단백질을 증량시킴으로써 체 조직 이화를 방지하도록 한다.

② 충분한 열량 공급을 위해 조리 시 단순당과 기름을 충분히 사용한다.

③ 분지사슬아미노산(BCAA)의 함량이 높은 우유 대신 두유로 제공한다.

④ 저단백 식사는 단순당을 사용하여 열량을 보충하게 되므로 당뇨 환자의 경우에는 '당뇨식'을 반드시 명시해야 한다.

〈표 4-12〉 식품 중 단백질 함량

식품군	분량	단백질(g)	열량(kcal)
곡류	밥 1/3공기	2	100
어육류	고기 40g	8	75
채소류	오이 1컵	1	20
지방류	참기름 1tsp	0	45
유제품	우유 200mL	6	125
과일류	귤 1개	미량	50
단순당	꿀 35g	0	100

5. 담석증과 담낭염(cholelithiasis and cholecystitis)

1) 원인 및 특징

담석증은 간, 담낭, 혹은 담도에 결석이 형성된 것을 말하며 여성이나 비만 환자에게서 많이 발생된다. 담석은 주로 콜레스테롤과 빌리루빈 및 칼슘염으로 구성되어 있다. 대부분의 환자들은 자각 증상은 전혀 없으나 경우에 따라서는 심한 복통과 메스꺼움, 구토를 동반한다. 급성담낭염(acute cholecystitis)은 담석에 의해 담낭벽에 염증이 발생된 것이며 증상은 심한 복통, 메스꺼움, 구토, 미열 등이다. 만성담낭염(chronic cholecystitis)은 박테리아나 화학적 자극제, 결석 등에 의해 담낭 벽에 염증이 생겨서 벽이 두꺼워지고 섬유질화된 것이며 증상은 재발되는 복통이다.

2) 식사요법

담석증의 경우 식사요법은 통증이나 배에 가스가 차는 것을 방지하며 지방의 흡수불량을 완화시키는 것에 중점을 두어 지용성 비타민 결핍을 예방한다. 또한, 담도 폐쇄나 췌장염을 예방하고 고지혈증, 비만 등의 성인병을 예방하도록 하는 식사요법을 필요로 하며 아래 사항에 준한다.

- 각 식품군을 골고루 섭취한다.
- 급성적으로 통증이 올 때는 금식을 한다.
- 담낭염(급성)인 경우 저지방 식사를 공급하고 자극적이거나 가스를 형성하는 식품을 제한한다.
- 담석증인 경우 섬유질 섭취를 증가시키고 필요시 열량을 감소시킨다.
- 담낭절제 후 한동안은 지방섭취를 제한하고 점차적으로 지방량을 증가시킨다.
- 지용성 비타민을 공급한다.
- 비만인 경우 에너지 섭취량을 줄인다.

• 포화지방 및 콜레스테롤의 섭취를 줄인다.

의사의 식사 처방의 예: 저지방식

〈표 4-13〉 1일 영양소 구성

열량(kcal)	탄수화물(g)	단백질(g)	지방(g)
1,800	300	80	30

〈표 4-14〉 1일 식품 구성

식품군	곡류군	어육류군	채소군	지방군	우유군	과일군
단위	11	5	8	0	1	1

〈표 4-15〉 1일 식단의 예

아침	점심	저녁
밥 콩나물국 불고기 시금치나물 연근조림 배추김치	밥 건새우아욱국 삼치구이 호박나물 편육냉채 열무김치 수박	밥 개조개미역국 연두부찜 취나물 피망, 양상추무침 배추김치 저지방우유

3) 유의사항

① 지방함량이 적은 식품을 이용하며 조리에 이용되는 모든 기름을 제한한다.

② 식품의 제한이 많아지므로 체중 감소가 일어나지 않도록 열량을 충분히 섭취하여야 하며 이를 위하여 조리 시 설탕, 물엿 등 단순당을 충분히 사용한다.

〈표 4-16〉 권장식품 및 주의식품

식품군	권장식품	주의식품
곡류	쌀밥, 잡곡밥, 국수, 식빵, 떡, 찹쌀 미숫가루	카스텔라, 핫도그, 도넛, 볶음밥, 라면, 달걀 또는 치즈가 들어간 빵, 잣, 땅콩, 깨가 들어간 미숫가루, 케이크, 페이스트리
육류 (하루 160g 이하)	쇠고기, 돼지고기, 닭고기, 가자미·대구·동태·조기·삼치·갈치 등 생선류, 달걀, 새우, 굴, 두부, 콩 등	갈비, 삼겹살, 양지 돼지머리, 쇠꼬리 등 지방이 많은 고기, 햄, 스팸, 런천미트, 기름에 담근 생선 통조림, 장어, 연어알, 고등어, 꽁치
채소류	지방으로 조리하지 않은 모든 야채(생야채, 냉동야채, 통조림)	허용량 이상의 기름을 사용하여 조리한 야채
지방류 (하루 1Tbsp 이하의 불포화지방)	허용량 이내의 지방: 마요네즈(1Tbsp), 식용유(1Tbsp), 아몬드 6개, 땅콩(10~20개), 호두(1개), 피스타치오(18개), 해바라기씨(1Tbsp), 올리브오일(1Tbsp),	허용량 이상의 지방: 버터, 크림치즈
유제품 (하루 1잔 이하)	저지방우유, 저지방치즈, 저지방우유로 만든 요구르트	전유, 전유로 만든 요구르트, 치즈, 아이스크림, 푸딩
과일류	모든 종류의 과일: 신선한 과일, 냉동 과일, 통조림 과일, 과일주스	
기타 (조미료)	케첩, 식초, 설탕, 꿀, 물엿, 엿기름, 간장, 된장, 고추장 등	깨소금, 각종 고지방 드레싱, 소스(마요네즈 드레싱, 프렌치 드레싱, 그레이비 소스 등)

6. 급성췌장염

1) 원인 및 특징

급성췌장염(acute pancreatitis)은 췌장의 자가소화(autodigestion) 기전에 의해 발생되는 것으로 추측되는 급성염증성질환으로 가장 보편적인 원인은 담석증과 알코올 남용이며 약물에 의해서도 발생될 수 있다. 증상은 복통, 구토, 식욕부진 및 장폐색 등이다. 급성췌장염의 정도는 가벼운 염증상태에서부터 괴사성출혈 과정에 이르기까지 다양하다. 급성췌장염 환자는 질병으로 인한 스트레스 때문에 열량과 단백질 요구량이 증가하는 반면 복통, 메스꺼움, 구토, 장폐색 등으로 경구섭취가 감소되고 영양소의 소화 흡수가 불량하기 때문에 영양결핍증을 초래하기 쉽다. 질환의 정도에 따라 금식하거나, 정맥영양, 경장영양 또는 경구섭취 등 적절한 방법으로 영양 공급을 결정하게 된다.

2) 식사요법

급성췌장염 시에는 췌장의 자극을 최소화하며 충분한 영양을 공급하는 식사를 통해 장보전(gut integrity)을 유지하면서 전반적인 전신성염증반응을 완화시키는 것을 목표로 한다. 1.5~2g/kg의 충분한 단백질을 공급하고 지방과 알코올은 췌장효소의 분비를 촉진시킴으로 지방섭취는 하루 50g 미만으로 제한하고 술을 삼간다. 섬유소는 복부팽만감을 초래할 수 있으므로 섭취량을 줄이는 것이 좋고 담배와 카페인을 피하도록 한다.

(1) 경미하거나 보통 정도의 급성췌장염

- 1단계(2~5일): 금식, 진통제, 정맥수분공급
- 2단계(3~7일): 통증이 없을 때 저지방식으로 경구식사를 시작하고 식사형태는 미음으로 시작해서 연식으로 진전한다.
- 3단계: 저지방식(50g 미만)

(2) 심한 급성췌장염

① 심한 급성췌장염 환자들은 대체로 외과적 수술을 요하게 되거나 합병증이 발생할 수 있으므로 영양결핍으로 인한 부작용을 방지하기 위하여 조기영양지원이 필요하다.

② 공장(jejunum)을 통해 경장영양을 지속적으로 공급하며 부작용이 발생되거나 목표열량을 충족시킬 수 없을 경우에는 경장영양과 함께 정맥영양을 병행한다.

③ 경장영양용액은 지방함량이 아주 적은 것이 췌장 분비를 최소화하는 데 효과적이다.

의사의 식사처방의 예: 극저지방 연식(경구섭취 시)

7. 만성췌장염

1) 원인 및 특징

만성췌장염(chronic pancreatitis)은 염증으로 인한 조직학적 변화로 췌장의 내분비와 외분비 기능이 상실된 질환이며 원인은 주로 알코올 중독인 경우가 대부분이다. 증상은 급성췌장염과 유사하여 복통, 허리통증, 식욕부진, 메스꺼움, 구토, 설사 등을 보인다. 만성췌장염은 췌장효소분비 부족으로 인한 지방변이나 질소 과잉배설(azotorrhea)이 생기고, 지용성 비타민 부족, 비타민 B_{12} 흡수불량 등으로 영양결핍증이 생기기 쉽고 당뇨와 당불내증이 발생할 수 있다.

2) 식사요법

만성췌장염이 있는 경우에는 췌장효소(pancreatic enzyme)을 병행 사용하여 흡수불량을 교정하는 것이 좋다. 염증으로 인한 통증을 최소화하며 영양결핍증을 예방하거나 교정하고 혈당 정상화를 목표로 한다. 가능하면 소량씩 자주 먹는다. 지방변이 있을 경우 MCT오일을 사용하고 고혈당인 경우 당뇨식을 제공한다. 또한, 절대 금주가 필요하고 종합 비타민과 무기질을 보충하는 것이 좋다.

의사의 식사처방의 예: 당뇨 1,800kcal, 저지방식

〈표 4-17〉 1일 영양소 구성

열량(kcal)	탄수화물(g)	단백질(g)	지방(g)
1,800	270	80	45

〈표 4-18〉 1일 식품 구성

식품군	곡류군	어육류군	채소군	지방군	우유군	과일군
단위	10	5	7	3	1	1

〈표 4-19〉 1일 식단의 예

아침	점심	저녁	간식
보리밥 시금치된장국 불고기 애호박나물 해파리냉채 배추김치	콩밥 쇠고기무국 칼치구이 콩나물무침 양상추샐러드 열무김치 사과	잡곡밥 대구매운탕 달걀찜 오이생채 가지나물 배추김치	우유

3) 유의사항

① 단순당(사탕, 꿀, 설탕 등)의 사용을 제한한다.

② 총지방의 사용을 제한하며 포화지방산은 전체 열량의 10% 이하로 제한한다.

③ 하루 총섬유소 섭취량은 25~30g 정도를 권장한다.

④ 1,200kcal 이하의 저열량식을 할 경우 비타민과 무기질을 추가로 공급한다.

⑤ 저혈당(<60mg/dL) 증상이 있는 경우 당질 10~15g(예: 사탕 3~4개, 주스 1/2컵)을 공급한다.

8. 윌슨병

1) 원인 및 특징

윌슨병(Wilson's disease)은 체내 구리의 저장과 이동에 장애가 생겨서 간, 두뇌, 신장, 각막 등 에 구리가 축적되는 선천적 대사질환이다. 주요 증상은 간경화, 만성활동성간염, 간부전 등의 간질환, 신경과적 및 정신 과적 증상, 각막의 K-F(Kayser-Fleischer) ring 등이다. 윌슨병 환자의 90% 이상은 혈청 내의 구리 함유 단백질인 세룰로플라스민 레벨(ceruloplasmin level)의 감소를 보이나, 윌슨병에 의한 간염이 심할 경우 혈청 세룰로플라스민 레벨이 정상일 수도 있다.

2) 식사요법

윌슨병의 식사요법은 혈청 구리 수준을 감소시키고 체내 구리의 축적을 방지하고 간과 다른 조직의 손상을 최소화하는 것을 목표로 한다. 균형된 식사를 원칙으로, 구리섭취를 하루 1.5mg 미만으로 제한하며 반드시 알코올 섭취를 제한한다.

의사의 식사 처방의예: 구리제한식

〈표 4-20〉 1일 영양소 구성

열량(kcal)	탄수화물(g)	단백질(g)	지방(g)	구리(mg)
2,200	300	90	60	1.2

〈표 4-21〉 1일 식품 구성

식품군	곡류군	어육류군	채소군	지방군	우유군	과일군
단위	11	6	6	4	2	1

〈표 4-22〉 1일 식단의 예

아침	점심	저녁
쌀밥 쇠고기무국 달걀찜 브로콜리당근볶음 김구이 김치 우유	쌀밥 왜된장국 닭산적 오이생채 마카로니옥수수샐러드 김치 사과	쌀밥 감자국 불고기 시금치나물 양배추샐러드 김치 우유

3) 유의사항

① 구리는 식품 속에 광범위하게 분포되어 있으므로 제한식품이 많아 영양적 불균형을 초래할 수 있다.

② D-페니실라민(D-penicillamine)을 사용할 경우 비타민 B_6의 보충(하루 25mg/dL)이 필요할 수 있다.

③ 성인의 보통 식사를 통한 하루 구리의 섭취량은 2~5mg이다.

〈표 4-23〉 권장식품과 주의식품

식품군	권장식품 (구리함량이 적음)	보통 정도	주의식품 (구리함량이 많음)
곡류	쌀, 국수, 머핀, 옥수수, 마카로니, 오트밀	감자, 고구마, 호밀빵, 팝콘, 콘칩, 크래커, 도넛,	정제되지 않은 곡류, 포테이토칩
어육류	쇠고기, 닭고기, 달걀, 칠면조고기	콩류, 두부, 생선, 돼지고기, 양고기, 베이컨, 소시지	내장류(간, 신장 등), 굴, 게, 가재, 새우
유제품	우유, 액상요구르트, 호상요구르트, 치즈		초콜릿 우유
채소류	시금치, 양배추, 무, 오이, 당근, 양파, 브로콜리, 콜리플라워, 셀러리, 피망	버섯, 아스파라거스	
과일류	사과, 포도, 배, 토마토, 딸기, 수박, 파인애플, 오렌지, 레몬, 멜론, 체리	바나나, 아보카도	말린 과일(건포도 등)
지방류	버터, 마가린, 마요네즈, 식용유, 이탈리안 드레싱		견과류(땅콩, 피칸, 호두, 해바라기씨 등), 땅콩버터
기 타	커피, 홍차, 탄산음료, 피클, 설탕, 꿀, 젤리, 사탕	케첩, 토마토소스, 피자	초콜릿, 코코아, 당밀, 술

Chapter 05

심혈관계질환

1. 심혈관계질환의 개요

1) 심혈관계 구성과 기능

심혈관계는 심장과 혈관(동맥, 정맥, 모세혈관)으로 구성되어 있으며, 혈액이 몸 전체를 순회할 수 있도록 함으로써, 각 조직에 필요한 영양소와 산소를 공급하고, 이산화탄소와 노폐물을 이동 및 배출할 수 있도록 하는 기관이다.

심장은 흉강의 좌우 폐 사이에 위치하고, 좌심실과 좌심방 및 우심실과 우심방으로 분리되어 네 개의 구획을 이룬다. 심실은 실제적인 심장의 수축운동을 맡아 보는 곳으로 심방보다 벽이 두껍다. 특히 대동맥으로 혈액을 분출하는 좌심실은 강한 수축력이 필요하므로 근층이 두껍게 발달해 있다. 심장의 주된 기능은 체순환에서 돌아온 혈액을 받아 폐순환이 일어나도록 하고 폐순환에서 돌아온 혈액을 받아 체순환을 이루어 각 기관과 조직이 적절한 혈류를 유지하도록 하는 것이다.

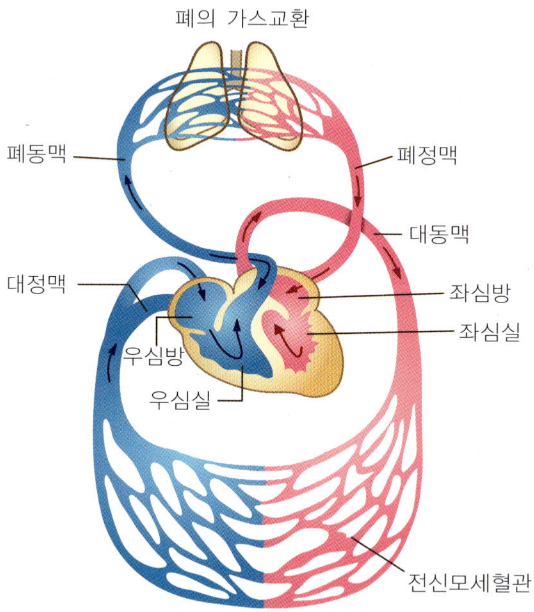

[그림 5-1] 심혈관계 혈액 순환 경로

2) 심혈관계질환의 개요

심혈관계질환은 이상지질혈증, 동맥경화, 고혈압, 허혈성심장질환, 울혈성심부전, 뇌졸중 등이 있으며, 생활습관, 식습관의 서구화로 인해 우리나라에서도 환자가 급격히 증가하는 추세이다. 2016년 국민건강영양조사에서도 30세 이상 성인의 절반 이상이 고혈압, 당뇨병, 고지혈증, 비만 중 한 가지 이상의 질환을 가지고 있는 것으로 보고되어 심혈관계질환의 예방과 치료를 위한 적절한 영양관리가 중요하다. 심혈관계질환은 공통적인 위험인자를 가지고 있는데 이를 분류하면 다음 표와 같다.

〈표 5-1〉 심혈관계질환의 위험인자

분류	주요 위험인자
주요 위험인자	· 고혈압 · 연령 · 성별(남자) · 당뇨병 · 심혈관계질환 가족력
수정 가능한 심혈관계질환 위험인자	· 높은 혈중 총콜레스테롤/LDL콜레스테롤/VLDL콜레스테롤 농도 · 낮은 혈중 HDL콜레스테롤 농도 · 높은 혈중 중성지방 농도 · 과도한 염증반응
생활습관 관련 위험인자	· 포화지방, 콜레스테롤, 트랜스지방섭취 과다 · 과일과 채소섭취 부족 · 흡연 · 활동량 부족 · 스트레스 · 수면 부족 · 과음
관련 질환	· 고혈압 · 비만(복부비만) · 대사증후군

장혜순(2017).

2. 이상지질혈증

1) 지단백질의 조성과 분류

체내에 다량 존재하며 임상적으로 중요한 지질은 중성지방, 콜레스테롤, 인지질, 유리지방산(free fatty acid) 등인데 이들 대부분은 혈액 중에서 지단백질(lipoprotein) 형태로 운반되며, 일부 유리지방산은 알부민(albumin)과 결합하여 이동한다. 지단백질은 소수성인 중성지방과 콜레스테롤 에스테르가 내부에 위치하고 친수성인 인지질과 아포지질단백질(apolipoprotein)이 겉을 둘러싸고 있는 구조이다. 지단백질은 밀도의 차이에 따라 네 가지로 분류하며, 종류와 특성은 〈표 5-2〉와 같다.

〈표 5-2〉 지단백질의 조성과 분류

특성 · 종류	카일로마이크론	VLDL	LDL	HDL
밀도(g/mL)	<0.94	0.94~1.006	1.019~1.063	1.063~1.21
지름(mm)	800~500	40~80	20	7.5~12
지질의 양 (%무게)	98~99	90~92	75~80	40~48
콜레스테롤 (%지방무게)	9	22	47	19
중성지방 (%지방무게)	82~89	50~58	7~11	6~7
인지질 (%지방무게)	7~9	19~21	28~30	42~51
아포단백(%무게)	2	8	21	50
아포단백의 종류	A-1, A-2, B-48, C-1, 2, 3 E	B-100 C-1, 2, 3 E	B-100	A-1, A-2, C-1, 2, 3 E
역할	식이지방을 체내 조직으로 이동	간에서 생성된 중성지방을 지방조직으로 이동	콜레스테롤을 말초조직으로 이동	콜레스테롤을 간으로 이동

2) 이상지질혈증의 분류

이상지질혈증(dyslipidemia)은 지단백질의 합성 증가 또는 분해 감소로 혈액 내에 중성지방 또는 콜레스테롤이 비정상적으로 증가된 상태를 의미하며, 혈액 중 콜레스테롤과 중성지방의 증가는 동맥경화증의 주요 요인이기도 하다. 이상지질혈증은 지단백질의 이상과 증가된 혈중 지질의 종류에 따른 두 가지로 분류할 수 있다.

(1) 지단백질혈증 유형에 따른 분류

프레드릭슨/WHO의 분류는 지단백질혈증을 다음의 여섯 가지로 분류한다. 가장 흔하게 발견되는 것은 Ⅳ형으로 VLDL이 비정상적으로 증가되어 혈중 중성지방이 증가하고 콜레스테롤은 정상이거나 약간 높다.

〈표 5-3〉 지단백질혈증의 유형(프레드릭슨/WHO 분류)

표현형	상승된 지단백	혈중 지질의 특성	원인	식사요법
I	킬로미크론	• 중성지방 ↑↑↑ • 콜레스테롤~ 또는 ↑	· 지단백분해효소 결핍	· 에너지, 지질, 알코올 제한
IIa	LDL	• 중성지방~ • 콜레스테롤 ↑↑	· 수용체의 이상	· 총지질, 포화지방산, 콜레스테롤 제한 · 불포화지방산 섭취
IIb	LDL+VLDL	• 중성지방 ↑↑ • 콜레스테롤 ↑↑	· LDL의 합성 증가 · 중성지방의 대사 저하	· 에너지, 당질, 총지질 제한 · 포화지방산, 콜레스테롤, 알코올 제한 · 불포화지방산 섭취
III	IDL	• 중성지방 ↑↑ • 콜레스테롤 ↑↑	· 아포단백질 E의 이상	· 에너지, 당질, 지질, 알코올 제한
Ⅳ	VLDL	• 중성지방 ↑↑ • 콜레스테롤 ↑	· VLDL 합성 증가	· 에너지, 당질, 알코올 제한
V	킬로미크론+VLDL	• 중성지방 ↑↑↑ • 콜레스테롤 ↑	· 불명	· 에너지, 당질, 지질, 알코올 제한

(2) 증가된 혈중 지질 종류에 의한 분류

고콜레스테롤혈증(hypercholesterolemia)은 혈액 내 콜레스테롤이 증가된 상태로 프레드릭슨/WHO 분류 중 Ⅱa에 해당된다.

고중성지방혈증(hypertriglyceridemia)은 혈중 중성지방 농도가 많이 증가된 상태로 프레드릭슨/WHO 분류 중 Ⅰ, Ⅳ, Ⅴ에서 나타난다. Ⅰ형의 경우, 식사 후 카일로마이크론이 제대로 제거되지 못하여 중성지방이 크게 증가하는 것을 볼 수 있다.

복합형은 혈중 콜레스테롤과 중성지방이 모두 증가된 상태로 프레드릭슨/WHO 분류의 Ⅱb와 Ⅲ에 해당한다.

3) 이상지질혈증의 진단

이상지질혈증은 공복 시 혈장 또는 혈청의 총콜레스테롤, LDL콜레스테롤, HDL콜레스테롤 또는 중성지방 농도를 측정하여 진단한다.

〈표 5-4〉 한국인의 이상지질혈증 진단기준

분류	혈중 농도(mg/dL)	분류	혈중 농도(mg/dL)
LDL콜레스테롤*	(mg/dL)	총콜레스테롤	
매우 높음	≥190	높음	≥240
높음	160~189	경계	200~239
경계	130~159	적정	<200
정상	100~129	중성지방	
적정	<100	매우높음	≥500
HDL콜레스테롤		높음	200~499
낮음	≤40	경계	150~199
높음	≥60	적정	<150

*이상지질혈증 진단의 LDL콜레스테롤 '높음' 기준의 경우 치료지침의 저위험군(주요 실혈관계 위험요인 1개 이하) 환자에서 약물치료 시작 권장 기준으로 사용할 수 있음. 중등도 위험군의 경우 LDL콜레스테롤 '경계' 기준을 약물치료 시작 권장 기준으로 사용할 수 있음. 고위험군 환자의 경우 LDL콜레스테롤 '정상' 기준을 약물치료 시작 권장 기준으로 사용할 수 있음. 초고위험군의 경우 LDL콜레스테롤 값에 관계없이 약물치료 시작을 권장함.

한국지질 · 동맥경화학회(2015).

4) 식사성 요인이 혈중 지질에 미치는 영향

혈중 지질 농도의 항상성은 공급과 소비의 균형에 의해 유지된다. 공급은 주로 식사로 섭취한 지질이 흡수되거나, 간에서 합성되어 분비되거나, 지방조직에서 방출되는 경로로 이루어지고, 소비는 지질 성분에 따라 상이하나, 각 조직 세포의 구성 성분, 에너지원, 생리활성물질의 합성에 쓰이거나 지방조직에 저장되는 경로로 사용된다. 장기간에 걸쳐 식사성 공급이 과다하게 이루어지면 지질대사에 이상을 초래할 수 있다.

(1) 지방섭취량

고지방식은 대체로 에너지와 포화지방 함량이 높다. 비슷한 양의 식사를 하였을 때 지방섭취를 감소시키면 에너지와 포화지방의 섭취량이 낮아지므로 체중의 감소와 혈중 콜레스테롤의 농도가 낮아질 수 있다. 그러나 지방섭취량을 지나치게 제한할 경우, 상대적으로 탄수화물의 섭취가 증가하여 체내 중성지방 합성이 증가하고 HDL콜레스테롤 농도가 낮아질 수 있으므로 주의해야 한다.

(2) 지방의 종류

식사를 통한 지방섭취량이 많을수록 혈장의 콜레스테롤과 중성지방 농도가 증가하며 관상동맥질환 발생률도 올라간다. 식이지방의 조성 또한 혈중 지질 농도와 밀접한 관계가 있다.

① 포화지방산

동량의 식물성 불포화지방으로 대체하면 혈장 총콜레스테롤과 LDL콜레스테롤 농도가 저하된다. 포화지방산 섭취량이 1% 증가하면, LDL콜레스테롤 농도가 2% 상승한다고 알려져 있다. 혈청 콜레스테롤 농도를 낮추는 데 있어 포화지방산 섭취량의 감소는 불포화지방산 섭취량의 증가에 비해 두 배의 효과를 갖는다. 콜레스테롤을 올리는 포화지방산은 주로 팔미트산(16:0)과 미리스틴산

(14:0)이며, 스테아르산(18:0)은 큰 영향을 미치지 않는 것으로 알려졌다.

② 단일불포화지방산

올레산(18:1)은 리놀레산(18:2)과 비슷한 정도로 LDL콜레스테롤 저하 효과를 나타내거나 LDL의 산화를 방지하는 효과가 있는 것으로 알려졌다.

③ 다가불포화지방산

식이 탄수화물을 다가불포화지방산인 리놀레산으로 대체하면 LDL콜레스테롤은 감소하고 HDL콜레스테롤이 증가하는 것이 관찰되었다. 포화지방산을 다가불포화지방산으로 대체하면 콜레스테롤과 중성지방 농도 감소에 효과적이다. 오메가-3지방산인 에이코사펜타노익산(20:5, EPA)과 도코사헥사노익산(22:6, DHA)은 중성지방과 LDL콜레스테롤 농도를 감소시킨다.

④ 트랜스지방산

경화유에 많이 함유된 트랜스지방산은 혈중 총콜레스테롤과 LDL콜레스테롤을 증가시키고, HDL콜레스테롤은 감소시킨다.

⑤ 콜레스테롤

식이 콜레스테롤은 혈중 총콜레스테롤과 LDL콜레스테롤을 증가시킨다. 그 정도에 있어서 포화지방산이나 트랜스지방산보다는 덜하다고 알려져 있다. 콜레스테롤 섭취에 따른 혈중 콜레스테롤의 증가 정도는 개인에 따라 다르다. 포화지방산과 콜레스테롤은 혈중 LDL콜레스테롤 농도 증가에 상승적으로 작용한다.

(3) 기타 요인

① 과다 에너지 섭취

과다한 에너지 섭취는 체중 증가뿐 아니라, 간조직에서 중성지방과 콜레스테롤 합성 증가와도 관련된다. VLDL의 상승을 통해 중성지방 농도를 증가시키는데, 잉여의 에너지원은 간에서 VLDL 형태로 분비되어 지방조직으로 수송된다. 에너지 제한 식사는 VLDL 수준을 떨어뜨리고 HDL 수준을 높이는 효과를 나타낸다.

② 식이섬유

수용성 식이섬유소는 혈중 콜레스테롤 농도를 낮추는 데 효과적이다. 담즙과 결합하여 더 많은 담즙이 분비되도록 하기 때문에 콜레스테롤과 담즙산 배설을 촉진해 콜레스테롤 풀(pool)을 감소시키는 것으로 보고되었다. 또한, 식이섬유소가 장내 미생물에 의해 분해되어 생긴 짧은사슬지방산(short chain fatty acid)들이 콜레스테롤의 합성을 저해하는 것으로 보고되었다.

5) 이상지질혈증의 식사요법

이상지질혈증의 식사요법 목표는 혈중 지질 수치를 낮추어 혈관질환의 유발가능성을 낮추고 질병의 진행속도를 지연시키는 것이다.

기본적인 식사요법의 원칙은 ① 표준 체중의 유지, ② 총지방섭취량, 포화지방산 및 콜레스테롤 섭취 감소와 불포화지방산 섭취 증가, ③ 단순당 섭취 제한 및 식이섬유소 섭취 증가, ④ 알코올 섭취 제한 등이다.

구체적인 식사지침은 다음과 같다.

〈표 5-5〉 이상지질혈증의 식사 지침

분류	지침
1일 총열량	· 정상체중을 유지할 수 있는 열량 · 과체중이거나 비만 상태이면 체중조절 필요
총지방	· 총열량의 30% 미만
포화지방산	· 총열량의 7% 이내로 제한
불포화지방산	· 포화지방산을 불포화지방산으로 대체 · n-6 다중불포화지방산 섭취량이 총열량의 10% 이내로 제한
트랜스지방산	· 섭취 제한
탄수화물	· 총 탄수화물 섭취량이 과다하지 않도록 하고 단순당 섭취 줄임
콜레스테롤	· 300mg/일 미만
식이섬유	· 25g/일 이상
알코올	· 1일 1~2잔 이내
식사패턴	· 통곡 및 잡곡, 두류, 채소류, 생선류가 풍부한 식사

한국지질 · 동맥경화학회(2015).

고콜레스테롤혈증의 경우, 총지방과 포화지방산 및 콜레스테롤 섭취를 줄이고, 불포화지방산과 섭취는 늘리며, 탄수화물과 단백질을 적정하게 섭취하면서, 정상체중을 유지하고자 하는 목표로 식사요법을 실시하며, 고중성지방혈증의 경우는 탄수화물 섭취량을 제한하면서, 총지방과 단백질을 적정하게 섭취하고, 정상체중을 유지하도록 한다. LDL콜레스테롤 농도가 아주 높지 않거나 관상동맥질환이 아직 발병되지 않은 경우라면, 약물을 처방하기 전 적어도 6개월 동안 식사요법을 실시하면서 조절해 볼 수 있다.

〈표 5-6〉 권장식품과 주의식품

식품군	이런 것을 선택하세요. 그러나 섭취량은 과다하지 않게!	주의하세요. 섭취 횟수와 섭취량이 많아지지 않도록!
어육류·두류	· 생선 · 콩, 두부 · 기름기가 적은 살코기 · 껍질을 벗긴 가금류	· 갈은 고기, 갈비, 육류의 내장 · 가금류 껍질, 튀긴 닭 · 고지방 육가공품(스팸, 소시지, 베이컨 등) · 생선·해산물의 알, 내장
난류	· 달걀흰자	· 달걀노른자, 메추리알, 오리알 노른자
유제품	· 탈지유, 탈지분유, 저(무)지방 우유 및 그 제품 · 저지방 치즈	· 전유, 연유 및 그 제품 · 치즈, 크림치즈 · 아이스크림 · 커피크림
지방	· 불포화지방산(해바라기유, 옥수수유, 대두유, 들기름, 올리브유) · 저지방·무지방 샐러드드레싱 · 견과류(땅콩, 호두 등)	· 코코넛유, 야자유 · 버터, 돼지기름, 쇼트닝, 베이컨 기름, 소기름 · 난황, 치즈, 전유로 만든 샐러드드레싱 · 단단한 마가린
곡류	· 잡곡, 통밀	· 달걀, 버터가 주성분인 빵, 케이크, 고지방 크래커, 비스킷, 칩, 버터팝콘 등 · 파이, 케이크, 도넛, 고지방 과자
국	· 조리 후 지방을 제거한 국	· 기름이 많은 국, 크림수프
채소·과일	· 신선한 채소, 해조류, 과일	· 튀기거나 버터, 치즈, 크림, 소스가 첨가된 채소·과일 · 가당 가공제품(과일통조림 등)
기타		· 당류 · 초콜릿, 단 음식 · 코코넛유, 야자유를 사용한 제품 · 튀긴 간식류

한국지질동맥경화학회 (2015).

〈표 5-7〉 이상지질혈증의 식품군별 지침

분류	지침
어육류	• 쇠고기, 돼지고기 등은 살코기만을 사용하며 눈에 띄는 기름 부분은 모두 제거한다. • 가공된 육류(베이컨, 소시지, 햄, 핫도그 등)는 지방이 많으므로 금한다. • 닭, 칠면조 등은 껍질과 지방층을 제거한 후 사용한다. • 조리 시에 튀김은 피하고 기름이 많은 양념은 하지 않는다. • 생선은 콜레스테롤을 함유하고 있으나 포화지방산이 적으므로 육류보다 자주(2회/주 이상) 섭취한다. • 조개 및 갑각류의 콜레스테롤 함량은 식품 종류에 따라 다양하나 콜레스테롤이 많은 새우, 가재 등도 포화지방은 적기 때문에 가끔 허용된다.
우유 및 유제품	• 우유는 가능하면 지방 함량이 1% 이하인 우유를 이용한다. • 호상 발효유도 무지방 또는 저지방유로 만든 것을 이용한다.
유지류	• 기름을 사용할 때에는 포화지방산보다 불포화지방산이 많은 기름을 이용한다(라드 같은 동물성 기름보다 식물성유 이용). • 식물성 기름 중 코코넛유나 팜유 등은 포화지방산이 많으므로 주의해야 한다(제과 및 가공식품, 라면, 팝콘, 식물성 커피크림 등에 많이 이용되므로 함량 확인이 필요).
달걀	• 콜레스테롤이 많으므로 되도록 제한하며 전란 1개 대신에 흰자 2개를 사용한다.
과일과 채소	• 비타민, 식이섬유, 무기질 등이 풍부하므로 식사 때마다 충분히 사용하도록 한다. 다만 혈중 중성지방 수치가 높은 사람의 경우는 과일의 지나친 섭취도 주의할 필요가 있다.
곡류와 콩류	• 식이섬유는 혈중 지질을 떨어뜨리는 효과가 있으므로 도정이 덜 된 종류를 섭취한다. • 지나친 섭취로 에너지 섭취가 늘어나는 것을 주의해야 한다.
견과류	• 불포화지방산은 많으나 지방량 및 에너지가 많으므로 섭취 시 주의가 필요하다.
간식류	• 사탕 및 초콜릿에는 단순당질 및 지방의 양이 많으므로 제한해야 한다. • 대개 시판되는 가공식품의 제조에는 라드 같은 동물성 기름이 사용되므로 포화지방산 함량이 높다(크래커, 감자칩, 쿠키, 케이크, 파이보다는 식빵, 토스트, 과일, 채소 등을 선택하는 것이 좋다).
조리방법	• 찜, 구이, 조림 등 기름이 적게 쓰이는 조리방법을 택한다. • 조리 시에는 지나친 염분 사용을 피하여 5~6g/일로 제한한다(한국인은 보통 15~20g/일로 과다섭취하고 있음).

장유경 외(2016).

6) 이상지질혈증의 약물요법

약물요법은 식사요법이나 운동요법만으로 혈중 지질 농도가 정상화되지 않을 경우 심혈관계질환의 위험요인, 혈중 콜레스테롤의 농도, 관상동맥질환의 유무 등을 고려하여 사용된다.

일반적으로 사용되는 약물은 HMG-CoA 환원효소 저해제, 담즙산 제거제, 니코틴산 및 피브르산 유도체(fibrates)의 네 종류이다. 약물의 선택은 LDL콜레스테롤과 중성지방 농도에 따른다. LDL콜레스테롤이 높은 경우에는 스타틴(statin), 담즙산 제거제, 니코틴산을 사용한다. 중성지방이 500mg/dL 이상 높은 경우에는 피브르산 유도체(fibrates)나 니코틴산을 처방하면서 급성췌장염 예방을 위해 저지방식(지방 에너지비, <15%)과 체중 감소 및 운동 요법을 시행한다. 중성지방이 500mg/dL 미만으로 내려오면 LDL콜레스테롤 농도를 목표치 이하로 낮추기 위해 스타틴이나 니코틴산을 사용한다.

〈표 5-8〉 이상지질혈증 치료 약제

약제	효과	부작용	금기	종류
HMG-CoA reductase inhibitors (statins)	· LDL 18~55% 감소 · HDL 5~15% 상승 · 중성지방 7~30% 감소	· 근육통, 근육손상 · 간독성	· 절대: 활동성 및 만성 간질환 · 상대: 특수제약의 병용*	Lovastatin Pravastatin Simvastatin Fluvastatin Atrovastatin Rosuvastatin Pitavastatin
Bile acid sequestrant	· LDL 15~30% 감소 · HDL 3~5% 증가 · 중성지방: 불변 또는 증가	· 위장관 불편감 · 변비 · 타약제의 흡수장애	· 절대: dysbetalipo-proteinemia 중성지방 400mg/dL 초과 · 상대: 중성지방 200mg/dL 초과	Cholestyramine Colestipol Colesevelam
Nicotinic acid	· LDL 5~25% 감소 · HDL 15~35% 증가 · 중성지방 20~50% 감소	· 안면홍조 · 혈당상승 · 요산증가 · 상부위장관 불편감 · 간독성	· 절대: 만성간질환 심한 통풍 · 상대: 당뇨병, 고요산혈증, 소화성궤양	Niaspan®

약제	효과	부작용	금기	종류
Fibrates	· LDL 5~20% 감소 (중성지방이 높은 경우는 LDL이 상승할 수 있음) · HDL 10~20% 증가 · 중성지방 20~50% 감소	· 소화불량 · 담석 · 근육병	· 절대: 중증의 신질환, 중증의 간질환, 담낭질환	Gemfibrozil Fenofibrate Clofibrate Bezafibrate
*Cyclosporin, macrolide 항생제, 항진균제, cytochrome P-450억제제				

송경희 외(2016).

3. 동맥경화증

1) 동맥경화의 병리와 증상

동맥경화증(arteriosclerosis)은 동맥벽이 두꺼워지며 경화되어 탄력성을 잃고 혈액의 흐름이 나빠지는 등의 특성을 나타내는 동맥의 만성염증성질환이다. 대동맥 또는 소동맥 중막에 죽상종이라 불리는 섬유상의 지방 퇴적물의 생성으로 발생하는 죽상동맥경화증(atherosclerosis)이 가장 일반적인 형태이며, 동맥경화증과 죽상경화증을 같은 의미로 구별 없이 사용한다.

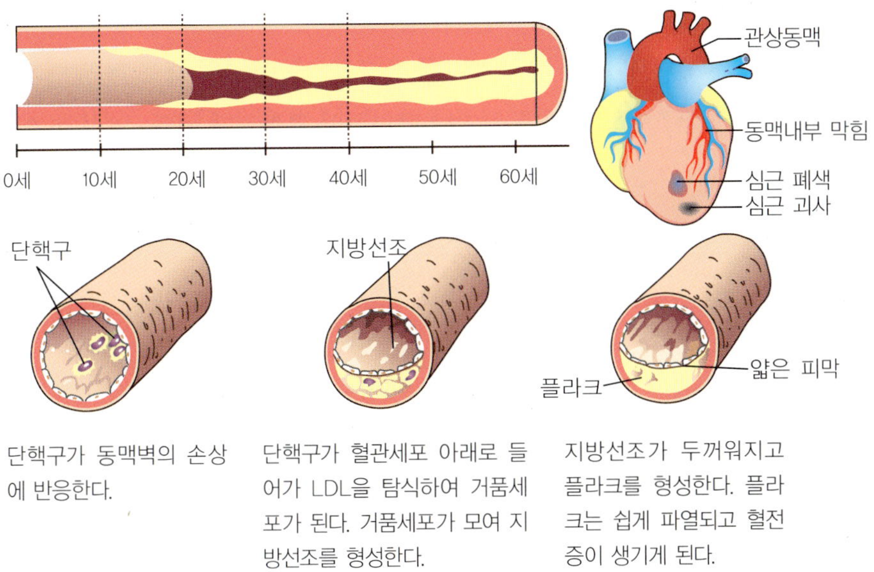

[그림 5-2] **동맥경화의 진행**

동맥경화증은 침범하는 혈관에 따라 특징적인 임상 양상을 보인다. 즉, 관상동맥을 침범하면 심근경색이나 협심증을 일으키며, 뇌혈관을 침범하면 뇌경색이나 뇌출혈을 일으키게 되고, 말초혈관을 침범하게 되면 특정 부위의 괴사를 일으킬 수 있다.

2) 위험인자

동맥경화증의 원인은 불확실하다. 동맥벽에 지방의 축적에 기인해 발생한다고 생각되고 있지만, 많은 인자가 복합적으로 관여하는 것으로 보인다. 동맥경화증의 발생 위험을 높이는 요인들에는 유전적인 요인, 나이, 성별, 비만, 이상지질혈증, 고혈압, 당뇨병, 운동부족, 흡연 등이 있다.

(1) 나이와 성별

장기간에 걸쳐 동맥의 변화가 생기면서 진행되므로 고령의 경우 더 많이 진행된 상태가 되며, 혈관에도 노화가 일어나 탄력성이 떨어지게 된다. 남성의 경우, 동일 연령대의 여성보다 더 일찍 동맥경화증이 나타나며, 에스트로겐의 보호 효과로 폐경기 이후의 여성은 남성과 비슷한 위험도를 가지게 된다.

(2) 이상지질혈증

주요 위험 인자로 동맥경화증의 위험도를 판단하는데 LDL이 주요 지표로 사용된다. 과다한 LDL의 축적과 산화된 LDL은 혈관 내막에 손상을 입혀 동맥 내 플라크가 생기도록 한다.

(3) 고혈압

혈관에 압력이 높아지면 혈관 내피세포에 상처가 쉽게 생기고 동맥경화증 발생의 위험이 높아진다. 또한, 혈압이 높을 경우 생성된 플라크가 쉽게 부서지므로 혈전이 생길 수 있다.

(4) 비만

이상지질혈증, 고혈압, 당뇨병 등과 밀접한 관계를 가지고 있다, 체중이 과도하게 증가하면 동맥경화증의 발생 위험이 높아지는 것으로 알려져 있다.

(5) 당뇨병

심혈관계질환은 당뇨병의 주요 합병증이다.

(6) 흡연

혈관의 수축, 염증반응, 지질대사의 이상을 초래하여 동맥경화증의 위험요인으로 작용한다.

3) 동맥경화증의 관리

동맥경화증의 식사요법 및 약물치료는 이상지질혈증 치료에 준한다.

4. 고혈압

1) 혈압의 정의

혈압이란 혈관에 흐르는 혈액이 혈관 내벽에 미치는 압력을 말하며, 이 압력이 과도하게 높아진 상태를 고혈압(hypertension)이라 한다. 심장은 주기적인 펌프 작용을 통해 주요 동맥으로 혈액을 밀어 보내며, 소동맥을 거쳐 모체혈관에 도달해 혈액과 조직액 간에 물질 교환이 이루어지도록 한다. 성인의 경우 평균 동맥압은 수축기와 이완기에 각각 120mmHg와 80mmHg이다. 혈압은 심박출량과 혈관의 저항 정도에 의해 결정되는데, 심장박출량은 수축기에 좌심실에서 박출되어 나오는 혈액의 양인 1회 박출량과 심장박동수를 곱한 수치이다. 혈관의 저항을 좌우하는 것은 혈액의 점성, 교감신경, 혈관의 직경 등으로, 혈중 지질 농도가 높아져 혈액의 점성이 증가하거나 동맥경화로 혈관의 직경이 감소하면 혈압이 상승하게 된다.

2) 혈압의 조절

혈압을 조절하는 요인으로는 교감신경계, 레닌-앤지오텐신-알도스테론계, 신장의 기능이 있다.

(1) 교감신경계와 부교감신경계

신경계는 혈관의 크기를 조정하고 심장의 수축력에 영향을 끼쳐 혈압을 조절한다. 긴장이나 흥분, 스트레스 상황, 운동 시 교감신경이 항진되는데, 교감신경이 자극되면 노르에피네프린(norepinephrine)이 분비되고 심장박동수가 증가하면서 혈압이 높아진다. 부교감신경이 자극되면 아세틸콜린(acetylcholine)이 분비되며 심장박동수가 감소한다.

(2) 레닌-앤지오텐신-알도스테론계(Renin-Angiotensin-Aldosterone System, RAAS)

신장의 혈류량이 감소하거나 혈중 나트륨 농도가 감소하면, 신장에서 레닌이 분비되어 혈장 안지오텐시노겐이 앤지오텐신 I으로 전화되고, 앤지오텐신 전환효소에 의해 앤지오텐신 I이 앤지오텐신 II로 전환되어 부신피질에서의 알도스테론의 분비를 촉진하다. 알도스테론은 나트륨과 수분의 재흡수를 촉진하여 혈압을 상승하게 한다.

이외에도 신장은 나트륨 배설 조절과 혈액량의 조정을 통해 혈압 조절을 보조한다.

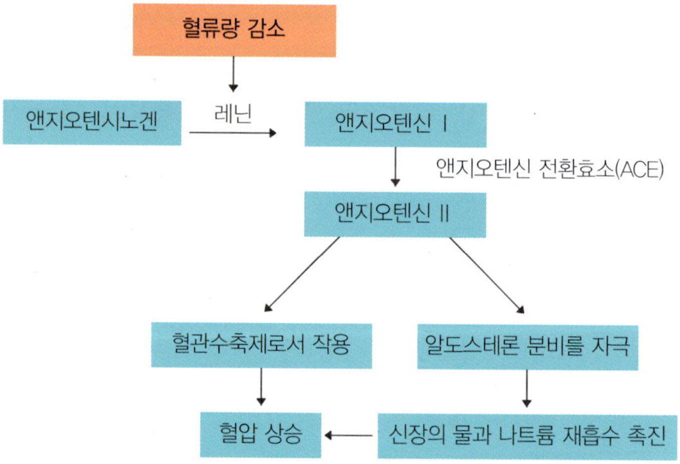

[그림 5-3] 레닌-앤지오텐신-알도스테론계에 의한 혈압 조절기전

3) 고혈압의 진단 및 증상

고혈압은 지속적으로 높은 동맥혈압을 의미하며, 수축기 혈압 140mmHg 이상이거나 이완기 혈압 90mmHg 이상일 때 고혈압으로 판정한다. 혈압은 신체적·정신적 상태나 환경에 따라 쉽게 변하므로 안정된 상태에서 적어도 두 번 이상 측

정하여 판정하도록 한다. 고혈압은 관상동맥질환, 뇌졸중, 만성심부전 등의 위험요인이므로 전단계 고혈압부터 적극적인 관리와 치료가 필요하다.

〈표 5-9〉 우리나라 성인의 고혈압 진단 기준

혈압 분류		수축기 혈압(mmHg)		이완기 혈압(mmHg)
정상혈압		<120	그리고	<80
고혈압 전단계	1기	120~129	또는	80~84
	2기	130~139	또는	85~89
고혈압	1기	140~159	또는	90~99
	2기	≥160	또는	≥100
수축기 단독 고혈압		≥140	그리고	<90

대한고혈압학회 진료지침 제정위원회(2013).

고혈압 자체의 증상으로 두통, 현기증, 이명 등을 들 수 있으나 경증이나 중등도의 상태에서는 거의 증상이 없는 경우도 있다. 협심증이나 신부전 등 합병증이 발생하면 이들 질환과 관련된 증상이 나타난다.

고혈압이 관상동맥질환, 뇌졸중, 만성심부전 등의 위험인자인 이유

혈압이 높을수록 심장에서 내보내는 혈액량이 많아지므로, 지속적으로 정상보다 많은 혈액이 흐르면 혈관은 상해를 입기 쉽다. 혈관 내피의 손상은 동맥경화증을 일으키고 이로 인해 허혈성심장질환이나 뇌졸중이 발생할 수 있다. 또한, 심장이 많은 혈액을 내보내기 위해 보다 강하게 수축하므로 심장에 부담이 가중되어 결과적으로 심장의 구조나 기능에 문제를 초래할 수 있다.

4) 고혈압의 분류 및 원인

혈압을 상승시킨 원인이 무엇인가에 따라 일차성과 이차성고혈압으로 분류한다. 고혈압의 90% 정도는 순환계의 자체 이상일 것으로 생각되나 구체적인 원인을 알지 못하는데 이를 본태성 또는 일차성고혈압이라 한다.

원인이 되는 질환 때문에 혈압이 상승되는 것을 이차성고혈압이라 한다. 이 경우는 원인되는 질병 즉, 만성신장질환, 동맥협착증, 알도스테론증, 크롬친화성세포종, 쿠싱증후군 등이 있고 이로 인해 혈압이 상승한 경우이다.

(1) 이차성고혈압의 원인

만성신장질환이 있는 경우, 나트륨 배설이 잘 이루어지지 않거나 신장의 혈류량이 감소하여 레닌-앤지오텐신계가 활성화되어 혈압이 높아지게 된다. 동맥협착증은 동맥 중막의 변형으로 인해 혈관의 내강이 좁아져 수축기 혈압이 현저하게 상승한다. 알도스테론증은 부신의 기능 이상으로 알도스테론이 과잉 분비되어 고나트륨혈증이 되고 수분 보유량이 늘어나 혈압이 높아진다. 크롬친화성세포종은 부신수질에 발생하는 종양으로, 노르에피네프린 분비량이 증가하여 심장박동수가 증가하고 혈압이 상승한다. 쿠싱증후군은 뇌하수체 후엽에서 부신피질자극 호르몬(Adrenocortico Tropic Hormone, ACTH)이 만성적으로 과잉 분비되면서 부신피질에서 알도스테론과 코티솔 분비량을 늘리기 때문이다.

(2) 일차성고혈압의 원인

정확한 원인은 아직 불분명하나 역학조사 결과, 유전적인 요인 및 연령, 식사성 요인, 생활습관 등이 혈압상승과 관련되는 것으로 보고되었다.

① 유전적인 요인 및 고령

미국의 경우 인종 간에 고혈압 발생률이 다르며 흑인이 백인에 비해 높다. 고혈압의 가족력이 있는 경우 혈압이 상승할 위험률이 더 높다. 고혈압과 관련된 여러 유전적인 소인은 환경적 인자에 의해 활성화되거나 저해되는 것으로 보인다. 보편적으로 연령의 증가와 함께 혈압이 상승하는데 이는 혈압을 높이는 식생활 및 생활습관인자의 누적이나 노화에 따른 혈압 조절기능의 퇴화로 해석할 수 있다.

② 비만 및 당뇨병

에너지 섭취 불균형으로 초래되는 비만은 혈압을 높인다. 과다해진 지방조직이 인슐린 저항성을 증가시켜 혈압을 상승시키는 것으로 보고되었다. 지방조직이 많아지면 지방조직 세포의 인슐린 저항성이 증가하므로 인슐린 분비량이 증가한다. 혈중 인슐린이 증가하면, 신장에서의 나트륨 재흡수는 증가한다. 또한, 지방조직의 증가는 여분의 모세혈관을 생성하고 이는 혈류 저항을 증가시키고 심장은 이들 혈관에 혈액을 공급하기 위해 더욱 강하게 수축한다. 이러한 이유로 비만한 사람 또는 인슐린비의존성당뇨병 환자의 고혈압 발생률은 일반 인구집단에 비해 높다.

③ 식사성 요인

나트륨은 체액을 조절하는 중요한 영양소로 과다하게 섭취하면 총체액과 함께 혈장이 증가해 혈압을 높인다. 특히 소금 민감성의 유전적 소인을 지닌 사람에게서 문제가 나타난다. 소금 민감성은 소금 부하 후 소금을 제한했을 때 혈압이 10mmHg 이상 저하하거나 소금을 제한하다가 소금을 부하했을 때 혈압이 5% 이상 증가하는 경우라고 정의한다. WHO는 하루에 나트륨을 2,000mg(소금 5g) 미만으로 섭취하도록 권장한다. 대체적으로 소금 섭취가 많은 국가(1일 9~12g 이상 섭취)에서 고혈압의 유병률이 높게 나타난다. 칼륨의 섭취량과 혈압은 음의 상관관계를 가지는 것으로 보고되었다. 최근에는 나트륨 섭취 감소보다 혈압을 낮추는 효과를 나타내는 칼륨과 나트륨의 비율이 중요하다는 설이 제기되었다. 나트륨과 칼륨의 적정 섭취량을 각각 1,100~3,300mg과 1,875~5,625mg이라고 보면 Na:K의 비율은 0.2~1.8이 된다.

칼슘은 나트륨과 칼륨의 생체막 이동을 조절하고, 마그네슘은 혈관 근육의 수축을 억제하는 것으로 알려져 있는데, 이들의 균형이 무너지는 경우 체수분량과 혈압에 영향을 끼칠 수 있다.

④ 생활습관

하루 세 잔 이상 알코올을 섭취할 경우 혈압이 3mmHg 정도 증가하는 것으로 보고되었다. 흡연은 혈관내피세포의 확장을 방해하여 혈압을 상승시키며, 심혈관계질환의 주요 위험인자이다. 정신적인 또는 정서적인 스트레스는 일시적으로 혈압을 상승시킨다. 반대로 이완과 휴식은 일시적이지만 혈압을 떨어뜨린다. 규칙적인 유산소 운동은 혈압을 낮추는 데 도움이 된다.

5) 고혈압의 식사요법

고혈압의 전반적인 관리 목표는 혈압을 정상 범위로 유지함으로써 심혈관계질환과 신장질환의 발병과 이러한 질환으로 인한 사망률을 낮추는 데 있다.

고혈압의 영양관리는 체중조절을 통한 표준체중 유지, 나트륨 섭취 제한, 알코올 섭취 제한, 적절한 칼륨과 마그네슘 및 칼슘의 섭취 등이 권장된다.

(1) 체중조절

본태성고혈압의 경우 비만인 경우가 많다. 체중조절은 고혈압 관리의 기본 요건으로 체중 1kg감량 시 수축기 혈압 1.6mmHg, 이완기 혈압 1.3mmHg 정도 감소되는 것으로 보고되었다. 환자에게 무리가 가지 않도록 서서히 감소시키도록 관리한다.

(2) 나트륨 섭취 제한

우리나라 성인의 일반적인 식사에는 하루 평균 10~15g(4,000~6,000mgNa)의 많은 소금을 포함하고 있다. 이러한 식습관이 장기화되면 고혈압을 비롯한 만성질환을 유발할 수 있으므로 건강하더라도 나트륨 섭취량을 줄이는 식사를 권장한다. 나트륨 섭취 조절을 통해 고혈압의 발생률을 17% 정도 낮출 수 있다고 보고된 바 있다. 1단계 고혈압의 경우 하루 5g 정도의 소금(나트륨 2,000mg)을 섭취하도록 권장한다. 가공식품과 나트륨 함량이 높은 식품의 섭취를 제한하고 식탁에서 별도의 소금을 사용하지 않는다. 통조림 식품, 치즈, 마가린, 샐러드드레싱을 사용할 때 저염 혹은 무염 제품을 사용하고 패스트푸드나 냉동 식품을 섭취하지 않는다. 2단계 고혈압에서는 3.5~5g의 소금(나트륨 1,400~2,000mg)을 섭취하는 것으로 제한한다.

〈표 5-10〉 소금 1g에 해당하는 양념의 양

식품명	중량(g)	목측량	식품명	중량(g)	목측량
소금	1	1/3tsp	고추장	10	1/2Tbsp
진간장	5	1tsp	토마토케첩	30	2Tbsp
우스터소스	10	2Tbsp	마가린, 버터	30	2와 1/2Tbsp
된장	10	1/2Tbsp	마요네즈	40	3Tbsp

대한영양사협회 · 임상영양관리지침서(2008).

〈표 5-11〉 염분 함량이 높은 식품

분류	식품명	1회 제공량 (g)	염분 함유량 (g)	분류	식품명	1회 제공량 (g)	염분 함유량 (g)
면류	짬뽕	980	9.80	일품 요리류	카레라이스	565	4.52
	칼국수	1045	8.78		비빔밥	480	4.08
	물냉면	930	8.09		김치볶음밥	310	2.79
	짜장면	615	5.72		김밥	235	2.19
	국수	870	3.74		돈가스	185	1.85
국, 찌개류	된장찌개	300	4.41	패스트 푸드류	불고기버거	140	1.60
	냉이된장국	305	3.97		피자	185	1.79
	김치찌개	350	3.96	가공 식품류	봉지라면	150	6.40
	순두부찌개	445	3.87		컵라면	114	5.80
	쇠고기미역국	340	3.06		즉석짜장	200	3.00
반찬류	배추김치	65	1.63		낙지덮밥	340	2.80
	고등어구이	50	1.40		즉석카레	200	2.50
	갈치조림	65	1.17		크림빵	223	2.06
	시금치나물	40	1.12		새우깡	90	1.58
	멸치볶음	30	1.11		꼬깔콘	47	0.68

대한영양사협회 · 임상영양관리지침서(2008).

나트륨 제한 정도

- 1단계 고혈압(140~159/90~99mmHg): 나트륨 90mEq(소금 5g/일)
- 2단계 고혈압(≥160/≥100mmHg): 나트륨 60~90mEq/일(소금 3.5~5g 이하/일)

(3) 칼륨, 마그네슘, 칼슘의 충분한 섭취

칼륨, 마그네슘, 칼슘을 충분히 섭취하면 혈압을 낮추는 효과가 있는 것으로 알려졌다. 칼륨은 나트륨과 길항작용을 하여 세동맥을 확장하고 수분과 나트륨 배설을 촉진하여 레닌과 앤지오텐신 분비를 억제하여 혈압을 낮춘다. 칼륨섭취 부족이 고혈압 발생과 관련이 있다는 연구결과도 있어 칼륨 함량이 많은 과일과 채소의 섭취량을 증가시켜 나트륨과 칼륨의 비율(Na:K)을 1 이하로 유지하는 것이 좋다. 이뇨제를 복용하는 환자의 경우, 특히 나트륨 섭취량이 많을 때 저칼륨혈증이 나타나기 쉽다. 저칼륨혈증 시에는 수축기에 심장마비가 일어날 수 있으므로 주의해야 한다. 칼슘과 마그네슘 또한 혈압 조절에 영향을 미치므로 충분히 섭취하도록 권장한다.

Point

DASH(dietary approaches to stop hypertention) 식단

DASH 식사란 1997년 NHLBI(National Heart, Lung and Blood Institute)에서 제시한 것으로 풍부한 섬유소와 항산화 영양소를 많이 섭취할 수 있어 혈압을 낮추고, 총지방량과 포화지방, 콜레스테롤의 섭취를 줄이며, 나트륨의 배설을 돕고, 칼슘, 칼륨, 마그네슘의 섭취를 높이기 위한 식사요법이다.

- 신선한 과일, 채소, 저지방 유제품을 충분히 섭취한다.
- 도정하지 않은 전곡류, 생선, 기름기가 없는 가금류를 적당히 먹는다.
- 적색육류, 지방이 많은 식품, 단순당류제품은 적게 섭취하도록 권장한다.

- 과일 채소 하루 4~5회
- 저지방 유제품 하루 2~3회
- 단백질 많고 지방이 적은 생선, 가금류 하루 2회

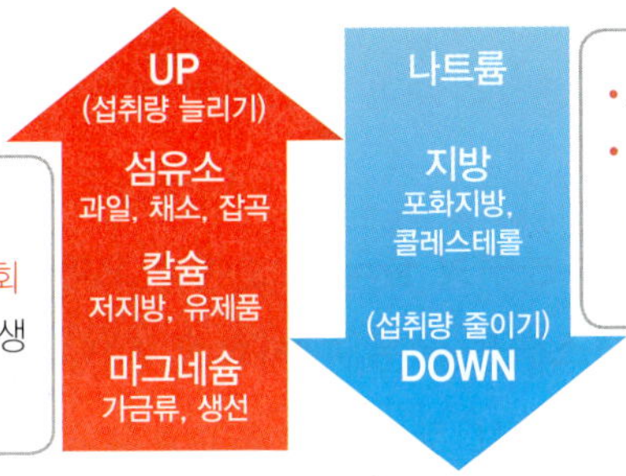

- 소금 1일 6g 이하 섭취
- 육류 섭취 시 기름기와 껍질 제거, 살코기 위주로 섭취

질병관리본부(2015).

DASH의 식사 구성

식품군	1일 섭취횟수	식품의 예 및 1회 섭취량	각 식품군의 중요성
곡류 및 그 제품[1)]	6~8	빵 1조각, 30g, 시리얼(건)[2)], 1/2컵 조리된 쌀과 파스타 그리고 시리얼	대부분의 에너지와 섬유소 공급
채소류	4~5	1컵 잎채소(생), 1/2컵 채소, 1/2컵의 채소주스	풍부한 칼륨, 마그네슘, 섬유소 함유
과일류	4~5	1개 과일(중), 1/4컵 마른과일, 1/2컵의 생과일, 냉동과일, 1/2컵의 과일주스	풍부한 칼륨, 마그네슘, 섬유소 급원
저지방 또는 무지방 유제품	2~3	1컵의 우유 및 요구르트, 45g의 치즈	칼슘과 단백질의 주요 급원
육류, 가금류 및 생선	2	30g의 조리된 육류, 가금류, 생선, 1개의 달걀[3)]	풍부한 단백질과 마그네슘 급원
견과류, 종실류 및 말린 과일류	4~5/주	1/3컵 또는 42g 견과류, 2Tbsp의 땅콩버터, 2Tbsp 또는 15g 종실류, 1/2컵 조리된 두류(건두류)	풍부한 에너지, 마그네슘, 칼륨, 단백질과 섬유소 급원
지방과 기름[4)]	2~3	1tsp의 마가린, 1tsp의 식용유, 1Tbsp의 마요네즈, 2Tbsp의 샐러드드레싱	식품 자체에 포함되거나 음식에 추가됨
당류	5 또는 그 이하/주	1Tbsp의 설탕, 1Tbsp의 젤리와 잼, 1/2컵의 셔벗과 젤라틴, 1컵의 레모네이드	지방이 낮은 제품이어야 함

1) 전곡류는 영양소의 좋은 급원으로 최대섭취량을 권장한다.
2) 시리얼 종류에 따라 섭취량은 1/2컵에서 1/4컵까지 다양하다.
3) 달걀은 콜레스테롤의 함량이 높으므로 달걀노른자는 주 4개 이상 섭취를 제한하며 흰자는 육류 30g과 동일한 단백질 함량을 포함하는 것으로 간주한다.
4) 지방함량은 기름과 지방의 양으로 환산한다. 예를 들어 일반적 샐러드드레싱 1Tbsp은 1회분량으로, 1Tbsp의 저지방 샐러드드레싱은 1/2회 분량, 무지방 샐러드드레싱은 0회 분량으로 간주한다.

대한영양사협회(2008).

(4) 알코올 섭취 제한

하루에 30g 이상의 알코올(남성 2잔, 여성 1잔 초과)을 지속적으로 섭취하면 고혈압 발생 위험도가 증가한다. 실제로 만성적으로 과음하는 사람은 소량의 알코올을 마시는 사람이나 전혀 마시지 않는 사람보다 일반적으로 혈압이 높다.

(5) 지질섭취 조절

고혈압 환자에게 지방섭취량과 포화지방섭취를 줄이도록 권유한다. 과다한 포화지방산 섭취는 이상지질혈증이나 동맥경화증 등의 심혈관계질환의 발생 위험도를 높이기 때문이다. 리놀레산(18:2)이나 오메가-3지방산은 혈압을 낮추는 효과를 나타낸다. 이들 지방산이 혈관이완인자인 프로스타글란딘(prostaglandin)의 합성을 촉진하기 때문이다. 그러나 총불포화지방산의 섭취량을 늘리는 것은 권장하지 않는다.

(6) 고혈압 식사관리의 실제 적용

① 반찬은 최대한 싱겁게 조리하고 음식에 소금 및 간장을 소량 넣거나 간하지 않는다.

② 국, 찌개, 라면, 패스트푸드 등에는 소금이 많이 들어 있으므로 가급적 적게 먹고, 국물은 먹지 않도록 한다.

③ 소시지, 베이컨, 스팸 등과 같은 육가공품, 팝콘, 감자튀김 등의 간식, 젓갈류, 자반생선 등의 염장식품은 제한한다.

④ 소금에 절여서 만든 김치, 깍두기 등은 4~5쪽 정도로 제한하고, 물미역, 파래 등은 소금기를 미지근한 물에서 충분히 뺀 후 섭취한다.

⑤ 신선한 과일과 채소를 충분히 섭취한다.

⑥ 저지방우유나 유제품을 충분히 섭취하여 칼슘섭취가 부족하지 않도록 한다.

⑦ 나트륨화합물과 소금이 첨가된 빵, 케이크, 도넛, 크래커 등은 적게 섭취한다.

⑧ 소금 함량이 높은 토마토케첩, 마요네즈, 된장, 고추장 등 각종 소스는 적

게 사용한다. 식초나 레몬즙을 이용하거나 향이 있는 채소를 활용하여 요리한다.

⑨ 염분을 많이 섭취한 경우는 물을 많이 마셔 소변을 통해 배출시키도록 한다.

⑩ 제산제 등의 약에도 나트륨 화합물이 많이 들어 있을 수도 있으므로 중등도 이상의 고혈압 환자의 경우 약을 먹을 때 주의가 필요하다.

⑪ 가급적 외식을 자주 하지 않고, 영양표시에서 나트륨 함량을 확인하는 습관을 가진다.

〈표 5-12〉 생활요법에 따른 혈압 감소 효과

생활요법	혈압감소 (수축기/이완기 혈압, mmHg)	권고사항
소금섭취 제한	-5.1/-2.7	하루 소금 6g 이하
체중감량	-1.1/-0.9	매 체중 1kg 감소
절주	-3.9/-2.4	하루 2잔 이하
운동	-4.9/-3.7	하루 30~50분 일주일에 5일 이상
식사조절	-11.4/-5.5	채식 위주의 건강한 식습관[1)]

1) 건강한 식습관: 칼로리와 동물성 지방의 섭취를 줄이고 채소, 과일, 생선류, 견과류, 유제품의 섭취를 증가시키는 식이요법

대한고혈압학회(2013).

6) 약물요법

약물요법은 비약물적인 치료법(체중 감량과 식사요법 등)을 충분히 시도한 후에 행해진다. 고혈압에 사용되는 약물은 심장박출량이나 혈관의 저항성을 조절하는 기전을 통해 혈압을 조절한다. 최근의 경향은 환자 개개인에 적합하도록 여러 종류의 약물을 소량씩 혼합하여 상승효과를 얻고자 하는 추세이다. 일차적으로 이뇨제를 사용하며, 알파(또는 베타) 차단제, 앤지오텐신 전환효소억제제 또는 칼슘채널차단제 등을 처방한다.

〈표 5-13〉 고혈압 치료제의 종류 및 관리

종류		약(상품명)	작용	영양관련 부작용	영양적 관리
이뇨제	Loop diuret-ics	· Furosemide(Lasix) · Bumetanide(Bumex) · Torsemide(Demadex)	나트륨과 수분의 재흡수 억제	저칼륨혈증, 소변 칼슘분비 증가, 메스꺼움, 구토, 설사	고칼륨식, 다량의 수분섭취 제한, 식후 복용
	Thia-zide diuret-ics	· Hydrochlorothiazide (Microzide) · Chlorothiazide(Diuril) · Indapamide	헨레고리 및 수뇨관에서 나트륨 재흡수 억제	소변 칼륨 분비 증가	고칼륨식, 다량의 수분섭취 제한, 알코올 섭취 제한
알도스테론 수용체 차단제		· Eplerenone(Inspra) · Spironolactone(Aldac-tone)	수뇨관에서 알도스테론 작용을 억제하고 나트륨-칼륨 교환을 억제함	고칼륨혈증	고칼륨 식이 및 고나트륨 섭취 제한, 다량의 수분섭취 제한
베타 차단제		· Atenolol(Tenormin) · Metoprolol(Lopressor) · Propranolol(Inderal)	베타수용체 반응을 억제하여 심장박동수와 심장박출량을 감소시킴	구토, 설사, 상복부 거북함, 알코올이 증세를 악화시킴	알코올 섭취 시 주의를 요함
앤지오텐신 전환효소 억제제(ACEI)		· Captopril(Capoten) · Enalapril(Vasotec) · Quinapril(Accupril) · Lisinopril(Zestril)	앤지오텐신II 생성을 억제하며 혈압 상승을 억제함	기립성저혈압, 마른기침, 불면증	신장기능이 약한 환자에게 주의를 요함
칼슘 경로 차단제		· Verapamil(Calan, Isoptin) · Diltiazem(Cardizem)	혈관확장으로 강력한 혈압강화효과	변비, 부종, 홍조	
알파 차단제		· Doxazosin(Cardura) · Prazosin(Minipress) · Terazosin(Hytrin)	1회 박출량을 저하시킴, 말초저항을 감소시킴	발목부종, 무기력증, 두통	

송경희 외(2016).

고혈압을 예방하는 식사 및 생활습관 원칙

- 적정체중유지
- 금연
- 금주 또는 절주
- 균형 잡힌 식사
  - 콜레스테롤과 포화지방섭취 감소
  - 칼륨, 칼슘, 마그네슘, 식이섬유소 섭취 증가
- 소금(나트륨)섭취 제한

대한의학회 고혈압 임상진료지침 제정 및 집필위원회(2018).

5. 심장질환

1) 허혈성심장질환

(1) 종류 및 증상

동맥경화증이나 고혈압이 치료되지 않고 진행되면 관상동맥질환이나 뇌졸중 등이 발생할 수 있으며 그 결과는 치명적이다. 관상동맥질환(Coronary Heart Disease, CHD)은 40세 이상 성인에게서 가장 흔히 발생하는 심장질환이다. 주요 원인은 관상동맥경화증이나 심근의 비대 또는 혈색소의 산소 결합능력의 저하이다. 심근에 혈류가 충분히 공급되지 않으므로 허혈성심장질환(Ischemic Heart Disease, IHD)이라고 부른다. 위험요인으로는 고령, 가족력, 흡연, 고혈압, HDL 콜레스테롤 감소, 당뇨병 등이 있다.

① 협심증

관상동맥이 경화되거나 혈전이 생겨 혈관의 내경이 좁아져 발생하며, 혈관 내피세포가 손상되거나 기능이 저하되어도 발생할 수 있다.

특징적인 증상은 왼쪽 아래 앞쪽 흉부에 나타나는 통증이다. 통증은 2~3분 정도이나 긴 경우에는 10~15분간 지속되기도 한다. 드물게는 통증이 없는 경우도 있다.

② 심근경색

허혈상태가 심해져 심근세포가 괴사하는 상태를 말한다. 관상동맥경화증으로 인해 발생하는데 관상동맥의 폐색 부위에 따라 괴사한 조직의 양과 결과가 다르다. 좌심실에 혈액을 공급하는 주 혈관이 폐색되면 심장마비로 사망에 이를 수 있다.

주요 증상은 왼쪽 아래 앞쪽 흉부에 나타나는 매우 심한 통증이다. 가슴에 짓누르고 쥐어짜는 듯한 통증이 오며 30분 이상 지속된다.

(2) 식사요법

최소 1일간은 금식하고 2~3일째부터 유동식, 연식, 일반식으로 이행하며, 심장과 소화기관의 부담을 피하도록 소량의 식사를 자주 공급한다. 비만은 관상동맥질환의 발병 가능성을 증가시키므로 체중을 조절하는 것이 필요하며, 당질은 주로 복합당질을 제공한다. 나트륨 섭취를 조절하고 카페인 함유식품의 섭취를 제한하며, 콜레스테롤과 포화지방산의 섭취를 제한하는 이상지질혈증의 영양관리 원칙을 적용한다.

2) 울혈성심부전

(1) 원인 및 증상

울혈성심부전(congestive heart failure)은 심장판막증, 부정맥, 관상동맥질환, 심내막염 등으로 심장 기능에 이상이 생겨 전신으로 혈액을 순환시킬 수 있는 능력이 감소되는 심박출량의 저하와 정맥에 울혈이 발생하는 질환이다.

좌심부전이 있을 경우, 심박출량이 감소하여 신장으로 가는 혈류량이 감소하고, 레닌-앤지오텐신-알도스테론 시스템이 활성화되어 나트륨과 수분의 배설이 억제되어 혈액량이 증가하고 혈압이 상승한다. 좌심실에 혈액이 잔류되면서 폐정맥에서 좌심방을 통해 좌심실로 동맥혈이 제대로 들어오지 못하면서 폐정맥에 혈액이 머물게 되고, 폐의 모세혈관압이 높아져 폐울혈과 폐부종이 생긴다.

우심부전은 폐울혈은 심하지 않으나, 우심실에 잔류하는 혈액 때문에 체순환계가 순조롭게 진행되지 못해 전신의 정맥압이 높아져 전신 및 말초부종과 간부종 등의 증세가 나타난다. 심장박출량의 감소로 쉽게 피로하고 복수, 간비대 증세가 나타난다.

(2) 식사요법

부종을 제거하고 심장에 부담을 줄이도록 나트륨 제한, 체내 수분 및 전해질 평형, 양질의 단백질과 적당한 에너지 공급, 자극성 식품의 제한 등을 기본 원칙으로 질환의 상태에 따라 식사요법을 실시한다. 기본적인 식사지침은 다음과 같다.

- 적정 체중을 유지할 수 있도록 에너지 섭취량을 조정한다.
- 심장성악액질으로 인해 단백질의 필요량이 증가하는 경우 단백질 섭취를 증가시킨다. 혈중 알부민이 감소하면 부종이 심해지므로 양질의 단백질을 충분히 공급한다.
- 나트륨을 제한하고 수분섭취를 조절한다. 이뇨제를 사용할 경우 저나트륨혈증이 되지 않도록 주의한다.
- 이뇨제를 사용할 경우 수용성 비타민과 전해질 손실에 주의한다.
- 소량씩 자주 식사하는 것이 심장에 대한 부담을 줄이는 데 도움이 된다.

6. 뇌졸중

1) 종류 및 원인

뇌졸중(stroke)은 뇌혈관의 순환장애로, 뇌혈관이 막히거나 터져 뇌 조직에 손상이 초래되고, 이에 따라 언어장애, 의식장애, 반신마비 등 신체장애가 나타나는 뇌혈관 질환이다. 뇌졸중의 결과는 발생 부위에 따라 상당히 다양하나 대부분의 환자는 영구적인 장애를 수반하게 된다. 뇌졸중은 뇌출혈(cerebral hemorrhage)과

뇌경색(cerebral infarction)으로 나눌 수 있다. 뇌출혈은 고혈압 등의 원인으로 인해 일부 뇌혈관이 터져 새어나온 피가 뇌 조직을 압박하고 손상을 입혀 뇌기능이 부분적으로 마비되는 상태이다. 출혈 부위에 따라 뇌내출혈과 지주막하출혈로 구분한다. 뇌경색은 동맥경화증으로 인해 뇌동맥이 좁아지거나 막혀 혈액 공급이 원활하지 않아 뇌기능이 상실되는 상태를 말하며 혈관이 막힌 원인에 따라 뇌혈전증(cerebral thrombosis)과 뇌색전증(cerebral embolism)으로 나눈다.

뇌경색은 비만, 내당능장애 또는 고혈압 환자에게서 발생빈도가 높고, 나이가 들수록 위험률이 높아진다. 뇌출혈은 과로, 폭식, 과음, 배변, 분노, 온냉욕 시에 일어나기 쉽다. 이외에 흡연, 운동부족, 비만, 과도한 스트레스 등이 뇌졸중의 위험인자이므로 이들 생활습관인자에 대한 특별한 관리가 필요하다. 뇌졸중의 원인 질환으로는 고혈압과 몇몇 심장질환(부정맥, 승모판협착증, 심근경색증, 심부전증, 심내막염, 좌심실비대 등), 당뇨병, 경동맥협착, 고지혈증 및 고호모시스테인혈증 등을 들 수 있다.

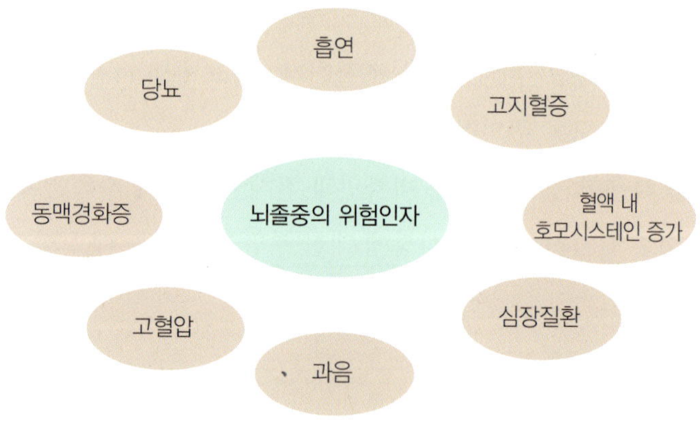

[그림 5-4] 뇌졸중의 위험인자

2) 증상

뇌의 손상 부위에 따라 뇌졸중의 증상과 소견이 다르다. 대부분의 경우 뇌압 증가로 인한 두통과 함께 구토, 언어장애, 연하곤란, 고열, 대소변 실금, 안면신경마비, 반신마비, 의식장애 등의 증상을 나타낸다. 뇌출혈이나 뇌색전증은 작업 중이나 운동 중에 쓰러지며 증세가 빠르게 진행되는 반면, 뇌혈전증은 수면 중이나 아침 기상 시에 나타나며 반신에 마비가 오는 경우가 많다. 지주막하출혈은 심한 두통이 특징이다.

〈표 5-14〉 **뇌졸중의 종류와 특징**

분류	종류	특징
일과성뇌허혈발작		· 뇌 조직의 가역적인 허혈로 인한 일시적인 뇌기능의 국소적 손실
뇌출혈	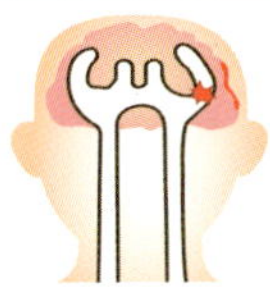 뇌내출혈	· 대개 고혈압으로 혈관 벽이 터져 뇌 안에 피가 고임
	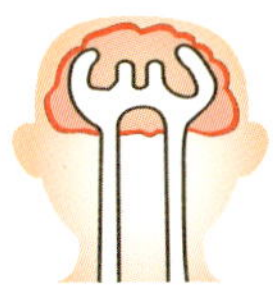 지주막하출혈	· 뇌를 싸고 있는 지주막 밑에서 동맥류(선천적으로 혈관벽이 약해 꽈리같이 부푼 부위)가 터져 출혈 · 뇌 조직 밖에 피가 고이므로 대개 반신마비 없음
뇌경색	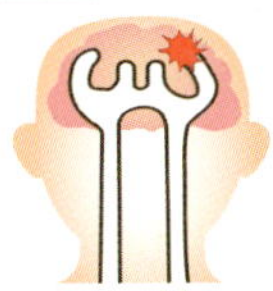 뇌혈전증	· 혈전으로 뇌동맥이 막힘 · 고령환자에 호발 · 단계적으로 서서히 진행
	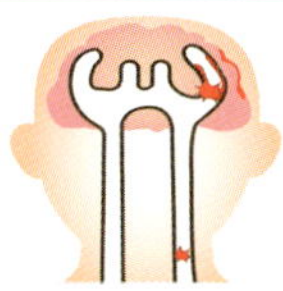 뇌색전증	· 심장이나 목의 큰 혈관에서 혈전이 떨어져 나와 혈류를 타고 흐르다가 뇌혈관을 막음 · 젊은 나이에서도 발생 · 심장 안의 혈전에서 떨어져 나온 색전(embolus)이 원인 · 신경학적 증상이 급작스럽게 나타남
	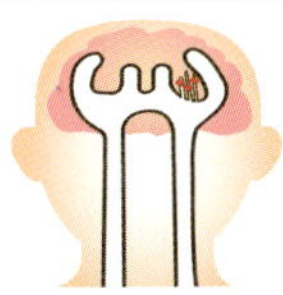 열공성뇌경색	· 작은 크기의 혈관이 막혀 뇌경색이 발생 · 죽상동맥경화증, 고혈압, 당뇨병 환자에서 발생 · 열공은 뇌의 심부에 발생한 뇌경색의 반흔조직이 식세포에 의해 제거된 구멍

3) 식사요법

뇌졸중이 이미 발생할 경우, 영양관리를 통한 치료는 어렵다. 환자의 상태에 따라 적절하게 영양을 공급한다. 뇌졸중으로 인해 혼수상태에 있는 경우에는 경관급식을 통해 영양 공급을 하고 뇌부종이나 뇌압항진을 예방하기 위해 전해질과 수분 공급에 주의한다. 의식은 있으면서 연하곤란증일 경우 상황에 맞는 식사를 제공한다.

뇌졸중을 예방하거나 재발을 방지하기 위해 혈압 강하를 위한 나트륨 제한과 동맥경화증의 진행을 막기 위한 포화지방산과 콜레스테롤 제한 등 심혈관계질환과 당뇨병 및 비만 등 만성질환의 식사요법을 적용한다.

〈표 5-15〉 **뇌졸중 예방 및 재발 방지를 위한 관리 요령**

비만을 예방하기 위해	· 정상체중을 유지할 정도의 열량을 섭취하십시오.
동맥경화증의 진행을 막기 위해	· 지방은 섭취 열량의 20% 정도로 섭취하십시오. · 콜레스테롤 섭취를 제한하십시오. · 포화지방산 섭취를 줄이고 불포화지방산 섭취를 늘리십시오. · 식이섬유를 충분히 섭취하십시오. · 혈중 콜레스테롤 농도를 150~200mg/mL로 유지하십시오. · 당뇨병 치료를 잘 하십시오.
혈압상승을 억제하기 위해	· 싱겁게 드십시오. · 과음과 흡연을 삼가십시오. · 과로와 스트레스를 피하십시오. · 정기적으로 혈압을 측정해 120/80mmHg로 유지하십시오.
기타	· 적어도 일주일에 4일, 하루에 30분 이상 운동하십시오. · 정기적으로 뇌졸중 진단을 받으십시오.

손숙미 외(2011).

Chapter 06

당뇨병

당뇨병(diabetes mellitus)의 'Diabetes'는 그리스어로 관(siphon) 또는 통과한다는 뜻이고 'Melitus'는 라틴어로 꿀(honey)을 의미한다. 즉 당뇨병이란 당이 관을 통해 소변으로 다량 배설되는 질병이다. 대표적인 성인병으로 알려진 당뇨병은 과식, 운동부족, 스트레스 증가 등으로 인하여 그 유병률이 꾸준히 증가되고 있는 추세이다. 당뇨병은 완치되는 병이 아니므로 평생 조절해야 하는데, 적절한 식사요법과 운동요법으로 올바른 치료를 계속하면 건강인과 다름없는 생활을 영위할 수 있다.

우리 몸은 포도당을 주된 에너지원으로 사용하는데, 인슐린(insulin)은 포도당이 세포 내로 유입되는 과정에 필요하고 혈당 수준을 조절하는 역할을 한다. 당뇨병은 인슐린이 부족하거나 인슐린이 제대로 작용하지 못하여 생기는 질환이며, 고혈당증이 나타나 장기간 지속될 경우 만성적인 대사장애와 그에 따른 합병증을 동반하게 된다. 식사 후 소장에서 당이 흡수되면서 혈액 내 당의 농도가 높아지면 인슐린이 분비되어 식사로 인해 증가된 혈당이 세포 내로 유입되어 혈당이 정상수준으로 회복된다. 그러나 당뇨병은 췌장에서 인슐린 분비가 잘 안 되거나 혹은 분비가 잘 되더라도 세포에서 그 기능을 제대로 발휘하지 못하여 체내 당 대사에 장애가 생길 수 있다. 인슐린이 부족하거나 그 작용에 이상이 생기면 당을 세포가 제대로 이용하지 못하여 그 결과 신진대사에 이상이 생기며 여러 가지 합병증을 일으키는 대사성질환이다.

당뇨병은 나이가 증가함에 따라 유병률이 증가하며, 인종에 따라서도 유병률이 달라진다. 당뇨병으로 인한 사망률 또한 점차 증가하고 있는데, 이는 조기 진단과 치료에 의해서 감소될 수 있다.

1. 당뇨병의 분류

당뇨병은 발병 원인에 따라 주로 제1형 당뇨병과 제2형 당뇨병으로 분류되며 〈표 6-1〉, 임신성당뇨병과 영양실조, 기타 특정질환에 의한 경우도 있다.

1) 제1형 당뇨병

제1형 당뇨병은 인슐린 의존형 당뇨병(Insulin Dependent Diabetes Mellitus, IDDM)으로 인슐린을 만들어 내는 췌장의 베타세포가 주로 자가 면역에 의해 파괴되어 발생한다. 전체 당뇨병의 5~10%를 차지한다. 제1형 당뇨병은 소아기, 청소년기, 젊은 성인층, 즉 대부분 20세 이전에 나타나 소아당뇨라고 불리기도 하지만 어느 연령층에서나 발병할 수 있다.

제1형 당뇨병 환자는 대개 체형이 마른 편이며 케톤산혈증(ketoacidosis)이 합병증으로 잘 생긴다. 또한, 다뇨(polyuria), 다갈(polydipsia), 다식(polyphagia) 등 당뇨병의 고전적인 증상이 나타난다. 제1형 당뇨병은 인슐린이 부족한 상태이므로 치료하려면 반드시 인슐린 주사를 맞아야 한다.

2) 제2형 당뇨병

제2형 당뇨병은 인슐린 비의존형 당뇨병(Non-Insulin Dependent Diabetes Mellitus, NIDDM)으로 췌장에서 분비하는 인슐린은 충분하지만 비만, 과식, 운동부족, 스트레스 등으로 인하여 근육이나 지방조직 등 말초조직에서의 인슐린에 대한 감수성이 둔화되어 포도당대사에 장애가 나타나는 것이다. 제2형 당뇨병은 대개 40세 이후의 성인에게서 나타나는데, 우리나라 당뇨병 환자의 90% 이상이 이에 속한다. 제1형 당뇨병보다 유전적 배경이 크다.

제2형 당뇨병 환자는 대부분 비만하거나 보통 체격이고 제1형 당뇨병에 비해 증상이 심하지 않으며 케톤산혈증이 잘 생기지 않는다. 제2형 당뇨병은 인슐린 생성 능력은 있으나 인슐린 수용체의 감소나 변형으로 인슐린이 효과적으로 작용하지 못하는 경우로, 제2형 당뇨병의 치료는 인슐린 공급이 절대적으로 요구되지 않지만 인슐린에 대한 세포의 감수성을 높이는 약물(경구혈당강하제)치료나 식사요법, 운동요법이 혈당조절에 도움이 된다. 그러나 때로는 고혈당이 잘 조절되지 않는 환자에게는 인슐린 투여가 필요하다.

〈표 6-1〉 제1형 당뇨병과 제2형 당뇨병의 특징

구분	제1형 당뇨병(인슐린 의존형)	제2형 당뇨병(인슐린 비의존형)
유병률	전체 당뇨병의 5~10%	전체 당뇨병의 90~95%
인슐린 분비	0~극소량 췌장의 베타세포의 파괴로 인슐린의 절대적 결핍	적정량 또는 과량 인슐린 저항성
발병시기	유년기, 청소년기	40세 이후
발병형태	급격히 발병함	서서히 발병함
관련요인	자가면역질환, 바이러스감염, 유전	비만, 노화, 유전
체중	정상 또는 저체중	체중과다 또는 비만
임상증상	다뇨, 다갈, 다식증	당뇨, 고혈당증
케토산증	흔함	드묾
식사요법	모든 환자에게 필요하지만 식사조절만으로 불충분	식사조절, 운동요법만으로 치료가능
인슐린 투여	반드시 필요	20~30% 환자에게만 필요
경구혈당강하제	적절하지 않음	효과적임

3) 이차성당뇨병

특정한 원인 인자 또는 특정질환에 의하여 발생되는 당뇨병으로 이러한 경우에는 당뇨병과 함께 원인질환의 치료가 선행되어야 한다. 인슐린 분비나 작용을 방해하는 내분비 질환으로 인한 당뇨병, 인슐린 분비를 방해하는 약물(phenytoin)이나 인슐린 작용을 저해하는 약물(glucocorticoids, estrogens, catecholamine 등)에 의한 당뇨병, 인슐린 수용체의 이상이나 유전적 질환의 의한 당뇨병이 포함된다.

4) 임신성당뇨병

임신성당뇨병은 임신 중에 인슐린 저항성의 증가로 내당능장애가 일어나서 발생한다. 임신을 하게 되면 여러 가지 생리적인 변화가 일어나는데, 그중에서 호르몬의 변화도 심하게 나타난다. 임신 중에는 인슐린과는 반대로 혈당을 높이는 호르몬이 증가함으로써 당뇨병이 발생하는 경우가 있는데, 이렇게 임신 중에 처음 생긴 당뇨병을 임신성당뇨병이라 한다. 임신성당뇨병 환자는 태아의 선천성 기형, 심한 저혈당, 호흡곤란 등의 증세를 예방하고 모체의 저혈당, 고혈당, 유산 등의 가능성에 주의해야 한다.

2. 당뇨병의 원인

1) 유전

당뇨의 발병인자로서 유전적 요인을 들 수 있다. 당뇨병의 발생에 관하여는 유전인자를 보면 제1형 당뇨병의 경우에는 자가면역결핍에 관계된 유전인자가 관여하고, 제2형 당뇨병의 경우에는 인슐린 저항성에 관련되는 유전인자가 관여한다. 최근에는 사람의 유전자 정보에 대한 연구가 가속화되면서 개인의 유전정보를 이용하여 당뇨병의 조기예방 및 치료가 가능하게 될 것으로 여겨진다.

2) 연령과 성별

당뇨병의 발병 연령은 15세 미만의 어린 시기에 주로 발병하는 소아 당뇨병부터 40대의 중년 이후에 주로 발생하는 성인 당뇨병에 이르기까지 연령범위가 광범위하다. 통계적으로 보면 40세 이후의 중년층과 노년층에서 발병률이 높은 것으로 나타났다. 성별에 따른 당뇨병의 유병률은 구미 각국에서는 여자가 남자보다 높은 데 비해, 아시아에서는 남자의 유병률이 여자보다 높게 나타났다.

3) 비만

일반적으로 비만한 사람은 그렇지 않은 사람보다 당뇨병에 잘 걸리는 경향을 보인다. 비만은 조직의 인슐린 수용체 수와 인슐린 민감도를 감소시킴으로써 세포 내로 포도당이 수송되는 것을 저하시켜 고혈당을 유발하여 당뇨병의 발병을 촉진시킨다. 우리 몸의 간, 근육, 지방세포 등이 인슐린의 작용에 대하여 예민도가 떨어질 경우에는 인슐린이 충분하더라도 혈당 수준을 조절하지 못하게 되는 것이다. 우리 몸의 간, 근육, 지방세포가 인슐린의 작용에 대하여 둔감하게 반응하는 것을 인슐린 저항성이라 하는데 비만은 인슐린 저항성을 일으키는 주된 원인이다.

4) 정신적 스트레스

심한 스트레스, 정신적 과로, 갑작스러운 정신적 충격을 받은 사람 가운데 당뇨병이 발병하는 경우가 많다. 정신적 스트레스에 의한 에너지대사 조절이 인슐린의 분비를 조절하는 중추신경계와 밀접한 관계를 가지고 있으며, 스트레스를 받으면 부신수질호르몬이 분비되어 혈당을 높이는 작용을 한다.

5) 임신

임신 시에 분비되는 여러 호르몬들도 인슐린의 작용을 억제하는 효과가 있고, 임신 시에는 포도당 내성이 저하되기 쉬우므로 당뇨병의 소질을 가진 임신부에게서 임신성당뇨병이 발생한다. 또한, 출산 경력이 많은 여성에게서 경산 임신에 따른 지방 축적의 증가로 인해 당뇨병의 유병률이 높아진다.

6) 감염 및 약물복용

세균이나 바이러스에 감염된 경우 이것이 췌장의 베타세포에 영향을 주어 인슐린의 분비를 억제함으로써 당뇨병의 발병을 증가시킨다. 또한, 약물 중 부신피질호르몬제나 이뇨제 등은 포도당 내성을 손상시켜 당뇨병을 유발하거나 악화시킬 수 있다.

3. 당뇨병의 임상적 증상

섭취한 탄수화물은 포도당으로 분해되어 흡수된다. 포도당은 인슐린에 의해 세포 내로 유입되는데 인슐린이 부족하거나 인슐린 저항성 등으로 기능을 하지 못하면 포도당이 세포 내로 들어가지 못하고 혈액에 남게 된다.

혈당 농도가 약 180mg/dL가 넘으면 신장역치를 초과하여 소변으로 포도당이 배설된다(당뇨). 소변으로 당이 빠져나오면 수분이 혈액으로 이동되어 소변의 배설이 증가된다(다뇨). 이와 같이 잦은 배뇨, 탈수, 그리고 갈증의 증가는 당뇨병의 전형적인 증상들이다.

또한, 인슐린의 부족으로 세포는 에너지 고갈로 식욕이 증가하여 많이 섭취하지만(다식), 세포가 당을 이용하지 못해 체중은 오히려 감소하게 된다.

용액의 농도 차이로 고혈당은 체내에서 비정상적으로 삼투압을 올리게 되어 혈액 내 점성이 올라가고 혈류는 줄어들며, 눈 조직도 손상되어 시력을 잃게 된다.

4. 당뇨병의 진단

당뇨병의 진단은 가족력, 임상적 증상과 함께 요당, 혈당, 포도당부하검사 등을 주로 이용하며, 이외 혈중 인슐린과 C-펩타이드 농도, 당화혈색소(glycosylated hemoglobin, HbA1c) 함량을 측정하는 방법이 있다.

1) 요당검사

요당검사는 간편하고 신속하기 때문에 당뇨병 진단에 널리 이용되고 있다. 요당의 측정으로는 현재 포도당 산화효소법에 의한 시험지법을 많이 이용하고 있다. 이 방법은 포도당에 특이적이어서 포도당 이외의 당에는 반응을 나타내지 않고 이용이 간편하다는 장점이 있다.

신장에서 포도당 재흡수의 역치는 160~180mg/dL이므로 혈당치가 그 이상이 되면 신징의 세뇨관에서 포도당의 재흡수가 불가능하게 되어 당뇨가 나타난다. 그러나 신장질환 시에는 요당 반응이 적절하지 않게 일어날 수가 있다.

2) 혈당검사

당뇨병 진단을 위해 일반적으로 사용하는 혈당 농도는 채혈 부위, 측정법, 전혈 또는 혈장 등에 따라 다소 차이가 있다. 당뇨병의 진단에는 주로 정맥혈의 혈장이 이용된다. 혈당 측정은 보통 12시간 공복상태에서 실시하며, 당뇨병의 진단기준은 〈표 6-2〉와 같다.

3) 경구포도당부하검사

당뇨병 상태를 정확하게 진단하기 위해서는 경구포도당부하검사(oral glucose tolerance test)를 시행한다. 이 방법은 12시간 금식 후에 일정량(성인 75g, 어린이 체중당 1.75g)의 포도당을 경구 투여한 후 시간의 경과에 따라 혈당 수준의 변화를 관찰함으로써 포도당 투여에 따른 신체의 적응능력을 검사하는 것이다[그림 6-1]. 그러나 이 검사는 당뇨병 이외의 인자들에 의해서도 영향을 받으므로 다른 질환의 유무를 고려하여 실시해야 한다.

4) C-펩타이드

C-펩타이드 농도는 주로 제1형 당뇨병 진단에 이용되는데, 인슐린이 프로인슐린으로 분할될 때 같은 양의 C-펩타이드가 췌장에서 분비되므로 당질을 섭취한 후에 연속적으로 측정하면 인슐린의 분비시각과 양을 예측할 수 있다. 정상범위는 공복 시 1~2ng/mL, 당부하검사 2시간 후 4~6ng/mL이다.

5) 당화혈색소검사

당화혈색소는 혈중 포도당 농도가 높을 때 포도당과 헤모글로빈이 결합하여 생성되며, 이 반응은 비가역적이다. 따라서 혈당이 증가되면 당화혈색소량이 증가하여 혈색소의 산소 결합능력이 저하된다. 당화혈색소는 비교적 장기간에 걸친 혈당 수준을 반영하므로 당뇨병의 일차적인 진단 목적보다는 당뇨병으로 확진된 환자의 혈당조절 정도를 평가하는 데 사용한다. 당화혈색소의 정상범위는 4~5.6%이지만, 미국당뇨병학회의 조절기준에 의하면 7% 미만을 유지하도록 권장하고 있다.

〈표 6-2〉 **당뇨병의 혈액검사 진단기준치**

구분	혈당(mg/dL)		당화혈색소 HbA1c(%)
	공복	포도당부하 2시간 후	
정상	<100	<140	<5.7
당뇨병 전단계	100~125	144~199	5.7~6.4
당뇨병	≥126	≥200	≥6.5

대한당뇨병학회(2011).

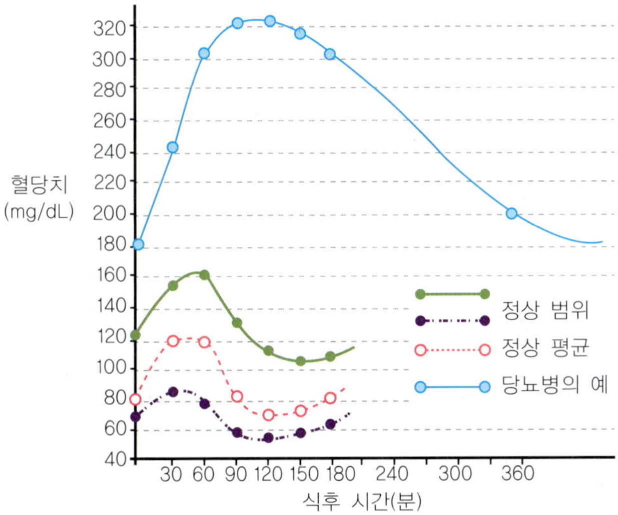

[그림 6-1] **혈당곡선**

구재옥 외(2017).

5. 당뇨병의 대사

당뇨병 환자의 인슐린 분비 및 작용 저하는 탄수화물대사뿐만 아니라 지질, 단백질, 수분, 전해질대사〈표 6-3〉에 영향을 미쳐 대사 전반에 변화를 초래한다[그림 6-2].

〈표 6-3〉 당뇨병의 영양소 대사

대사의 종류	특징
탄수화물대사	• 세포 내로 포도당 유입 감소 • 말초조직에서 포도당 이용률 저하 • 간에서 글리코겐 합성 감소, 분해 증가 • 고혈당
지질대사	• 지질 합성 저하, 산화분해 증가 • 케톤체 생성 증가 • 고지혈증
단백질대사	• 근육단백질 분해 증가, 체단백질 감소 • 분해된 아미노산(알라닌 등)의 포도당신생 증가 • 혈중 분지사슬아미노산(발린, 루신, 이소루신) 농도 증가
수분 및 전해질대사	• 수분배설 증가 • 세포 내의 칼륨 유출, 전해질대사이상 • 탈수증

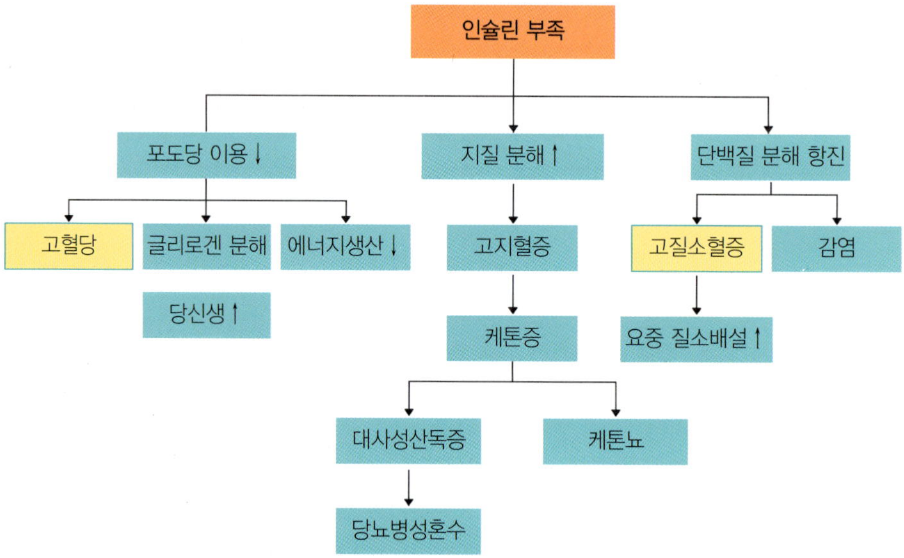

[그림 6-2] 당뇨병의 대사이상

1) 탄수화물대사

인슐린은 혈액으로부터 세포 내로 포도당 이동을 촉진시켜 세포 내에서 포도당 연소과정과 글리코겐 합성과정을 촉진한다. 식사 후 혈당이 상승하면 인슐린이 분비되어 혈중 포도당이 간과 근육세포 내로 빠르게 운반된다. 포도당은 세포 내에서 해당과정, TCA(tricarboxylic acid)회로, 전자전달계를 거쳐 아데노신3인산(Adenosine Triphosphate, ATP)을 만들며 여분의 포도당은 간이나 근육에서 글리코겐으로 전환되어 혈당 농도를 낮춘다. 식사 후 3~4시간이 지나 혈당이 공복시 혈당으로 떨어지면 글루카곤에 의해 간의 글리코겐이 분해되어 포도당이 생성되고, 아미노산, 젖산이 포도당으로 전환되는 포도당신합성(gluconeogenesis)에 의해 혈당치가 유지된다.

당뇨병 환자는 인슐린이 부족한 반면 글루카곤은 과잉으로 분비되어 말초조직에서 포도당 이용률이 저하되고 당신생이 활성화하여 혈당이 상승한다. 또한, 과잉의 탄수화물을 섭취하여도 간에서 포도당이 글리코겐으로 거의 전환되지 않고 혈액에 남아 있게 되어 고혈당이 된다.

인슐린의 혈당 강하작용

- 포도당이 세포막을 통과하여 세포 내로 유입, 세포 내에서 에너지로 대사됨(간, 지방, 근육)
- 간과 근육에서 글리코겐의 합성 촉진
- 포도당으로부터 지방 합성 촉진
- 근육조직에서 단백질 합성 촉진

2) 지질대사

인슐린은 지방산 합성, 중성지방의 합성과 분해, 케톤체의 생성과 이용에 중요한 역할을 한다. 또한, 인슐린은 간에서 젖산과 아미노산이 아세틸-CoA로 전환되는 것을 촉진할 뿐 아니라 아세틸-CoA로부터 지방산의 합성을 촉진한다.

당뇨병 환자는 포도당의 이용 감소, 글리코겐 합성 저하, 간의 글리코겐 저장량 감소로 당대사에 의한 에너지 공급이 부족하여 지방분해가 촉진된다.

지질대사이상에 의한 혈중 중성지방, 유리지방산, 콜레스테롤의 증가는 고지혈증과 동맥경화증의 발병률을 증가시킨다. 대부분의 조직에서는 지방산이 산화되어 에너지원으로 사용되며, 간에서는 TCA회로 반응의 구연산 형성에 필요한 양보다 더 많은 아세틸-CoA가 축적되어 케톤체가 형성되고 케톤증이 유발된다. 케톤체가 혈액 중에 증가하면 당뇨병성케톤산증(diabetic ketoacidosis)이 발생되고 심하면 당뇨병성혼수(diabetic coma) 상태가 된다.

3) 단백질대사

인슐린은 근육과 지방조직으로 아미노산 유입을 증가시키고 단백질 합성을 촉진한다. 당뇨병 환자는 인슐린이 부족하여 근육으로 분지사슬아미노산이 유입되지 못하고 간으로 아미노산이 유입되어 당신생 반응에 의해 혈당이 증가한다. 이때 아미노산의 분해로 요소합성이 촉진되어 소변으로의 질소배설량이 증가한다. 치료하지 않은 당뇨병 환자는 음의 질소평형을 나타내며 근육량과 체중이 감소하고, 알부민 같은 혈장 단백질도 저하하여 점차적으로 쇠약해진다.

4) 수분 및 전해질대사

당뇨병 환자는 혈당 상승으로 혈액의 삼투압이 증가하여 수분이 조직에서 혈액으로 이동한다. 혈중 포도당과 케톤체가 소변으로 배설될 때 다량의 수분이 함께 배설되어 요량이 증가하고, 탈수가 유발된다. 또한, 체단백질 분해에 따라 세포 내 칼륨이 유출되며 나트륨, 칼륨 등 전해질이 케톤체와 함께 소변으로 배설된다.

6. 당뇨병의 합병증

1) 급성합병증

혈당이 지나치게 높거나, 반대로 혈당이 너무 낮으면 당뇨병의 급성합병증이 나타난다. 심한 고혈당이 지속되면 당뇨병성케토산증과 고삼투압성비케톤성혼수 및 저혈당증 등의 급성합병증을 일으켜 의식장애와 심하면 사망에 이를 수 있다.

(1) 당뇨병성케톤산증(diabetic ketoacidosis)

당뇨병성케톤산증은 제1형 당뇨병환자가 인슐린을 사용하지 못하는 상태에서 과량의 당분을 섭취하거나 과식하였을 경우 등 식사내용을 지키지 않았을 때 케톤증이 생겨 혼수상태에 이르게 된다. 인슐린의 양이 부족하면 체지방이 에너지원으로 이용되는 과정에서 불완전 연소에 의해 중간 대사물인 케톤체 생성이 증가하여 산독증이 일어난다.

증상은 오심, 구토, 식욕부진 등이 흔하며, 다갈, 다뇨와 함께 심한 복통도 동반된다. 탈수가 나타나고, 호흡수와 맥박 수가 빠르며 호흡 시 아세톤 냄새가 난다. 이때 적절하게 치료하지 않으면 혼수상태에 빠질 수 있다.

당뇨병성케톤산증의 치료는 효과적인 용량의 인슐린을 투여하고 탈수 및 전해질 불균형의 교정이 필요하다. 혼수상태일 때에는 신속한 인슐린요법이 필요하며, 탈수상태를 회복시키기 위하여 수분과 전해질을 정맥주사로 공급한다.

(2) 고삼투압성비케톤성혼수(hyperosmolar nonketotic coma)

고삼투압성비케톤성혼수의 특징은 혈당이 600mg/dL 이상이고, 고혈당으로 인해 삼투압이 320mOsm/dL 이상으로 삼투성이뇨가 나타나 수분 손실이 심하여 탈수가 나타난다. 제2형 당뇨병 환자에서 흔히 볼 수 있고, 당뇨병성케토산증에 비하여 서서히 진행되며 혼수와 같은 중추신경계 증상, 심한 탈수, 신기능장애 등이 동반되어 높은 사망률을 보인다.

증상은 다뇨, 다갈 등을 비롯하여 심한 경우 저혈압, 각 장기의 혈액순환 부전, 빈맥 등이 나타난다. 고삼투압성비케톤성당뇨병은 인체 내의 심한 이화작용과 삼투성이뇨로 인한 세포 내액의 소실 등으로 체내 칼륨이 감소하기도 한다.

치료 방법은 수분과 전해질을 공급하고 적당한 양의 인슐린 투여와 칼륨 보충이 필요하다.

(3) 저혈당증(hypoglycemia)

저혈당증은 혈당이 정상인보다 낮은 상태를 말하는 것으로 일반적으로 혈당이 50~60mg/dL 이하로 떨어졌을 때 나타난다. 저혈당의 원인은 인슐린과 경구혈당강하제의 과량 사용, 식사량이 갑자기 줄었거나 식사시간이 지연되었을 경우, 운동량이 평소보다 늘었거나 공복상태에서 운동이나 과음을 하였을 경우 발생한다.

증상은 공복감, 식은땀, 현기증, 불안증, 가슴 두근거림, 떨림, 두통, 피로감 등이 나타나며, 저혈당으로 인한 혼수상태(hypoglycemic coma)가 오래되면 영구히 뇌기능에 변화를 일으킬 수 있다.

치료 방법은 의식이 있는 경우에는 설탕, 포도당 또는 5~20g의 탄수화물이 든 과일주스, 꿀물을 마시도록 하며, 의식이 없는 경우에는 혈당 상승을 위하여 5% 포도당(25~50mL 정도)을 투여하고, 글루카곤 0.5~1mg을 주사한다. 특히 인슐린을 주사하는 당뇨병 환자는 사탕이나 초콜릿 같은 단 것을 항상 휴대해야 한다.

2) 만성합병증

고혈당이 오랫동안 지속되면 여러 가지 혈관 이상을 초래한다. 당뇨병의 만성합병증으로는 망막병증, 신증, 신경병증의 3대 합병증과 고지혈증, 고혈압을 동반한 대혈관 질환이 발생한다.

(1) 당뇨병성망막병증(diabetic retinopathy)

당뇨병성망막병증은 망막의 혈관에 병변이 일어나는 것으로 실명의 주요 원인이며, 당뇨병이 20년 이상된 대부분의 환자에서 발견된다. 당뇨병성망막병증은 모세혈관 기저막의 비후와 함께 혈관 주위 세포의 소실로 미세동맥류(microaneurysm)가 나타나므로, 당뇨병 환자는 반드시 정기적으로 안저 검사를 받아야 한다. 당뇨병 환자의 초기 혈당상태가 수년 후 생기는 당뇨병성망막병증의 발생에 중요한 역할을 하므로 당뇨병성망막병증의 생성과 진행을 예방하기 위해 혈당조절이 중요하다.

(2) 당뇨병성신증(diabetic nephropathy)

당뇨병성신증은 당뇨병 환자에게 가장 위중한 장기적인 합병증으로, 단백뇨 발생에 이어 신부전으로 진행한다. 우리나라에서 신부전을 유발하는 질환 중에서 제2형 당뇨병이 가장 많으며, 당뇨병성신증이 발생한 환자는 신질환이 발생하지 않은 환자보다 유병률과 사망률이 높다. 당뇨병성신증의 발생을 예측할 수 있는 방법은 미세알부민뇨(microalbuminuria)의 측정이 조기 지표로서 널리 사용되고, 당뇨병 환자가 혈당을 엄격하게 조절하면 미세알부민뇨나 단백뇨의 발생을 감소시킬 수 있다.

(3) 당뇨병성신경병증(diabetic neuropathy)

당뇨병성신경병증은 당뇨병 환자의 20~50%에서 발생하는 가장 흔한 합병증이다. 당뇨병성신경병증은 신경계 어느 부위에서나 나타날 수 있지만 특히 말초신경계를 침범하여 다양한 증상을 나타낸다. 예를 들면, 발바닥을 담당하는 신경에 합병증이 오면 발바닥이 저릿저릿하고 화끈거리며, 아예 감각이 없는 경우도 있다. 밤에 통증이 심해져서 잠을 이루지 못하기도 하며 쥐어짜는 듯한 통증이나 쿡쿡 쑤시는 증상이 나타나기도 한다. 말초신경병증은 발궤양의 가장 흔한 원인이며 감염을 적극적으로 치료해야 한다. 궤양치료에 실패하면 절단해야 하므로 혈당을 엄격하게 조절하는 것이 중요하다.

(4) 혈관계 합병증

당뇨병환자에게서 고콜레스테롤혈증(hypercholesterolemia)과 고중성지방혈증(hypertriglyceridemia)을 보이는 경우가 많고 증상이 더 심해지면 관상동맥경화증

(coronary sclerosis)이 생겨 심장질환의 위험성이 높아진다. 또한, 뇌혈관죽상경화증, 하지동맥경화증 등 심혈관계질환이 나타난다. 당뇨병 환자에게서 심혈관계질환이 비당뇨병환자에 비해 2~5배 이상 빈발하여 당뇨병환자의 사망원인으로 75% 이상을 차지한다.

7. 당뇨병의 치료

당뇨병의 치료는 적극적으로 혈당조절을 함으로써 합병증을 예방하고, 발병된 합병증의 진행속도를 지연시켜 좋은 영양상태를 유지하도록 하는 것이다. 당뇨병의 치료는 크게 식사요법, 약물요법, 운동요법으로 구분된다.

1) 식사요법

식사요법의 목표는 혈당, 혈압 및 혈중지방의 농도를 정상으로 조절하여 합병증을 예방하고 좋은 영양상태를 유지하는 데 있다.

(1) 식사요법의 기본 목표

- 정상 혈당을 유지한다.
- 적절한 혈중 지질 농도를 유지한다.
- 적정 체중을 유지한다.
- 합병증을 예방한다.
- 적절한 영양상태를 유지한다.

(2) 식사요법의 원칙

① 열량

필요 열량은 연령, 성별, 활동량, 비만도, 질병 정도, 평소섭취량, 혈당조절 정도, 환자의 수응도 등 개인의 특성을 고려하여 적정 수준을 결정한다. 비만한 제2형 당뇨병 환자에서 열량섭취 제한은 인슐린 저항성 감소에 따른 혈당 개선 효과가 있으므로 표준체중을 유지하도록 열량섭취 조절을 하여야 한다. 3대 영양소의 배분은 탄수화물 55~60%, 단백질 15~20%, 지방 20~25%로 한다. 정상체중환자의 필요 열량은 아래와 같이 활동 정도에 따라 계산한다.

■ 1일 필요 열량(kcal)=표준체중(kg)×활동별 열량(kcal/kg)

활동 정도	활동별 열량(kcal)
육체활동이 거의 없는 환자	25~30
보통의 활동을 하는 환자	30~35
심한 육체활동을 하는 환자	35~40

■ 표준체중(BMI를 이용한 계산법)

· 남자: 표준체중(kg)=키(m)×키(m)×22

· 여자: 표준체중(kg)=키(m)×키(m)×21

대한당뇨병협회.

저체중의 경우에는 500kcal/일 추가 열량을 섭취하여 1주일에 0.5kg의 체중 증가가 필요하다. 체중감량은 비만으로 인한 인슐린 저항성을 개선하고 심혈관계 질환의 위험인자(고혈압, 고혈당, 이상지질혈증 등)를 줄여 준다. 따라서 과체중 또는 비만의 경우에는 표준체중 유지를 위해 열량섭취를 줄여야 하며, 현재체중이 비만도 130% 이상인 경우 조정체중을 이용하여 열량을 계산하여야 한다.

조정체중(kg)=표준체중+(실제체중−표준체중)×0.25

② 탄수화물

탄수화물의 종류나 형태보다는 총 섭취량이 혈당에 더 중요한 영향을 미친다. 동일한 양의 당질을 함유한 식품은 섭취하여도 식품의 혈당지수에 따라 식후 혈당 변화에 차이를 보인다. 단순당질은 흡수가 빨라 혈당이 빠르게 상승하므로 섭취량이 총열량의 5%를 넘지 않도록 하여야 한다. 복합당질은 소화 흡수 속도가 느려서 식후에 서서히 증가하므로, 혈당지수가 낮은 식품을 선택하도록 한다. 혈당지수가 낮을수록 혈당이 천천히 상승하므로 인슐린 분비가 적어진다. 인슐린은 혈당을 간이나 근육에서 글리코겐의 형태로 에너지를 저장하며, 남은 당은 중성지방으로 전환되어 체지방으로 축적된다.

▪ 혈당지수(Glycemic Index, GI)

섭취한 식품의 혈당 상승 정도와 인슐린 반응을 유도하는 정도를 순수 포도당을 100이라고 했을 때 비교하여 수치로 표시한 지수이다. 높은 혈당지수의 식품은 낮은 혈당지수의 식품보다 혈당을 더 빨리 상승시킨다. 당질의 구조, 섬유소량, 식품의 가공 과정, 식품의 성숙 정도 및 저장상태, 조리방법, 단백질이나 지질 함량 등에 따라 수치가 다르다.

(식품 100g당)

혈당지수 범위		식품
고GI식품	70 이상	포도당(100), 꿀(87), 감자(90), 떡(80~87), 백미(70~90), 콘플레이크(72~92), 호박(75), 수박(72), 옥수수(70~75), 흰 식빵(70), 크루아상(70)
중GI식품	56~69	보리빵(67), 요구르트(64), 초콜릿(60), 바나나(58), 현미(56)
저GI식품	55 이하	전곡빵(51), 오렌지주스(46~53), 오트밀(42), 우유(31~34), 사과(34), 대두(15), 채소(10~15), 초콜릿바(14~23)

특히, 수용성 섬유소는 위 배출 및 소장의 당흡수를 지연시켜 식후 혈당 상승을 억제하고, 콜레스테롤 합성을 감소시키고 담즙산 배설을 증가시켜 혈중지질을 개선하는 효과가 있다. 따라서 야채 및 해조류, 생과일, 잡곡 등을 통해 1일 1,000kcal당 14g 이상 섭취하여야 한다.

- 식이섬유소
- 식이섬유소는 단당류의 흡수를 지연하여 식사 후 혈당의 급격한 상승을 억제하며 환자의 만복감을 더해 주고 혈중 콜레스테롤 수치를 낮추어 혈관 합병증을 예방하므로 권장한다.
- 식이섬유소의 급원으로는 곡류, 채소류, 과일류가 있는데, 곡류를 선택하는 경우 백미보다는 도정이 덜 된 7분 도미나 현미를 선택하도록 한다.
- 펙틴(pectin), 구아 검(guar gum)처럼 과일, 채소, 귀리, 배아에 많이 함유되어 있는 수용성 식이섬유소는 식후 혈당 상승을 억제하여 인슐린 분비를 절약하고, 혈중 콜레스테롤 농도를 효과적으로 감소시켜 주므로 이들 식이섬유소가 많이 함유되어 있는 식품을 많이 섭취하도록 한다.

③ 단백질

제2형 당뇨병 환자의 경우 일반적인 단백질 필요량은 표준체중 1kg당 1.0~1.5g으로, 총에너지의 15~20%를 섭취하도록 권장한다. 임신·수유·영양부족·수술 또는 창상치유와 같은 급성 이화작용 시에는 단백질의 추가공급이 필요하며, 당뇨병성신증이 있을 경우는 단백질 섭취량을 제한하여야 한다.

④ 지방

심혈관계 합병증 예방을 위해 총지방섭취는 25%가 넘지 않도록 조절하여야 하며, 포화지방은 총열량의 6% 이내, 콜레스테롤은 1일 200mg 미만으로 섭취하여야 한다. 트랜스지방산의 섭취 증가는 LDL콜레스테롤을 높여 관상동맥 심장질환의 위험을 상승시키므로 트랜스지방산이 많이 함유된 빵류, 스낵, 쿠키, 도넛, 쇼트닝으로 튀긴 음식 등의 섭취를 최소화하여야 한다. 혈중 콜레스테롤을 낮추는 효과가 있는 불포화지방산을 많이 함유하고 있는 참깨나 들깨, 들기름 등 식물성 기름을 섭취하도록 한다.

⑤ 비타민 및 무기질

식사섭취가 적절하면 추가로 섭취할 필요는 없으나 1일 1,200kcal 이하의 극심한 저열량식의 경우에는 비타민 및 무기질의 보충이 필요하다. 비타민 E, 카로티

노이드(비타민 A), 비타민 C, 플라보노이드 등 항산화 물질이 많이 포함되어 있는 식품을 충분히 섭취하여야 하나, 보충제의 사용은 권장되지 않는다.

당뇨병 합병증인 고혈압과 관상동맥경화증을 예방하기 위해 일반적으로 1일 나트륨 섭취를 2,400~3,000mg 정도로 제한하며, 특히 고혈압이 있거나 신장 합병증(1g/일 이상의 단백뇨)이 동반된 경우에는 2,000mg 이하로 제한하여야 한다.

마그네슘 결핍은 인슐린 저항성, 탄수화물 불내성, 죽상경화증의 촉진, 고혈압 등을 유발할 수 있으므로 적당량의 마그네슘 섭취가 필요하다.

⑥ 알코올

알코올은 1g당 7kcal의 열량을 내므로, 1일 식사계획에 열량원을 포함해야 한다. 또한, 간에서의 포도당신생을 방해하여 저혈당을 유발할 수 있고, 혈중 중성지방의 상승을 유발할 수 있으므로 남자의 경우 2알코올 당량(1알코올 당량: 알코올 9g, 맥주 200mL, 포도주 100mL, 소주 50mL), 여자의 경우는 1알코올 당량 정도로 섭취량을 제한하여야 한다.

⑦ 인공감미료

설탕 대용으로 사용하고 있는 감미료는 사카린, 아스파탐, 과당, 당알코올류(솔비톨, 자일리톨, 만니톨) 등이 있다. 음식의 맛을 증진하기 위해 감미료를 사용하고자 할 경우 감미료의 특성, 단맛 정도, 안전성, 혈당조절에 끼치는 영향 등을 고려하여 적정량을 사용하여야 한다.

〈표 6-4〉 인공감미료의 종류

<table>
<tr><th>분류</th><th>종류</th><th>상대적 감미도
(설탕=1)</th><th>함유 에너지
(kcal)</th><th>설명</th><th>허용량</th></tr>
<tr><td rowspan="4">대체감미료</td><td>아스파탐</td><td>180~200</td><td>4</td><td>· 단백질과 비슷하게 대사됨
· 열에 불안정함</td><td>안전성 의심
<50mg/kg/일</td></tr>
<tr><td>사카린</td><td>300~400</td><td>0</td><td>· 뒷맛이 씀</td><td>안전성 의심</td></tr>
<tr><td>아세설팜 K</td><td>200</td><td>0</td><td>· 온도에 안전함</td><td>15mg/kg/일</td></tr>
<tr><td>슈크랄로스</td><td>600</td><td>0</td><td>· 온도에 안전함</td><td>50mg/kg/일</td></tr>
<tr><td rowspan="3">당알코올류</td><td>솔비톨</td><td>0.6</td><td>1.8~3.3</td><td rowspan="2">· 과당과 같은 대사경로
· 솔비톨 30~50g, 만니톨 20g 섭취 시 삼투압성설사를 있으킬 수 있음</td><td>-</td></tr>
<tr><td>만니톨</td><td>0.7</td><td>1.6</td><td>-</td></tr>
<tr><td>자일리톨</td><td>0.9</td><td>2.4</td><td>· 혈당에 다소 영향을 미침
· 30~40g 섭취 시 삼투압성 설사를 있으킬 수 있음</td><td>-</td></tr>
</table>

대한영양사협회(2008).

(3) 식품교환표를 이용한 식사계획

① 1일 식사구성과 끼니별 식단배분

제2형 당뇨병의 기본식은 1일 총에너지 필요량과 3대 영양소의 함량을 정하고, 다음에는 식품군별로 먹어야 할 교환단위 수를 결정한다.

하루에 섭취해야 할 식품군의 교환단위 수가 결정되면 끼니별 식사내용 배분표에 따라 아침, 점심, 저녁, 간식으로 구체적으로 계획한다. 당뇨병 식단의 기본형을 작성한 후 환자의 특성을 고려하여 식단을 다양하게 변형할 수 있고, 식품군 안에서 다양한 식품을 선택할 수 있다. 식사를 계획할 때에는 환자의 개인 식습관, 생활상황, 인슐린 주사의 여부, 인슐린의 종류, 운동, 질병상태 등을 고려하여야 한다.

② 식단작성

식품군의 교환단위 수에 따라 식품교환표에 있는 각 군의 식품 종류와 양을 선택하여 식단을 결정한다.

〈표 6-5〉 **당뇨병 환자의 식품교환법에 의한 식사구성과 끼니별 배분(1,800kcal)**

(탄수화물 249g, 단백질 82g, 지방 50g)

식품교환군		교환단위	에너지 (kcal)	탄수화물 (g)	단백질 (g)	지방 (g)	끼니별 배분			
							아침	점심	저녁	간식
곡류군		8	800	184	16	-	2	3	3	-
어육류군	저	3	150	-	16	6	-	1	2	-
	중	2	150	-	24	10	1	1	-	-
채소군		7	140	21	14	-	2	3	2	-
지방군		4	180	-	-	20	1	1.5	1.5	-
우유군	일반우유	2	250	20	12	14	-	-	-	-
과일군		2	100	24	-	-	-	-	-	2
계		-	1,770	249	80	50	-	-	-	2

대한당뇨병학회(2010).

식사계획에 따라 식단 작성 시 참고해야 할 점은 기름 사용에 유의하여 지방군이 누락되거나 중복되지 않도록 하며, 평소의 식사와 비교하여 대개의 경우 밥 양은 감소하나 반찬의 양이 증가하므로 100% 섭취가 이루어질 수 있는 조리방법을 선택하여야 한다. 간식은 식사량 내에서 섭취할 수 있도록 고려해야 하며, 섬유소의 섭취를 늘릴 수 있도록 계획한다.

〈표 6-6〉 당뇨병 환자를 위한 1,800kcal 식단

식품군	총 교환 단위 수	아침	점심	저녁
곡류군	8	2	3	3
		70g×교환=140g 잡곡밥 2/3공기(140g)	70g×3교환=210g 조밥 1공기(210g)	70g×3교환=210g 흑미밥 1공기(210g)
어육류군	5	1	2	2
		연두부 1교환(150g)	스테이크볶음 (쇠고기 1교환, 40g) 오징어초무침 (오징어 1교환, 50g)	돈육고추잡채 (돼지고기 1교환, 40g) 동태전 (동태살 1교환, 50g)
채소군	7	2	3	2
		콩나물국 1교환(70g) 미역줄기볶음 0.5교환 (35g) 나박김치 0.5교환(35g)	들깨팽이버섯탕/스테이크 볶음/오징어초무침에 포함 된 채소 1교환 연근조림 1교환(40g) 청경채나물 1교환(70g)	근대된장국 (근대 1교환, 70g) 마늘종볶음 (마늘종 1교환, 40g)
지방군	4	1	1.5	1.5
		식용유 1tsp(5g) 미역줄기볶음	들깻가루 0.5교환(4g) 식용유/참기름 1tsp(5g)	식용유 1.5tsp(7.5g) 마늘종볶음/ 동태전 조리용
우유군	2	식사시간 사이 간식으로 드세요. 우유 1교환(1컵, 200cc) 두유 1교환(1컵, 200cc)		
과일군	2	식사시간 사이 간식으로 드세요. 사과 1교환(1/3개, 80g) 딸기 1교환(150g)		

1,800kcal 상차림		
아침	점심	저녁
잡곡밥(140g) 연두부(150g) 콩나물국(70g) 미역줄기볶음(35g) 나박김치(35g) 간식: 우유(200cc)	조밥(210g) 스테이크볶음(40g) 오징어초무침(50g) 연근조림(40g) 청경채나물(70g) 간식: 사과(80g)	흑미밥(210g) 돈육고추잡채(40g) 동태전(50g) 근대된장국(70g) 마늘종볶음(40g) 간식: 두유(200cc), 딸기(150g)

대한당뇨병학회(2010).

2) 운동요법

규칙적인 운동은 혈당과 인슐린 감수성을 개선하고 심혈관계질환의 위험을 감소시키며, 체중감량에도 도움이 된다. 제2형 당뇨병 고위험군에서는 당뇨병 발생의 예방과 지연에 효과적이다. 제2형 당뇨병 환자의 경우 운동을 하면 인슐린 감수성이 증가하여 운동을 하는 동안뿐 아니라 운동 후에도 말초조직에 의한 포도당 사용이 증가하므로 혈당조절이 용이해진다. 특히, 유산소운동과 근력운동을 병행하도록 권장하고 있는데, 근력운동도 유산소운동과 동일하게 인슐린 감수성을 개선시킨다.

운동요법을 시행할 때에는 운동의 방법과 종류, 시간, 횟수, 강도 등을 고려하여야 하는데, 중등 강도의 운동을 매일 30분 이상 하는 것이 좋다.

혈당조절이 불량한 제1형 당뇨병 환자의 경우 인슐린의 부족으로 혈당과 유리지방산의 유출이 증가하여 케톤산증을 유발하고, 심한 운동은 지속적인 고혈당을 야기할 수 있다. 이 외에도 운동 중 또는 운동 후 저혈당을 유발할 수 있으므로 운동에 따라 인슐린의 양과 식사량을 조절해야 한다.

3) 약물요법

당뇨병치료의 기본은 식사요법과 운동요법이며 이 두 가지만으로 혈당이 조절되지 않을 때 약물요법으로 경구혈당강하제나 인슐린을 사용하게 되는데, 약물요법은 식사요법과 운동요법을 병행하여야 효과를 볼 수 있다.

(1) 인슐린

인슐린 치료는 제1형 당뇨병 환자, 식사요법과 운동 및 경구혈당강하제로 조절되지 않는 제2형 당뇨병, 케톤산증이나 고삼투압성비케톤성혼수 응급환자 및 수술, 감염 등 스트레스로 인해 인슐린 요구량이 급증하는 때에 실시한다.

췌장은 식사 후 가장 많은 양의 인슐린을 분비하고, 식사 사이와 밤에 적은 양의 인슐린을 분비한다. 이상적인 인슐린 치료란 췌장에서 인슐린이 분비되는 간격과 같게 하는 것이다. 인슐린은 종류에 따라 효과 발현시간 및 최대 효과시간 등이 다르게 작용하는데, 초속효성, 속효성, 중간형, 지속형, 혼합형 등이 있다.

속효성 인슐린은 빠른 작용시간과 짧은 지속시간이 특징이다. 식전에 주사하여 식후혈당 상승을 교정할 수 있고, 즉각적인 혈당강하를 처치할 때 사용된다. 중간형 인슐린은 속효성과 지속형의 중간 정도의 지속시간을 갖고 있으며 속효성 인슐린에 비해 서서히 작용하므로 오전에 맞을 경우 오후에 최고에 달한다. 혼합형 인슐린은 중간형과 속효성 인슐린이 일정한 비율(70:30)로 섞여 있으며 가장 많이 사용되고, 1회 주사로 2회의 최고 작용시간을 갖는다.

인슐린을 투여하는 사람은 각 식사 전에 주입하는 인슐린의 양을 정확하게 결정하는 것을 배워야 한다. 인슐린 양은 식사에 포함된 탄수화물, 식전 혈당치, 그리고 개인의 체중과 인슐린 반응성에 따라 달라진다. 따라서 식사시간 및 내용 등에 의해 변화하는 환자별 혈당조절 패턴에 따라 효과 발현시간과 지속시간이 다른 인슐린을 적절히 병합하여 사용해야 한다.

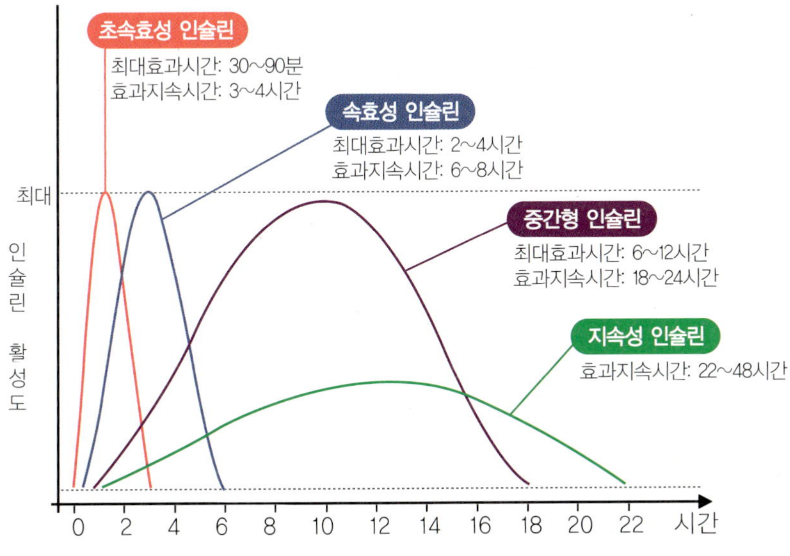

[그림 6-3] 인슐린의 유형별 작용형태

주은정 외(2012).

(2) 경구혈당강하제

제2형 당뇨병 환자의 혈당조절에 사용되며, 세포의 인슐린 수용체의 민감도를 향상시키고 췌장을 자극하여 인슐린 분비를 촉진한다. 그동안 사용되어 왔던 설포닐요소제(sulfonylureas)는 췌장의 β-세포를 자극하여 인슐린 분비를 증가시키고, 간에서의 포도당신생을 억제하며 말초조직에서의 인슐린 저항을 감소시키는 효과가 있다.

작용기전이 설포닐요소제와는 달리 인슐린 분비 촉진과는 상관이 없고 저혈당이 임상적으로 문제가 되지 않는 비구아니드제(biguanides)는 간에서 당신생을 감소시키고 소화관에서 당흡수를 억제하며, 말초조직에서의 인슐린 감수성을 증가시킴으로써 혈당을 저하시킨다.

새로운 경구약제인 알파-글루코시다아제 억제제(α-glucosidase inhibitors)는 알파-글루코시다아제의 활성을 가역적으로 저해하여 장내에서의 탄수화물 소화와 포도당흡수를 지연시킨다. 제2형 당뇨병에서 한 가지의 경구혈당강하게 치료로 적절한 당뇨조절이 되지 않을 때에는 두 가지 혹은 그 이상의 약제를 이용한 병합요법이 시도되고 있다.

〈표 6-7〉 국내 시판 경구혈당강하제

분류	작용	특징	부작용과 단점	약품
설포닐요소제 (sulfonylureas)	췌장에서 인슐린 분비 자극	· 혈당조절 용이 · 저비용	· 체중 증가 · 저혈당 위험성	· 글리피지드 (다이그린) · 글리메피라이드 (아마릴)
비구아니드제 (biguanides)	간의 당신생 억제	· 체중 증가 현상 없음 · 저혈당 위험 감소	· 오심, 구토, 설사	· 메트포르민 (글루코파지)
알파-글루코시다아제 억제제 (α-glucosidase inhibitors)	당흡수 지연	· 저혈당 위험 감소	· 고비용 · 설사, 복부팽만감	· 아카보스 (글루코바이)
티아졸리디네디온제 (thiazolidinediones)	인슐린 저항성 개선	· 병용투여 시 타 약제 투여량 감소 · 저혈당 위험 감소	· 고비용 · 체중 증가	· 피글리타존 (액토스) · 로지글리타존 (아반디아)

대한영양사협회(2008).

Chapter 07

비만 및 섭식장애

비만(obesity)은 음식물 섭취와 에너지 사용의 불균형에 의해 초래되는 질병이다. 지방조직이 과도하게 축적된 상태로 근육이 증가하여 체중이 많이 나가는 과체중(over weight)과는 구별된다. 지방조직은 에너지 저장원, 외부에 대한 방어 및 단열제로서의 역할을 하지만 과다 축적 시에는 대사장애를 초래한다. 비만은 제2형 당뇨병, 담낭질환, 동맥경화증, 고혈압, 통풍 및 특정 암을 유발할 수 있다. 체중을 정상적으로 조절하는 것은 건강의 비결이며 만성퇴행성질환과 성인병 예방에 중요한 요소이다.

1. 비만의 원인

비만은 만성적으로 에너지 섭취량이 에너지소비량을 초과하여 발생하는 경우가 가장 많지만, 유전적인 요인과 환경적 요인이 복합적으로 작용하고 다양한 내분비 대사장애가 원인이 되는 경우도 있다.

1) 유전적 요인

비만과 유전인자의 관련 역학조사 결과에 의하면 부모의 비만이 자손의 비만 발생에 영향을 미치는 것으로 나타났다. 유전적으로 부모가 모두 비만이면 자녀가 비만이 될 확률이 70~80%, 한쪽 부모가 비만이면 40~50%, 정상 부모인 경우는 10% 이하이다. 또한, 출생 시 체중이 많이 나갈수록 비만 발생률이 높은 것으로 나타났지만, 비만 유전적 소인을 지닌 사람이라도 환경적 요인을 잘 조절하면 정상체중을 유지할 수 있다. 따라서 비만은 생활습관병(life style related disease)으로 여겨진다. 또 다른 요인으로는 유전자에 이상이 생겨 식욕이 증가하거나 에너지대사율이 저하되어 비만이 나타나는 유전자 돌연변이 사례와 렙틴(leptin) 분비의 장애로 인한 체지방 증가가 알려져 있다.

2) 정신적 요인

비만한 사람들은 사회적, 심리적, 문화적 압박으로부터 오는 정신 불안과 욕구 불만의 돌파구를 먹는 것에 쏟고 있는 경향이 있다. 특히 폭식을 하는 경우에는 체중은 정상이라도 체지방량이 정상인에 비해 높은 편으로 알려져 있다. 시상하부에는 식욕을 조절하는 중추가 있어 공복과 포만감을 느끼게 하는데, 공복중추에 손상을 주면 식욕이 증가하고 포만중추에 손상을 주면 식욕이 감퇴한다. 시상하부에 종양이나 외상, 감염증 등이 있으면 식욕이 증가되어 비만이 유발된다.

3) 내분비 요인

갑상샘기능이 저하되면 기초대사가 저하되어 에너지소비가 감소되기 때문에 비만이 생기기 쉽다. 또한, 부신피질 호르몬이 과잉 분비되면 내분비성비만으로 몸의 중앙부에 지방이 쌓이는 복부 비만이 나타나는데, 신장 또는 간질환의 치료에 있어서 다량의 부신피질 스테로이드제를 오랫동안 사용하면 비만이 생기는 경우가 많다. 여성의 경우 폐경 이후나 난소 절제 시에 여성호르몬이 저하되면 이를 대체하고자 지방조직에서 여성호르몬을 생성하기 위하여 체지방이 증가하게 되며 특히 내장 지방조직의 증가가 나타난다. 또 인슐린이 과잉 분비되는 경우 지방분해는 억제되는 반면에 지방의 생합성이 촉진되어 지방이 축적되므로 비만이 유발된다.

4) 환경적 요인

체중 과다인 어린이나 성인들은 같은 연령군의 정상체중인 사람보다 활동량이 훨씬 적었다. 과거에 비해 신체 활동이 크게 감소된 현대사회에서 장시간에 걸쳐 텔레비전 시청을 하거나 컴퓨터 작업을 하는 것은 비만 발생에 가장 중요한 위험인자로 알려져 있다. 활동량이 부족하면 체내의 에너지 소모량이 감소하여 비만이 되기 쉽다. 운동은 근육활동을 통해 에너지소비량을 증가시키고 식욕감퇴를 유발하여 음식섭취량을 감소시키는 효과가 있어 비만 예방에 좋다.

충분한 수면을 취하지 못하는 경우에 렙틴의 수치가 감소하여 배고픔이 증가하여 체중이 증가된다는 보고가 있다. 또한, 담배의 니코틴은 기초대사량을 증가시키므로 금연 후에는 에너지소비량이 감소되며 동시에 간식을 더 찾는 경향이 있어 체중이 증가하기도 한다.

5) 식습관 요인

지방과 당분이 많은 고열량 식품을 오랫동안 과잉섭취하면 체중이 증가하기 쉽다. 또한, 빈번한 외식은 체중 증가를 가져오며 직업상 저녁식사를 밖에서 해결하는 중년층에서 비만이 많다. 중국요리나 서양요리는 가정에서 먹는 일상식보다 지방과 설탕이 많아 자주 먹으면 비만이 발생할 위험이 높다.

아침이나 점심을 거르고 다음 끼니에 몰아 먹게 되는 경우 과식하기 쉬우며 밤참을 하는 습관도 비만의 원인이 된다. 동일한 열량이라도 하루 한 끼에 대량 먹는 경우와 고르게 세끼 식사를 하는 경우를 비교하면 세끼에 고르게 식사하는 것이 비만이 적고 혈중 콜레스테롤 수치도 낮으며 내당능도 개선된다.

비만한 사람들은 식사 속도가 빠르고 음식 저작횟수도 적다. 빠르게 식사하는 것은 만복감을 느끼는 포만중추에 신도가 도달하기 전에 이미 과식을 하게 될 가능성이 있어 비만을 유도하는 요인이 된다.

아이들의 경우 부모의 지나친 간식 제공은 과식의 습관을 키우기 쉬우므로 강제성을 띤 음식 권고는 주의한다. 특히 맞벌이 등으로 인한 부모의 부재나 아이에 대한 칭찬을 음식으로 보상하게 되는 경우, 아이들은 지방과 단순당질의 함량이 많은 스낵이나 패스트푸드 등에 입맛이 길들여져 열량의 과다공급으로 인한 비만이 되기 쉽다. 또한, 임산부들도 지나치게 태아의 영양을 생각해서 과식하는 습관이 생기기 쉬우며, 조리를 담당하는 주부 또는 조리사들 중에도 맛을 보아야 하는 일 때문에 비만이 생길 수 있다.

Point

체조직의 성분

신체조직은 크게 나누어 지방, 수분, 고형물의 세 가지 성분으로 구성되어 있다. 지방 성분을 제외한 수분과 고형물 성분을 합친 것을 제(除)지방성분(Lean Body Mass, LBM)이라 한다. 이 중에서도 수분이 신체조직 성분의 60~65%를 차지하여 가장 많은 부분을 차지하게 된다. 신체조직에서 지방이 차지하는 비율은 인종, 성별, 나이, 운동 여부에 따라 달라지며, 남자보다 여자가 체지방의 비율이 더 높고, 나이가 들수록, 운동량이 적을수록 지방의 비율이 더 높다. 동일 체중인 경우 비만인의 지방의 비율이 더 높은데, 표준, 비만인, 마른 사람들의 체조직을 비교하면 아래의 그림과 같다.

[그림 7-1] **체형에 따른 체조직의 차이**

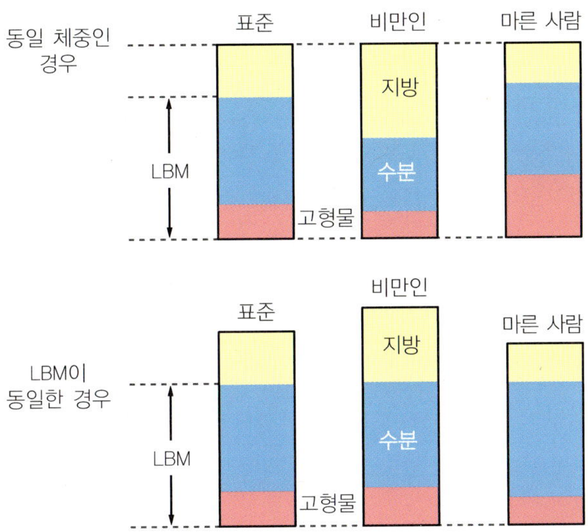

체중에 따른 체조직의 차이

구재옥 외(2013).

2. 비만의 병태생리

1) 고정점(set-point)

인체는 자가조절기능에 의해 영향을 받기에 개인의 체중에서 일정한 고정점을 갖고 있다. 비만한 사람은 고정점이 높게 정해져 있는데 장기간 일정한 체중을 유지하는 현상이나 체중조절 이후에 이전의 체중으로 되돌아가는 현상 등은 고정점 이론을 뒷받침하는 경우이다. 이러한 고정점은 유전적인 영향을 받지만 식사조절과 운동에 의해 변화될 수 있다.

2) 소비열량 결함

비만한 사람은 식품의 대사에 필요한 열량소비(Thermic Effect of Food, TEF: 식품의 특이동적 작용)와 여러 변화의 적응에 필요한 대사량에 결함이 나타나 열량 축적이 잘 된다. TEF는 전체 열량 소모량의 10~15%를 차지하는데 비만인은 정상인보다 TEF가 약 40% 정도 낮은 것으로 나타난다. 또한, TEF는 식후 60~90분 후에 가장 높고 저녁에 낮은 편이므로 아침 식사를 충분히 하는 것이 바람직하다. 식사량이 많으면 TEF는 높고 식사량이 적으면 TEF가 적어지기 때문에 체중감량을 위해 식사량을 줄이면 TEF도 줄어든다. TEF를 증가시키는 방법으로는 운동을 하면 좋은데 식사 전에 운동을 하면 TEF가 식후 3시간 동안 정상인의 2배로 증가한 채 유지된다.

3) 갈색지방

갈색지방은 체중의 1% 정도로 열량을 열의 형태로 발산하여 과잉의 저장열량을 제거한다. 갈색지방이 많을수록 열량 과다섭취 시 많은 열량이 체열로 소모되는데 비만인은 갈색지방의 기능부전으로 열량소비가 감소된다. 이러한 갈색지방대사는 노르아드레날린(noradrenalin)이나 인슐린과 같은 호르몬의 변화나 열량섭취 변화에 영향을 받는다. 즉 심한 운동을 하면 노르아드레날린 분비가 증가하여 갈색지방의 활성도가 5배로 늘어나고 소량씩 잦은 식사섭취는 갈색지방의 활성도를 자극한다. 그러나 고지방식 또는 단당류 과다섭취는 갈색지방대사를 저해하여 체중 증가를 초래한다.

4) 렙틴

렙틴(leptin)은 지방세포에서 분비되는 단백질 호르몬의 하나로서 식욕억제를 유도한다. 시상하부에서 호르몬처럼 작용하여 식욕을 억제하여 음식섭취를 감소시키고 에너지 소모를 증가시켜 더 많은 지방을 산화시킨다. 최근에 뇌 이외의 말초조직에도 작용하여 생식이나 면역기능을 조절하고 당지질대사 조절작용도 하는 것으로 보고되었다. 또한, 렙틴은 음식섭취와 관련된 체내 에너지대사에 중추적 역할을 담당하는 것으로 규명되어 혈액 내 렙틴의 양은 체지방량과 밀접한 상관관계가 있으며 식욕조절과 지방대사를 총체적으로 조절하는 것으로 알려져 있다.

체중조절에 관여하는 단백질

- **렙틴**: 비만을 일으키는 비만 관련 유전자로 지방의 축적이 증가하면 렙틴이 증가하고 이로 인해 에너지 섭취를 줄이고 에너지소비를 늘리라고 뇌에 신호를 보내는 물질이다.
- **그렐린**: 위에서 생산되어 음식섭취를 자극하는 호르몬으로 공복 시에는 식욕을 높이는 작용을 한다.
- **뉴로펩타이드 Y**: 그렐린에 의해 촉직되어 식욕을 높이고 에너지소비를 낮춘다.
- **프로오피오멜라노코르틴(부신피질자극호르몬, POMC)**: 렙틴에 의해 촉진되어 식욕을 억제하고 에너지소비를 높인다.

구재옥 외(2013).

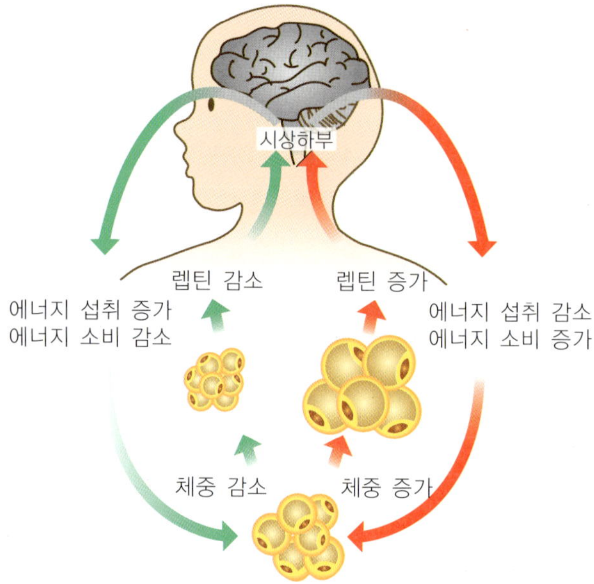

[그림 7-1] 지방조직의 세트 포인트 크기

이정희 외(2011).

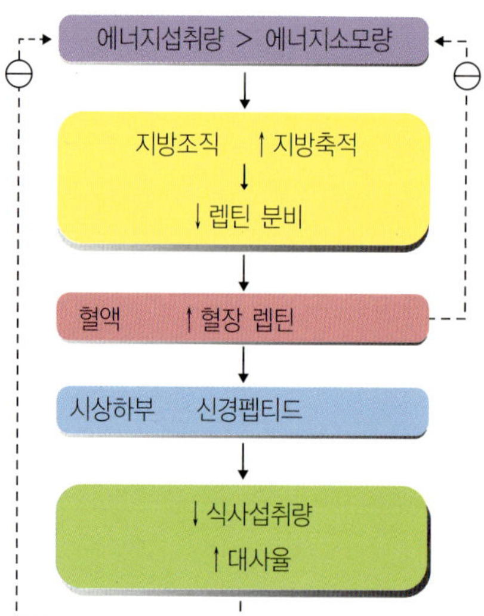

[그림 7-2] 렙틴의 작용

서광희 외(2012).

3. 비만의 유형

1) 원인에 따른 분류

비만을 원인에 따라 분류하면 특정 질병이 없고 원인도 뚜렷하지 않은 단순 비만과 다른 질환에 의해 초래된 증후성비만으로 구분한다.

① 단순비만: 비만인의 90% 이상이 속하며, 과식, 운동부족, 생활습관 등에 의해 초래되는 비만이다.

② 증후성비만: 내분비기능장애와 대사성질환 등에 의해 발생한다.

2) 지방세포의 수와 크기에 따른 분류

지방세포의 증식과 비대해지는 경우에 따라 지방세포가 증가하여 비만이 유도된 세포증식형 비만과 지방세포의 크기가 커져 비만이 유도된 세포비대형 비만으로 구분된다.

(1) 세포증식형 비만

지방세포가 증가되어 나타나는 비만 형태로 주로 성장기에 일어난다. 소아기의 성장과 함께 지방세포의 수가 증가되면 체중을 감량해도 잘 감소되지 않는다. 소아비만은 성인비만으로 발전할 가능성이 높기 때문에 성인기 비만보다 위험하다.

(2) 세포비대형 비만

지방세포의 크기 증가로 나타나는 비만 형태로 주로 성인기에 일어난다. 과도한 영양섭취 상태로 인해 발생하는데 체중 감량 시 지방세포 내 지방량 감소로 지방세포의 크기가 감소하여 체중이 감량되는 결과를 얻게 된다. 치료 시 증식형 비만보다는 세포비대형 비만이 치료 효과가 좋고 재발의 위험이 적다.

(3) 혼합형 비만

성인기에 과량의 에너지 공급으로 이미 존재하는 지방세포의 크기가 최대에 이르면 지방세포의 수가 다시 증가하는 혼합형 형태를 나타낸다. 비만 아동이 성인이 되어 다시 비만이 된 경우 혼합형 비만이 많은 편이다.

3) 지방분포에 따른 분류

체지방량과 함께 체내 지방조직의 분포형태에 따라 허리 윗부분에 과량의 지방이 축적된 상체비만과 엉덩이, 허벅지 등에 지방이 축적된 하체비만으로 구분한다.

(1) 중심형 비만

상체비만은 주로 상반신에 지방이 분포된 남성형 비만 또는 복부비만이라고도 한다. 하체비만에 비해 비만에 동반되는 대사이상의 빈도가 높고 고혈압, 인슐린 비의존형 당뇨병, 고지혈증 등의 질병과 관련이 높다. 이는 지단백질지방분해효소(lipoprotein lipase)가 매우 활성화되어 있기 때문이다.

(2) 말초형 비만

하체비만이라고도 하며 지방이 주로 허벅지에 축적된 비만으로 여성형 비만이라고도 한다. 질병 발생 위험에서는 중심형 비만보다 건강의 해가 적다.

〈표 7-1〉 **체지방 분포에 의한 비만의 분류**

분류	중심형 비만	말초형 비만
특징	상체비만: 복부비만, 남성형 비만	하체비만: 둔부비만, 여성형 비만
지방의 분포	복부	엉덩이, 허벅지
허리/엉덩이 비율(WHR)	남성: ≥0.90 여성: ≥0.85	남성: <0.90 여성: <0.85

분류	중심형 비만	말초형 비만
견갑골 피하지방 두께	>25mm	<25mm
지단백분해효소활성	↑↑	↑
합병증	대사적 (당뇨병, 허혈성심장병)	기계적

4. 비만의 판정법

1) 표준체중과의 비교법

표준체중과 실제체중을 비교하여 비만도를 판정하는 방법으로 표중체중법, 브로카법, 당뇨학회 제안법 등이 있다.

(1) 표준체중법

- 비만도=[현재체중(kg)-표준체중(kg)/표준체중(kg)]×100
- 판정: 비만(비만도 120% 이상), 과체중(비만도 110~120%), 정상체중(비만도 ±10%), 저체중(비만도 90%)

(2) 브로카법

- 161cm 이상일 경우=[신장-100]×0.9
- 150~160cm 이상일 경우=[신장-150]×0.5+50
- 150cm 미만일 경우=신장-100

(3) 대한당뇨학회 제안법

- 남자: 표준체중(kg)=키(m)×키(m)×22
- 여자: 표준체중(kg)=키(m)×키(m)×21

2) 체격지수

대상자의 신장을 기준으로 표준체중을 측정하여 비만을 판정하는 방법이다.

(1) 상대체중비

- 상대체중비=[실제체중/표준체중]×100

(2) 체중

- 신장 비율=체중/신장

(3) 신체체질량지수(Body Mass Index, BMI)

- BMI=체중(kg)/신장$(m)^2$

〈표 7-2〉 WHO 및 아시아-태평양 지침에 따른 비만 분류

구분	WHO	아시아-태평양 지침
저체중	$<18.5kg/m^2$	$<18.5kg/m^2$
정상체중	$18.5\sim24.9kg/m^2$	$18.5\sim22.9kg/m^2$
과체중	$25.0\sim29.9kg/m^2$	$23.0\sim24.9kg/m^2$
비만	$\geq30.0kg/m^2$	$\geq25.0kg/m^2$

3) 허리와 엉덩이 둘레의 비(Waist Hip Ratio, WHR)

최근 비만판정은 BMI 지수와 지방의 분포를 나타내는 허리둘레 또는 허리둘레와 엉덩이둘레를 비율로 나타내는 WHR 평가로 비만을 판정하는 방법이다.

(1) 허리와 엉덩이 둘레의 비

- 남자: 0.95 이상을 비만으로 판정
- 여자: 0.85 이상을 비만으로 판정

(2) 허리둘레

- 남자: 90cm 이상
- 여자: 85cm 이상

〈표 7-3〉 허리둘레에 따른 복부비만 평가기준

구분	WHO	WHO 아시아-태평양 기준	한국비만학회
남자	>102cm	>90cm	>90cm
여자	>88cm	>80cm	>85cm

〈표 7-4〉 체지방량에 따른 비만도 평가기준

분류	남자	여자
정상	15~18%	20~25%
경계	19~25%	26~30%
비만	>25%	>30%

4) 피하지방 두께 측정법

(1) 피부두겹두께 측정

- 캘리퍼(calliper)를 이용하여 측정한다.
- 성별에 따른 측정 부위: 남자는 견갑골, 복부 및 장골위 피하지방, 여자는 삼두박근, 장골위와 골반위를 측정한다.

(2) 생체전기저항법

생체전기저항법은 전류가 지방의 저항도에 따라 체조직의 지방량을 측정하여 비만도를 판정하는 방법으로 체조직 내 근육량이나 체지방량 등을 정확하게 측정할 수 있는 장점을 갖지만, 지방의 분포를 정확하게 판정하는 데 한계가 있다.

5. 비만의 합병증

비만은 지질대사를 비정상적으로 하고 인슐린 감수성을 떨어뜨리는 등 여러 가지 대사작용으로 고혈압, 심장병, 간질환, 당뇨병 등의 유병률을 높인다.

비만에 따른 고혈압은 전체 혈류량의 증가, 심장의 운동 부하 증가 및 말초혈관의 저항성 증가에 의해 발생한다. 고인슐린혈증은 염분 축적에 관여하고 교감신경을 자극하며 혈관 근육조직의 증식을 가져와 혈압상승을 초래한다. 혈액 내 노르에피네프린(norepinephrine)의 농도가 증가되어 말초혈관 저항을 증가시킨다.

비만한 사람이 당뇨병인 경우는 정상인보다 인슐린 수준이 높으며 식후 인슐린 분비도 많아 식욕이 증가하고 과식하기 쉽다. 비정상적인 인슐린 활성은 비만의 원인이 아닌 결과이며 적당한 식사, 운동, 체중 감소에 의해 교정될 수 있다. 고섬유, 저지방으로 구성된 소량의 잦은 횟수의 식사는 혈당과 인슐린 사이의 균형을 유지하는 데 도움이 된다.

비만이 지질대사에 미치는 영향은 주로 중성지방대사이상에 의한 VLDL과 LDL 및 혈중 콜레스테롤을 상승시키고 HDL은 감소시킨다. 비만은 고지혈증, 동맥경화증, 혈전 등을 유발하여 심장에 산소와 영양을 공급하는 동맥인 관상동맥이 좁아지거나 막히는 심장병을 유발시킬 수 있다.

이처럼 비만으로 발생하는 합병증들은 질병을 악화시키는 요인이 되어 수명감소와 사망률을 높인다. 최근에는 비만, 당뇨, 이상지혈증, 고혈압 등을 묶어 대사증후군이라 부른다.

비만과 관련되어 발병하는 건강장애

- **비만세포의 질적 이상에 의한 비만증:** 내당능장애, 2형 당뇨병, 지질대사이상, 고혈압, 고요산혈증, 통풍, 지방간, 관상동맥질환, 뇌경색
- **지방세포의 양적 이상에 의한 비만증:** 뼈 및 관절질환, 수면 시 무호흡증후군, 월경이상
- **특수한 병의 용태를 동반하는 건강장애:** 비만 임신, 심리적 서포트가 필요한 비만증

일본비만학회(2006).

6. 비만의 식사요법의 종류

1) 영양관리지침

(1) 섭취열량의 결정

- 체중감량 및 현재 체중유지를 위해 필요한 에너지보다 적은 열량을 섭취한다.
- 탄수화물:단백질:지방=50~60%:20~30%:10~20% 비율로 섭취한다.
- 탄수화물을 꼭 포함시켜 섭취한 단백질을 보호한다.

(2) 단백질

- 체기능 유지에 필요한 정도, 질소균형을 유지하기 위한 정도를 섭취한다.
- 체중당 최소 1.0~1.2g을 섭취한다.
- 단백질은 총열량의 20~30%, 단 과도한 섭취는 신장에 부담을 주므로 주의가 필요하다.
- 단백질은 양보다 질이 중요하므로 필수아미노산이 풍부한 동물성 단백질이 포함되도록 구성한다.
- 지방 함량이 적은 부위를 찜이나 구이 형태로 조리하여 섭취한다.

(3) 지질

- 체내 열량 저장고 역할, 체온 유지 및 조절 역할, 장기 등을 외부로부터 보호하는 역할을 한다.
- 음식물의 위내 체류시간을 늘려 포만감 유지에 도움이 되며 식감 또한 좋게 한다.
- 지방은 총열량의 20%이며 25% 이상이 되지 않도록 하고, 필수지방산은 총열량의 6%를 넘지 않도록 하며 등푸른 생선에 함유된 정도가 좋다.
- 체중 감소를 위해서는 지방섭취 제한이 필요하나 필수지방산과 지용성 비타민이 결핍되지 않도록 주의한다.
- 튀김, 부침, 볶음보다 찌거나 삶는 방식의 조리를 권장한다.

(4) 당질

- 비교적 쉽고 경제적으로 얻을 수 있는 에너지원으로 단백질이 에너지원으로 섭취되는 것을 억제하는 역할을 한다.
- 단순당은 단시간에 인슐린 분비를 상승시켜 쉽게 공복감을 느끼게 한다.
- 당질은 총열량의 50~60% 를 섭취해야 한다.

(5) 무기질과 비타민

- 열량을 제한하는 식사에서 결핍되기 쉬우므로 보충제 사용을 권장한다.
- 채소 위주로 하되 맛과 향은 과일군에서 보충하는 방법으로 섭취를 권장하며, 균형 잡힌 식생활이 요구된다.

2) 식사요법의 종류

(1) 초저열량식이

초저열량식이는 1일 400~800kcal의 제한된 열량을 섭취하는 필요한 최소량의 열량과 영양소를 공급하여 체중감량을 하고 동시에 부작용을 배제한 효과적인 비만의 식이적 치료로서 가장 많이 이용된다. 의사나 영양전문가의 도움을 받아 의학적인 검진과 함께 충분한 단백질, 비타민, 무기질을 제공하면서 실시하여야 한다. 초저열량식이 사용자에게서 비만과 관련된 대사적 지표가 많이 향상되어 1주일 이내에 혈당, 혈중지질, 혈압이 의미 있게 감소된다. 초저열량식이는 케토시스(ketosis), 담석증, 고요산혈증, 수분과 전해질의 상실, 기립성저혈압, 무력감 등의 부작용이 관찰되기도 한다.

(2) 저열량식이

저열량식은 평소 섭취량보다 500~600kcal 정도를 줄여서 섭취하도록 하여 가장 많이 사용되는 식이로 하루 800~1,200kcal 정도까지 섭취하는 것이 좋다. 저열량식일 때는 총열량 이외의 다른 영양소가 고르게 포함될 수 있도록 주의해야 한다.

3) 체중조절을 위한 식사요법

(1) 식사습관

① 식사횟수

- 하루 3끼 규칙적인 식사를 섭취한다.
- 소량씩 자주 먹는 것을 습관화하여 폭식을 예방한다.
- 과도한 단식 또는 절식은 주의한다.

② 식사속도

- 식사 후에 뇌의 포만중추가 자극받아 포만감을 느끼는 데에는 약 20여 분이 소요된다.
- 포만감이 느껴지지 않을 때는 과식하게 되거나 후식으로 당이 함유된 음식을 더 섭취하려고 하기에 악영향을 미친다.
- 음식은 천천히 섭취하고 통곡류나 채소류 위주의 식단을 활용하여 포만감을 유도한다.

③ 식사량

- 무분별하게 음식을 과다섭취하지 않도록 자기조절이 필요하다.
- 포만감은 유지하면서 전체적으로 열량을 낮추는 식사조절이 도움이 된다.
- 식사량을 평소에 조금씩 줄여서 점진적으로 식습관을 개선하는 방법을 활용한다.

④ 간식 및 야식 금지

- 체중조절로 인한 식사량 부족 또는 음식의 질적인 불만족으로 인해 간식 및 야식을 섭취하는 것은 비만치료에 역효과를 불러오므로 주의한다.
- 규칙적인 식사를 통해 간식 및 야식 섭취를 예방한다.
- 야식을 해야 할 경우에는 섬유소가 풍부하고 열량이 적은 식품을 선택한다.

(2) 식사관리

- 매일 규칙적인 식사를 하고 간식은 멀리한다.
- 식사는 30여 분의 시간을 두고 천천히 한다.
- 기름을 사용한 고지방식의 음식은 가능한 피한다.
- 음식은 싱겁게 먹도록 한다.
- 인스턴트식품이나 패스트푸드를 섭취하지 않는다.
- 섬유소가 풍부한 음식을 충분히 섭취한다.
- 수분을 충분히 마신다.
- 소스는 오일류보다 간장 또는 마늘 소스나 겨자장 등을 이용한다.
- 알코올 섭취를 줄인다.
- 가정에서의 식사는 작은 식기와 숟가락을 사용한다.
- 가능하면 외식은 삼간다.
- 청량음료나 주스 등의 단순당이 많은 음료는 피한다.
- 떡, 케이크, 빵류 등의 고열량의 간식 섭취는 줄인다.
- 고기류는 조리하기 전에 기름을 제거한다.
- 당분 함량이 높은 과일류는 섭취하지 않는다.
- 신선한 채소를 충분히 섭취한다.

7. 행동수정요법

행동수정요법은 비만을 유도하는 식습관이나 섭식행동을 전반적으로 검토, 교정하여 비만을 예방하고 치료하는 것이다. 장기간 지속할 수 있기 때문에 체중 감소에 큰 효과를 거둘 수 있으며 치료 후에도 체중이 다시 증가될 염려가 없어 많이 이용되고 있다. 행동수정요법은 자기관찰, 자기조절, 보상의 3단계가 있다.

1) 자기관찰

행동요법의 1단계로 식사일기와 운동일기 등을 기록하는 과정이다. 섭식행동을 평가하기 위해서는 섭식 패턴, 식품섭취량, 식품의 질, 활동량, 식품섭취와 관련된 사고방식이나 기분, 식품섭취의 유발요인 등을 파악하여야 한다. 식사기록법은 이들 요인을 조사하는 데 유익하며 식이조절 중 식사일지를 작성하여 스스로 반성하도록 한다.

〈표 7-5〉 식사일지 예시

년 월 일 요일

식사시간	식사장소	음식명/양	배고픈 정도	왜	누구와	기분

2) 자기조절

체중 증가는 허기진 배고픔보다 환경적인 자극을 쉽게 받는다. 맛있는 음식이 눈에 띄면 쉽게 자극을 받기에 물리적 환경조절, 사회적·정신적 환경 조절, 식행동의 변화, 운동 습관의 변화에 영향을 받는다.

(1) 물리적 환경 조절

- 고열량식품 대신 저열량식품을 준비하여 섭취할 수 있도록 한다.
- 즉석식품이나 금방 조리해서 섭취할 수 있는 음식은 피하고 식후에 쇼핑을 하도록 한다.
- 식사는 일정한 곳에서 정해진 시간에 섭취하고 식후에는 바로 양치질을 한다.
- 휴일 동안 집에서 식사를 할 때나 특별한 행사에 참석한 경우는 소량의 저열량 간식을 섭취하고 먹고 싶지 않을 때는 정중하게 거절한다.

(2) 사회적·정신적 환경 조절

- 긍정적인 주위 환경을 조성하기 위해 바람직한 식행동을 지닌 사람과 자주 만나고 부정적인 생각은 피한다. 식사와 관련한 비현실적인 목표는 설정하지 않는다.

(3) 식행동의 변화

- 규칙적인 식사를 한다. 아침을 거르게 되면 점심 전에 당질 위주의 간식을 하게 되거나 당분 섭취가 많아지게 되어 점심이나 저녁에 과식을 하기 쉽다. 야식은 영양소의 체내 흡수와 축적 작용이 강해져 체중이 증가하기 쉽다.
- 천천히 먹는다. 식사하는 동안 음식을 천천히 씹어 먹도록 한다. 식사시간에는 대화를 나누며 천천히 음식을 섭취하도록 한다.
- 간식을 조절한다. 간식은 생채소 등을 쉽게 먹을 수 있도록 하고 계획된 것만 식사처럼 접시 위에 차려서 먹는다. 허기진 기분을 느끼게 되면 열량이 없는 보리차, 녹차, 홍차 등의 음료를 마시거나 기분 전환을 위해 몸을 움직이거나 산책을 한다.
- 하루 한 번 이상 외식은 하지 않는다. 외식의 메뉴는 채소가 잘 갖추어진 한식을 선택한다. 밥은 정해진 양만 먹고 튀김옷은 주의해서 먹는다. 뷔페의 경우는 수프나 국, 샐러드 등에서 시작해서 소량씩 몇 가지만 갖다 먹는다.

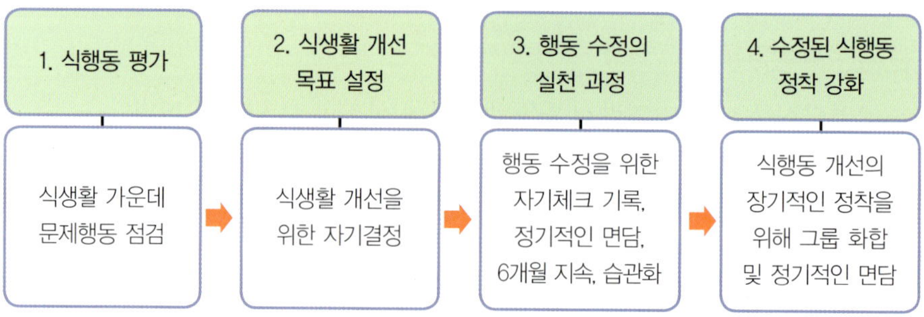

[그림 7-3] 식사지도를 통한 행동 수정요법

(4) 운동 습관의 변환

일상생활의 움직임을 증가시키는 노력을 한다. 가능한 계단을 이용하거나 자가용보다 지하철을 이용하는 것도 좋다. 내일 운동량을 기록하고 조금씩 증가시킨다. 전문가의 지도에 따라 규칙적인 운동을 시작하는 것도 필요하다.

3) 보상

보상은 체중조절에 도움이 되도록 하는 체중유지단계로서 바람직한 행동을 한 경우 스스로를 칭찬하고 격려하며 자신에게 보상을 실시하도록 한다.

8. 운동요법

적당한 운동은 활동량을 증가시켜 체지방의 산화를 도와 여분의 열량을 산화시키며 스트레스를 감소시켜 음식섭취를 조절할 수 있다. 열량 제한에 비해서 운동에 의한 열량소비는 쉽지 않으며 운동의 효과는 즉효성이 적으나 장기적으로 계속할 때 유효성이 나타난다.

1) 운동의 종류

운동은 본인이 좋아하는 것으로 선택하되 걷기, 조깅 등산과 같은 유산소운동을 포함하는 것이 좋다. 실제 운동 자체로 소모되는 에너지뿐 아니라 운동 후에 산소소비량이 증가하는 에너지소비도 고려해야 한다.

체내 지방을 줄이는 것을 목적으로 하면 단위 시간당 열량 소모가 많은 운동을 선택하는데 걷기, 조깅, 계단 오르기 같은 운동이 해당된다.

비만 정도가 심하면 체중을 지탱하는 관절에 부담을 줄 수 있으므로 고정식 자전거, 수영, 수중 에어로빅 같은 체중 부담을 덜 받는 운동을 선택한다.

웨이트 트레이닝 같은 근력 강화 운동도 근육량을 늘려 기초대사량을 증가시킬 수 있으므로 주 2회 정도 병행할 수 있다.

2) 운동의 강도와 지속시간

(1) 운동의 강도

운동을 처음 시작할 때 최대 심박수의 40~60% 사이로 시작하고 4주마다 운동 강도를 점증적으로 향상시킨다.

(2) 지속시간

총운동시간은 최소 30분 이상으로 실시하되 준비운동은 5분간 스트레칭, 본운동은 유산소운동을 최소 20분 이상 실시하며 정리운동은 스트레칭 운동으로 하는 것이 좋다. 또한, 하루 중 총 운동시간이 같더라도 두 번에 나누어 하면 회복기에 에너지소비량이 증가하여 한 번에 하는 운동보다 에너지소비량이 크게 된다.

〈표 7-6〉 음식소비 열량에 따른 운동시간

(50kg 남자 기준)

내가 먹은 칼로리		칼로리 (Kcal)	필요한 운동시간(분)			
간식	어림치		자전거타기 롤러스케이트	춤추기	계단오르기 등산	줄넘기 수영(자유형)
새우깡	1봉지	460	138	115	69	58
치토스(매콤한 맛)	1봉지	430	129	108	65	54
햄버거, 썬칩	1개, 1봉지	330	99	83	50	41
카스텔라	1개	320	96	80	48	40
양파링(보통)	1인분	270	81	68	41	34
피자	1조각	250	75	63	38	32
감자튀김(보통)	1인분	230	69	58	35	29
빼빼로(초코)	1봉지	180	54	45	27	23
초코파이, 찹쌀떡	1봉지, 1개	160	48	40	24	20
닭튀김	다리 1개	150	45	38	23	19
콜라	1캔	100	30	25	15	13
포카리스웨트	1캔	60	18	15	9	8

서광희 외(2012).

9. 수술 및 약물요법

1) 수술요법

수술요법은 단기간 비만치료에 효과는 뛰어나지만 약물요법보다 더 심각한 부작용이 나타날 수 있기에 고도비만 환자들에게만 적용할 수 있다.

(1) 위절제술

소량의 위 부분만을 남겨 섭취량을 극도로 제한하는 방법이다. 위 또는 위와 소장 일부를 절제하거나 밴드로 조여 사용을 봉쇄하는데 적은 양의 식사에도 쉽게 포만감을 느껴 체중감량 효과가 나타난다. 부작용으로는 감염, 구토, 메스꺼움, 탈수 증상 등이 나타나고, 비타민과 무기질 결핍증, 신경계질환, 덤핑증후군 등의 장기적이고 심각한 부작용으로 생명이 위험할 수도 있다.

복강경조절형 위밴드수술	위소매절제술	루와이위우회술
식도와 위의 연결 부위를 밴드로 조여 음식섭취량을 줄임	위의 일부분을 절제해 위의 크기를 줄임	식도에서 위를 분리해 소장과 연결하여 음식의 흡수를 제한
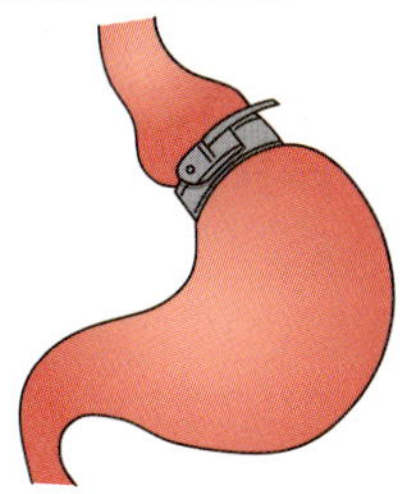	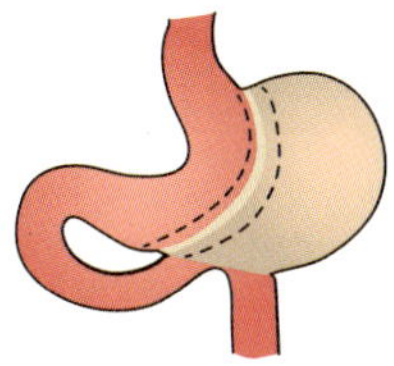	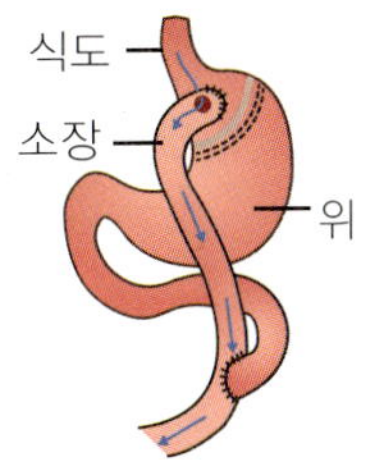

[그림 7-4] 고도비만 환자의 수술방법

(2) 턱고정술

비만환자의 턱을 고정하여 유동식만을 섭취하게 하여 식사량을 제한하는 방법이다. 이 방법은 위 절제술이 계획된 환자의 위 용량을 줄이기 위해 우선적으로 실시하는 방법인데 기도가 막혀 사망의 위험이 매우 큰 부작용이 있다.

(3) 지방흡입술

특정 부위의 지방조직을 제거하는 방법이다. 체액과 수분이 함께 제거되어 사망 위험이 있으며, 국소적인 피하지방만이 제거되고 수술 후에도 식사요법과 운동요법으로 관리되지 않을 경우는 지방조직 회복의 부작용이 예상된다.

2) 약물요법

약물요법은 전문가의 처방과 감독하에 이루어져야 한다. 식사요법과 운동요법을 최소 6개월 이상 실행했음에도 치료 전 체중의 10% 이내로 체중감량 효과가 미미한 경우에만 실시하는 것이 바람직하다.

(1) 약물요법의 적용 대상자

체질량 지수가 25kg/㎡ 이상인 사람, 체질량 지수가 23kg/㎡ 이상이며 비만과 관련된 심각한 합병증을 동반한 사람

(2) 약물요법의 제외 대상자

소아비만 환자, 임신, 수유 중인 여성 비만자, 뇌졸중, 심근경색, 간질환자, 신장질환자, 정신질환자, 이전에 약물요법을 실시하여 부작용이 나타났던 환자

(3) 비만치료제의 종류에 따른 효능과 부작용

① 식욕억제제

세로토닌(serotonin)과 노르에피네프린(norepinephrine) 분비를 자극하여 식욕을 억제하고 포만감 상승과 섭취량 감소로 인한 체중 감량 효과를 나타낸다. 부작용으로는 심한 갈증과 신경과민, 혈압상승, 두통, 불면증 등이 보고되어 있다.

② 지방흡수저해제

췌장 리파아제(lipase) 작용과 지방의 가수분해를 억제하여 섭취된 지방이 흡수

되지 않고 변으로 배설하여 섭취량을 감소하는 효과를 나타낸다. 부작용으로는 설사, 지방변 등의 소화장애 및 지용성 성분의 흡수저해로 인한 결핍증 위험의 증가가 보고되어 있다.

③ 열생산촉진제

말초조직을 통해 열 발생을 증가시키는 작용으로 에너지소비량이 증가되어 체중감량의 효과를 나타낸다. 부작용으로는 인위적인 열 생산기전으로 체온조절 장애나 피부건조증 등이 보고되어 있다.

④ 체지방분해촉진제

성장호르몬 작용을 촉진하여 지방분해와 체지방 감소에 효과가 있다. 부작용으로는 인슐린 저항성 증가로 혈당조절장애와 근육량 손실 등이 있다.

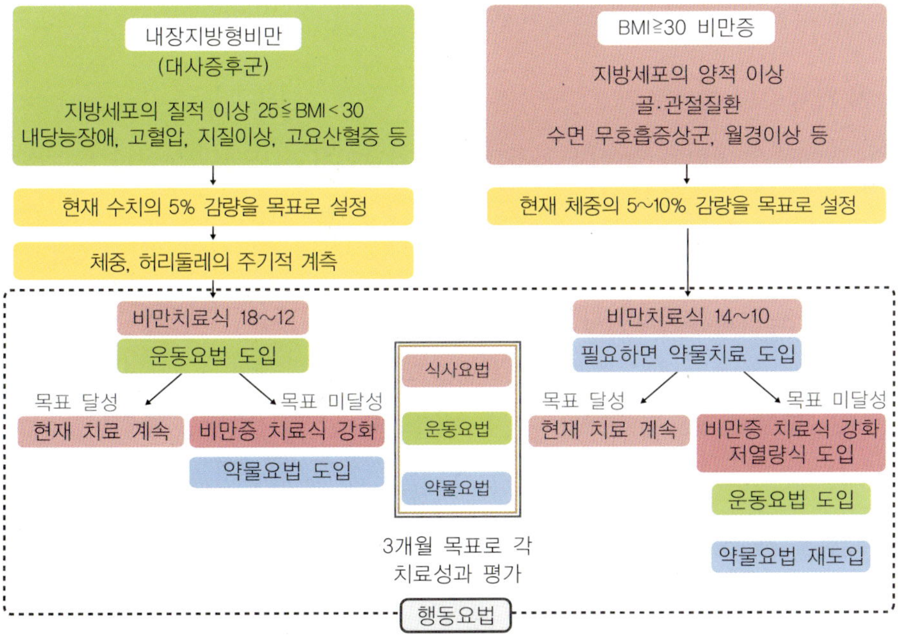

[그림 7-5] 약물요법을 통한 비만치료의 사례

일본비만학회(2006).

10. 저체중 및 섭식장애

체중은 비만만큼 질병과의 관련성이 높아 소화기계질환, 호흡기계질환의 위험이 정상체중인 사람에 비해 1.5배 이상 높다. 표준체중의 20% 이하의 체중을 의미하는데 여러 질병이나 감염성질환에 쉽게 노출되기도 한다.

1) 저체중의 원인

- 식욕저하로 에너지 섭취가 부족한 경우
- 체내 대사적용의 이상으로 섭취된 식사의 흡수가 불량한 경우
- 식사의 체내 이용률 감소
- 지나치게 과도한 활동
- 암이나 갑상샘기능항진증 등의 소모성질환
- 정신적, 심리적 요인 등에 의해 장시간 노출된 경우

2) 저체중의 식사요법

- 저체중은 원인을 알아낸 후에 질병을 치료한다. 소모성질환이나 흡수불량 등을 먼저 치료하고 활동량을 감소시키며 필요에 따라 심리상담도 한다.
- 식사섭취가 부족하거나 부적절한 식습관일 경우에는 식사조절과 규칙적인 식사로 치료가 가능하다.
- 단백질은 총단백질 섭취량의 1/2 정도는 동물성 식품을 섭취하는데 체중(kg)당 1.5g 정도는 단백가가 높은 양질의 단백질을 섭취하도록 한다.
- 당질은 소화가 용이하고 체지방으로 전환되기에 충분한 양을 섭취한다. 열량섭취량을 늘리기 위해서 매 끼니 사이에 간식을 섭취하도록 한다. 단지 과다한 당분섭취는 흡수가 빨라져 혈당이 상승하여 오히려 식욕이 감퇴된다. 당질 식품은 부피가 크므로 당질의 의존도가 너무 높아지지 않도록 한다.
- 열량이 많은 식품은 소화관을 자극하므로 참기름, 들기름, 마요네즈, 버터,

마가린 등을 다양하게 이용하도록 한다.

- 비타민과 무기질 권장량은 최적의 수준을 유지하도록 한다. 특히 비타민 B 군은 식욕을 증가시키고 열량 증가에 따라 필요량도 증가되므로 보충이 필요하다.
- 독특한 향기를 갖고 있는 채소는 식욕을 촉진시키므로 섭취를 권장한다. 고춧가루, 후추, 고추냉이, 감자냉이, 겨자 등의 향신료나 유자, 레몬 등 산미 과실, 들깻잎, 파슬리, 마늘, 생강, 고수, 미나리, 쑥 등이 좋다.

3) 신경성식욕부진증

신경성식욕부진은 자신의 체형에 대한 잘못된 이미지를 갖고 있어 의도적으로 굶거나 토하거나 운동을 많이 하여 체중을 조절하는 섭식장애의 일종이다. 최소한의 정상체중 유지를 거부하면서 계속해서 음식의 섭취를 제한하는 것이 특징이다. 본인의 저체중 상태의 심각성을 부인하고 체중이 정상 이하로 매우 낮음에도 불구하고 여전히 본인이 뚱뚱하다고 생각한다.

신경성식욕부진에는 식사제한형과 폭식 후 하제사용형이 있는데, 식사제한형 신경성식욕부진증은 폭식을 하거나 구토제 또는 이뇨제를 사용하지 않고 음식물 섭취를 제한한다. 폭식 후 하제사용형 신경성식욕부진증의 경우는 폭식을 하고 체중의 증가를 막기 위해 강제로 구토를 유발하거나 이뇨제, 설사약 등을 사용한다.

4) 신경성폭식증

폭식장애는 폭식 후에 체중 증가를 막기 위해 부적절한 보상행동을 하며 이러한 행동을 일주일에 2회 이상 3개월 동안 계속할 경우를 말한다. 폭식을 할 때는 보통 사람이 먹을 수 있는 양보다 훨씬 많은 양의 음식을 먹으며 먹는 것을 조절하는 능력이 부족하다고 생각하며 자신의 폭식 행동을 부끄럽게 여기고 자아존중감이 낮은 경우가 많다. 신경성폭식증을 치료하기 위해서는 폭식과 강제 배설의 악순환을 중단하고 규칙적인 식습관 회복을 위해 수분과 전해질 균형, 식사량, 식사횟수, 에너지 배분 등에 신경을 쓴다.

〈표 7-7〉 섭식장애의 임상 징후 및 증상

임상 징후	신경성식욕부진증	신경성폭식증
전해질 이상	저칼륨혈증, 저마그네슘혈증, 저인산증	저염소성알칼리증과 동반된 저칼륨혈증
심혈관계	저혈압, 불규칙하고 느린 맥박	부정맥, 심계항진, 허약
위장계	복통, 더부룩함, 변비, 위 배출 지연, 포만감, 구토	변비, 위 배출 지연, 조기 포만감, 식도염, 위장운동장애, 더부룩함, 위식도 역류, 위장관 출혈
내분비계	추위에 민감, 피로, 저혈당, 고콜레스테롤혈증, 불규칙한 월경	불규칙한 월경, 부종
영양결핍	단백질-에너지 영양불량, 미량 영양소 결핍	다양함
골격 및 치아	운동 시 뼈의 통증, 골감소증, 골다공증	충치, 치아의 에나멜 침식
근육계	근육소모, 허약	허약
체중상태	저체중	다양
인지상태	집중력 저하	집중력 저하
성장상태	성장 및 성숙 저해	일반적으로 영향을 받지 않음

대한영양사협회(2008).

Chapter 08

신장질환

1. 신장의 구조와 기능

1) 신장의 구조

신장은 몸 안의 수분, 전해질, 대사물질의 균형을 유지하며, 신장의 기능이 저하되면 혈액중 노폐물의 양이 증가하고, 소변량의 감소, 부종과 고혈압 등의 증상이 나타난다. 신장은 심장박출량의 약 20%를 받아 하루 약 1,600L의 혈액을 걸러내어 약 180리터의 한외여과물(ultrafiltrate)을 생산해낸다. 이후 흡수와 재흡수를 통해 하루 평균 약 1.5L의 소변을 만든다.

신장은 갈비뼈 밑에 강낭콩 모양의 한 쌍으로 척추를 중심에 두고 좌우에 위치하며, 주먹 정도의 크기로 무게는 약 150g 정도이다. 각각의 신장은 약 100~150만 개의 네프론(nephron)으로 구성되어 있으며, 네프론은 신장의 기능적 단위이다. 네프론은 사구체(glomerulus)와 보우만 주머니(Bowman's capsule), 근위세뇨관, 헨레고리, 원위세뇨관, 집합관으로 구성된다[그림 8-1]. 신장은 바깥의 피질과 안쪽의 수질로 구성되며, 네프론은 피질에서 수질로 배열되어 있다. 사구체는 보우만 주머니에 둘러싸인 모세혈관뭉치로 혈액을 여과하는 기능을 한다. 사구체에서는 수동적인 확산에 의해 한외여과물을 생산한다. 세뇨관은 한외여과물에서 신체에 필요한 여러 가지 물질을 재흡수하며, 재흡수는 에너지를 필요로 하는 능동적 작용이다. 소변은 세뇨관에서 재흡수뿐 아니라 일부 분비되기도 하며 농축과정 등을 통해 전해질, 삼투압, pH, 용량이 조절되어 생산된다. 이렇게 생산된 소변은 집합관을 통해 깔때기 모양의 신우(renal pelvis)에 모였다가 요관을 통해 방광(bladder)으로 보내지며, 방광을 통해 체외로 배출된다.

신동맥을 통해 신장으로 들어온 혈액은 수입세동맥을 통해 사구체로 유입되었다가 다시 수출세동맥으로 나오고, 다시 모세혈관망을 형성하여 세뇨관과 헨레고리 주변을 둘러싸 이들과 물질교환을 한 후 신정맥을 통해 신장을 나간다.

신장은 체내 수분 항상성 조절을 위해 소변의 농도를 50mOsm로 희석하거나 1200mOsm로 농축시킬 수 있으며, 소변의 양을 500mL로 줄이거나 12L까지 늘릴 수도 있다. 이러한 작용은 바소프레신(vasopressin, Antidiuretic Hormone, ADH)에 의해 조절된다.

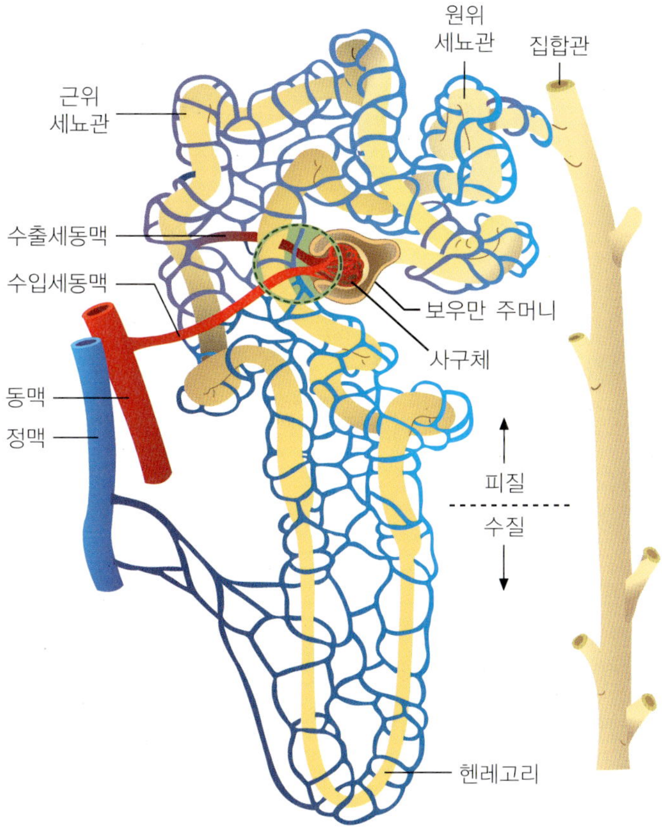

[그림 8-1] 네프론의 구조

이명숙 외(2013).

2) 신장의 기능

신장의 주요 기능은 체액조절, 산과 염기의 평형, 전해질과 혈압조절, 칼슘의 흡수 및 조혈 등이 있다.

바소프레신은 소변을 농축하고 체내 수분균형을 조절하는 역할을 한다. 알도스테론(aldosterone)은 신장에서 체내 나트륨을 조절하며, 이는 혈압에 관여한다. 요생성은 노폐물 분비를 위한 과정으로 요산, 크레아티닌, 요소 등과 같은 대사물질을 포함한다. 또한, 신장은 수소이온(H^+)과 중탄산염이온($HCO3^-$)을 조절하여 체내의 산·염기 비율이 평형을 이루도록 한다.

레닌(renin)은 신장에서 생산되며, 레닌-앤지오텐신(renin-angiotensin)에 의한 수분균형을 조절하는 데 필수적이다. 1,25-디히드록시콜레칼시페롤(1,25-dihydroxycholecalciferol) 호르몬과 에리스로포이에틴(erythropoietin, EPO)은 신장에서 생산되어 골수에서 적혈구가 생성되도록 한다.

2. 신장질환의 검사

신장기능을 평가하는 일반적인 방법으로는 사구체여과율(Glomerular Filtration Rate, GFR)을 평가하는 것이다. 사구체여과율은 일정 시간동안 혈장에서 물질들이 제거되는 양으로, 신장의 건강상태를 평가하며 진단된 질환 심각한 정도를 알고, 진행 정도를 모니터링하는 도구로 사용된다.

평균 사구체여과율은 mL/min/1.73㎡로 표시하며, 신장기능이 저하되면 그 수치가 감소한다. 만성콩팥병은 사구체여과율이 장기간에 걸쳐 감소하고, 크레아티닌 여과율이 감소되어 혈청 크레아티닌 농도가 증가되는 것이며, 사구체여과율에 따른 만성콩팥병의 단계는 〈표 8-1〉과 같다.

〈표 8-1〉 GFR에 따른 만성콩팥병의 단계

단계	GFR(mL/min/1.73㎡)	설명
1	≥90	정상적 혹은 증가된 GFR을 동반한 신장손상
2	60~89	약간 감소된 GFR을 동반한 신장손상
3	30~59	GFR의 중 정도 감소
4	15~29	GFR의 심각한 감소
5	<15 (또는 투석)	신장기능 상실(ESRD)

대한영양사협회(2008).

3. 신장질환의 주요 증상

1) 부종

사구체에서 단백질이 걸러지지 않고 소변으로 배설되는 신증후군은 혈액 내 알부민의 수치가 감소하면서 혈관 내 삼투압이 저하되어 부종이 나타난다. 또한, 사구체여과율이 감소되어 신장의 기능이 저하되면 나트륨과 수분이 체내에 저류하여 부종이 발생하게 된다.

2) 고혈압

신장질환으로 인한 고혈압을 신성고혈압이라고 하며, 부종으로 인한 고혈압과 신동맥의 협착으로 인한 호르몬 과다 생산으로 인한 고혈압으로 구분될 수 있다. 그러나 고혈압이 신장질환의 원인이 되기도 한다. 고혈압은 신장 소동맥의 경화를 야기하여 혈류량이 적어지고 신장기능이 저하되게 하기 때문이다.

3) 단백뇨

단백뇨는 사구체 모세혈관이 손상되어 단백질이 유실되어 나오는 경우가 많으며, 세뇨관의 손상 혹은 심한 운동 후나 발열로 단백뇨가 나타나기도 한다. 정상적인 경우 소변에는 단백질이 하루 150mg 이하로 존재한다. 그러나 하루 300mg

이상 소변에 단백질이 배출되면 단백뇨라고 한다.

4) 혈뇨, 핍뇨, 다뇨

혈뇨는 소변에 비정상적인 양의 적혈구가 나타나는 것이며, 핍뇨는 하루 400mL 이하의 소변이 배설되는 것을 말한다. 다뇨는 세뇨관의 농축능력이 저하되어 하루 3L 이상의 소변을 배설하는 것을 의미한다.

5) 고질소혈증, 요독증

고질소혈증(azotemia)은 임상적인 증상 없이 혈중요소질소(Blood Urea Nitrogen, BUN)와 크레아티닌(creatinine, Cr)의 상승이 있는 것을 의미한다. 요독증(uremia)은 혈액에 요소가 과다하게 축적되어 독성증상을 나타내는 것으로 임상적 증상인 식욕부진, 메스꺼움, 구토, 어지러움, 시력감퇴, 전신경련 등이 나타난다.

4. 신장질환

신장질환은 신장결석(kidney stones 혹은 nephrolithiasis), 급성신기능상실(Acute Kidney Injury, AKI 혹은 급성신부전, Acute Renal Failure, ARF), 신증후군(nephrotic syndrome), 만성콩팥병(Chronic Kidney Disease, CKD), 말기콩팥병(End-Stage Renal Disease, ESRD)으로 구분할 수 있다. 보통 신장질환의 진행 단계에 따라 RIFLE(Risk, Injufy, Failure, Loss and ESRD)로 분류한다.

1) 신장결석

신장결석은 당뇨병, 비만, 대사증후군이 있을 경우 발병율이 증가하며, 40~50대에서 빈발하고 재발이 흔하다. 칼슘, 요산, 시스틴, 스트루바이트 등 특정 성분이 소변으로 배설되지 못하고 비정상적으로 결정화되어 나타난다. 신장결석의 영양치료는 결석을 형성하는 원인을 최소화하도록 돕는 것이지만, 가장 효과적인 예방은 하루 3L까지 충분한 수분을 섭취하는 것이다. 충분한 양의 수분은 소변을 희석시키고 결정의 양을 최소화하며, 결정의 용해와 배설을 촉진시킨다. 이때 수분은 하루에 걸쳐 나누어 마시도록 하며, 소변의 양이 하루 2L 이상이 되도록 한다.

비만은 처음 신장결석이 형성된 환자의 가장 큰 재발 위험요인으로 체중조절이 예방을 위해 권장되며, BMI를 18~25kg/m²으로 조절한다.

결석의 종류에 따라 칼슘결석(calcium stone), 요산결석(uric acid stone), 시스틴결석(cystine stone), 스트루바이트결석(struvite stone) 등으로 구분되며, 약 60% 정도가 수산칼슘(calcium oxalate)으로 가장 흔하며, 나머지는 10%는 수산칼슘과 인산칼슘(calcium phosphate), 10%는 인산칼슘, 5~10%는 요산, 5~10%는 스트루바이트, 그리고 1% 정도가 시스틴이다.

(1) 칼슘결석

칼슘결석이 있는 환자의 1/3~1/2은 고칼슘뇨증(hypercalciuria)이며, 나머지는 원인을 알 수 없는 특발성고칼슘뇨증(Idiopathic Hypercalciuria, IH)이다. 특발성고칼슘뇨증 중에서도 혈액 내 칼슘은 정상이나 소변으로 과량의 칼슘이 배설되는 경우는 식사요법으로 소변의 칼슘배설량이 감소하지 않는다.

과거 칼슘을 제한하는 식사가 칼슘결석 형성을 예방할 수 있을 것으로 생각했으나, 최근 유제품이나 그 외 칼슘 급원식품으로 하는 고칼슘식사가 신장결석을 예방할 수 있다는 연구가 있었다(Taylor&Curhan, 2013). 따라서 성별과 나이에 맞는 영양섭취기준에 따른 칼슘섭취를 하도록 권장한다. 칼슘 보충제는 식사 내 칼슘섭취량과 합산하여 영양섭취기준을 초과하지 않도록 하며, 칼슘결석이 있는 경우 칼슘 보충제는 식사와 함께 섭취하는 것을 권장한다.

수산칼슘결석이 있는 경우 옥살산(oxalic acid, 수산)을 제한하는 식사를 한다. 그러나 이는 수산의 체내 이용율을 감소시키는 것이 목적이므로 수산 함량은 높지만 체내 이용율은 낮은 파슬리나 콜라드와 같은 식품을 제한하는 것보다 소변의 수산을 증가시키는 것을 주의하도록 한다. 〈표 8-2〉는 저수산식사에서 피해야 할 식품이다.

〈표 8-2〉 저수산식에서 피해야 할 식품

식품군	해당 식품
곡류군	밀기울(wheat bran), 통밀(whole-grain wheat) 식품
어육류군	-
채소군	시금치, 근대, 비트, 대황
지방군	견과류(아몬드, 땅콩, 피칸 등), 견과류 버터
우유군	-
과일군	베리류(딸기 등)
기타	초콜릿, 콜라, 커피, 차류(녹차, 홍차, 차류 함유식품)

(2) 요산결석

요산결석은 요산이 퓨린의 최종 대사산물이므로 퓨린 함량이 높은 식품을 제한하도록 한다. 퓨린 함량이 높은 식품으로는 육류, 생선류, 가금류, 어류가 있으며 특히 육류의 내장부위와 멸치, 청어, 정어리, 육즙 등을 주의한다.

(3) 스트루바이트결석

스트루바이트결석은 마그네슘, 암모늄, 인산, 탄산염으로 구성되어 있다. 흔히 요로감염과 관련이 되어 감염결석(infection stone)이라고도 한다. 다른 신장결석과는 달리 여성이 남성에 비해 2배 발생율이 높다. 감염체는 요소를 분해하는 효소(urease)를 가지고 있어 요소를 암모니아와 이산화탄소로 분해하여 소변의 pH를 상승시키고 탄산염의 수치를 높인다. 따라서 소변의 알칼리화를 피하는 식사법이 권장된다.

(4) 시스틴결석

시스틴결석은 소변 pH가 7 이상인 경우 시스틴의 용해도가 증가된다. 따라서 소변의 산도가 알칼리로 유지되어야 하며, 이는 약물로 조절한다. 식사요법으로는 하루 4L 이상의 수분을 섭취하도록 하여 시스틴 결정화를 예방하고, 나트륨 섭취량을 줄여 소변 내 시스틴 함량을 낮추도록 한다. 동물성 단백질의 제한으로 시스틴과 시스틴 전구체인 메티오닌 섭취를 줄일 수 있다. 소변을 알칼리화하는 식품으로는 구연산이 많이 함유된 채소와 과일이 도움이 되는데, 멜론, 라임, 오렌지, 신선한 토마토주스 등이 해당된다.

〈표 8-3〉 신장결석의 식사요법 및 24시간 소변 모니터링

영양소	섭취권장	24시간 소변
단백질	· 정상수준 섭취: 과다섭취 제한	· 소변의 요소 모니터링
칼슘	· 정상수준 섭취: 50세 미만은 1,000mg, 50세 이상은 1,200mg의 양을 두 번 혹은 세 번으로 나누어 섭취	· 칼슘<150mg/L
수산	· 소변 내 수산이 높을 경우 수산 함량이 높은 식품 제한	· 수산<20mg/L
수분	· 2.5L 이상	· 소변량>하루 2L
퓨린	· 단백질 과다섭취 제한 · 퓨린 함량이 높은 식품 제한	· 요산<2mmol/L (<336mg/L)
비타민 C	· 보충제 제한	· 소변의 수산 모니터링
비타민 D	· 하루 섭취기준(필요시 섭취기준에 맞도록 보충제 섭취)	· 혈청 25(OH)D_3의 적정수준 유지
비타민 B_6	· 하루 40mg 이상 섭취 시 위험 감소 · 그러나 권장 내용 없음	
나트륨	· 하루 2,300mg 미만	· 소변의 나트륨 모니터링

Mahan et al.(2016).

2) 급성신장기능상실

(1) 급성신장기능상실의 특징

급성신장기능상실(Acute Kidney Injury, AKI 혹은 Acute Renal Failure, ARF)은 갑작스런 사구체여과율(GFR)의 감소로 질소 노폐물의 체내 축적, 체액량 이상,

전해질과 산·염기 항상성 이상 등의 증상이 나타나며, AKI는 신전성(prerenal), 내인성(intrinsic), 신후성(postrenal 혹은 obstruction, 폐쇄적)으로 분류한다. 신전성은 신장으로 유입되는 혈류가 감소된 상태로 혈류량을 정상화시키면 신장의 기능도 신속하게 정상화된다. 내인성은 신장의 해부학적 구조의 손상으로 항생제나 화학요법 또는 조영제 등과 같은 독성물질로 인해 발생할 수 있다. 신후성은 세뇨관 이하 부위의 폐쇄로 보우만강의 내압이 증가하여 사구체여과율이 감소한다.

정상 성인의 소변량은 하루 1~1.5L이나 AKI 환자는 500mL 이하가 되어 질소혈증, 산혈증, 고칼륨혈증, 고인산혈증, 고혈압, 식욕부진, 부종, 수분중독이 나타날 수 있다.

(2) 급성신장기능상실의 식사요법

환자의 영양상태, 이화상태, 각종 검사 결과 및 신대체요법 여부 등에 따라 달라진다. 환자가 식욕부진 등으로 적절한 경구섭취가 되지 않을 경우 영양지원이 필요하다.

단백질은 투석을 하지 않을 경우 하루 0.6~0.8g/kg, 투석을 하는 경우 하루 1~2g/kg으로 권장한다. 에너지는 하루 30~40kcal/이상 체중(Ideal Body Weight, IBW)kg을 권장하며, 과량의 에너지는 이산화탄소 생산량을 증가시켜 호흡기계에 영향을 줄 수 있으므로 주의한다. 그 외 영양소별 권장사항은 〈표 8-4〉와 같다.

〈표 8-4〉 **급성신장기능상실의 영양소별 고려사항**

영양소	내용
단백질(g/kg)	· 투석을 하지 않을 경우: 0.6~0.8 · 투석을 하는 경우: 1~2
에너지(kcal/kg)	· 30~40
나트륨(g/일)	· 핍뇨기(oliguric phase): 1~2(소변량, 부종, 투석, 혈청 Na^+ 수준에 따라 조절 필요) · 이뇨기(diuretic phase): 소실량에 대한 대체

영양소	내용
칼륨(g/일)	· 핍뇨기: 1,200~2,000mg/일 (소변량, 투석, 혈청 K^+ 수준에 따라 조절 필요) · 이뇨기: 소실량에 대한 대체
인(mg/g 단백질 또는 mg/일)	· 필요시 제한
칼슘(g/일)	· 혈청 정상 범위 내 유지
수분(cc/일)	· 전일 소변량+500mL
비타민·무기질 (1일)	· 영양섭취기준에 따름
섬유소(g/일)	–

3) 신증후군

(1) 신증후군의 특징

신증후군(nephrotic syndrome)은 사구체질환으로 사구체 모세혈관 기저막 손상으로 투과도가 증가하면서 혈액 내 단백질이 소변으로 과다하게 배설되는 질환이다. 신증후군은 과량의 단백뇨와 혈중 알부민 감소, 혈중 지질 증가, 부종 및 고혈압의 특징이 나타난다.

(2) 신증후군의 식사요법

단백질 영양불량을 방지하고 부종을 완화하도록 한다. 과거에는 양의 질소 평형을 위해 고단백 섭취를 하도록 하였으나 고단백식이 오히려 신장질환의 진행을 가속화할 수 있다는 견해가 있어 최근에는 1일 체중(kg)당 0.8~1g의 단백질을 권장한다. 여러 연구에서 콩단백 또는 아마씨 단백질이 단백뇨를 감소시키고 지질 수치를 낮추며 신장병의 진행을 늦춘다고 보고되기도 하였다.

에너지는 체단백의 분해를 막기 위해 적절히 섭취할 것을 권장한다. 기타 영양소별 권장사항은 〈표 8-5〉와 같다.

〈표 8-5〉 신증후군의 영양소별 고려사항

영양소	내용
단백질(g/kg)	· 0.8~1(요 손실의 보충은 논쟁의 여지가 있는 상태)
에너지(kcal/kg)	· 35(비만이 아닐 경우) · 복합 당질 · 저콜레스테롤 및 지방은 총열량의 30% 미만
나트륨(g/일)	· 1~2
칼륨(g/일)	· 제한하지 않음
인(mg/g 단백질 또는 mg/일)	· 혈청 정상 범위 내 유지
칼슘(g/일)	· 영양섭취기준, 혈청 정상 범위 내 유지
수분(/일)	· 균형 유지
비타민·무기질(일)	· B 복합체와 C: 영양섭취기준에 따름 · D: 적절히 보충 · 철분과 아연은 개별화
섬유소(g/일)	–

4) 만성콩팥병

(1) 만성콩밭병의 진행 단계 및 주요병인

만성콩팥병(Chronic Kidney Disease, CKD)은 신장의 기능적 손상으로 배설, 내분비, 대사적 기능이 비가역적으로 상실되는 질환이다. 만성콩팥병은 서서히 진행되는데[그림 8-2], 일반적으로 신장기능이 50~70%까지 낮아져도 일부 생화학적 지표를 제외하고는 특별한 증상이 뚜렷이 나타나지 않는다. 미국국립콩팥병교육프로그램(the National Kidney Disease Education Program, NKDEP)에서는 사구체여과율(GFR)이 3개월 이상 60mL/min/1.73m² 미만이거나 알부민뇨가 요크레아티닌 g당 30mg 이상인 경우로 정의한다. 미국국립신장재단(the National Kidney Foundation, NKF)에서는 만성콩팥병의 상태를 5개의 단계로 나누었다〈표 8-1〉. 만성콩팥병 5단계는 생명 유지를 위해 신장대체요법(Renal Replacement Therapy, RRT)이나 신장이식이 필요하다.

만성콩팥병의 주요 병인으로는 당뇨병, 고혈압, 사구체신장염이 있다.

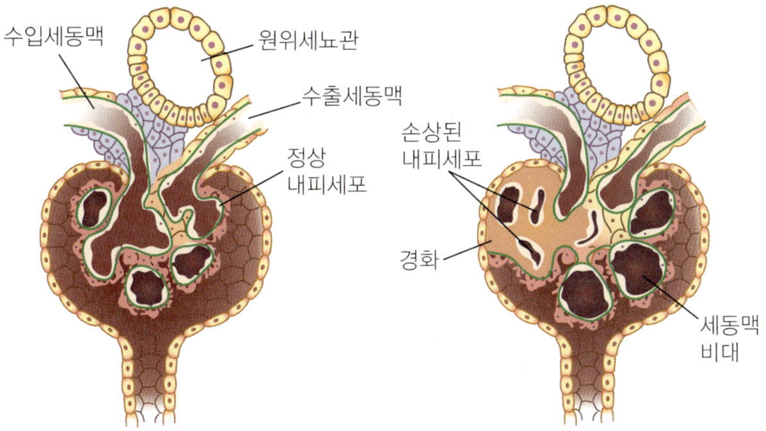

[그림 8-2] **정상적인 사구체와 과다여과로 손상된 사구체**

Dennis et al.(2015).

(2) 만성콩팥병의 식사요법

만성콩팥병 식사요법의 목표는 질병과 관련이 있는 증상(부종, 저알부민혈증, 고지혈증)을 관리하고, 질병의 진행을 늦추며, 염증을 줄이고 좋은 영양상태를 유지하는 것이다.

① 단백질 섭취

단백질은 혈액 내 요소 감소와 요독증의 증상을 완화하고 신장의 기능을 유지하기 위해 0.8g/kg/일로 제한한다. 식사로 섭취한 단백질은 사구체 압력을 상승시켜 신장기능 소실을 가속화한다는 것은 많은 연구에서 밝혀졌다. 단백질을 제한하여 식사를 구성할 때는 생물가가 높은(High Biologic Value, HBV) 단백질 급원식품을 50~60% 사용하여 체내에서 쉽게 소화되어 아미노산으로 사용될 수 있도록 한다.

② 에너지 섭취

에너지는 약 30~35kcal/kg/일로 섭취할 것을 권장하며, 이는 근육과 내장단백질이 에너지로 쓰이기 위해 이화되는 것을 막고 식사로 섭취한 단백질이 에너지원으로 사용되는 것을 막으며 일정한 체중을 유지하기 위해 필요하다.

③ 나트륨 조절

나트륨은 부종과 관련하여 적절한 제한이 필요하다. 부종은 체내 나트륨이 과다한 상태를 보여 주는 가장 극명한 징후이며, 저알부민혈증으로 인한 저삼투압에 의해 나타난다. 만성콩팥병일 경우 나트륨을 하루 1,500mg으로 제한할 것을 권장한다.

④ 칼륨의 조절

칼륨의 관리는 이뇨제, 식사처방, 만성콩팥병의 진행 정도에 따라 다른 약물을 사용하여 관리한다. 많은 경우 첫 만성콩팥병 단계에서는 칼륨배설이뇨제(potassium-wasting diuretics)를 복용하며, 경우에 따라 칼륨 보충제를 복용하기도 한다. 소변량이 하루 1L 이하로 줄어들면, 신장은 더 이상 체내 칼륨을 배설할 수 없어지게 되므로 칼륨 제한이 필요하며, 대체로 만성콩팥병 4단계가 이에 해당한다. 나트륨 제한 시 소금 대신 짠맛을 내기 위해 염화칼륨을 소금 대용품으로 사용할 수 있으므로 이에 대한 주의가 필요하다.

⑤ 인 조절

인은 초기 만성콩팥병의 고인산혈증으로 신장이 적응하여 인의 배설이 증가하고 재흡수가 감소하여 예방될 수 있다. 고인산혈증은 사구체여과율(GFR)이 20~30mL/min/1.73m^2으로 떨어졌을 때 나타난다. 대부분의 환자는 위장관에서 인의 흡수를 막기 위해 인산결합제를 처방받는다. 저단백식으로 인의 섭취량은 자동적으로 감소하며, 잡곡류, 견과류, 유제품 등의 사용을 제한하면 인의 섭취량을 더 줄일 수 있다.

⑥ 칼슘

만성콩팥병환자에 있어 저칼슘혈증은 흔하며, 이는 비타민 D 대사의 변화, 장내 칼슘 흡수 감소, 인 수치 증가에 따른 것이다.

기타 만성콩팥병에서 영양소별 고려해야 할 내용은 〈표 8-6〉과 같다.

〈표 8-6〉 만성콩팥병의 영양소별 고려사항

영양소	내용
단백질(g/kg)	· 0.8(50% 이상 생물가가 높은 식품으로 공급)
에너지(kcal/kg)	· 30~35(60세 이상) · 35(60세 미만)
나트륨(g/일)	· 1~3
칼륨(g/일)	· 혈청 칼륨 수치가 높지 않으면 제한하지 않음
인(mg/g 단백질 또는 mg/일)	· 10~12mg/g 단백질 · 800~1,000mg/일 · 혈청 인과 부갑상샘호르몬은 정상범위 내 유지
칼슘(g/일)	· 영양섭취기준, 혈청 정상 범위 내 유지
수분(cc/일)	· 일반적으로 제한하지 않음
비타민·무기질 (1일)	· B 복합체와 C: 영양섭취기준에 따름 · D: 적절히 보충 · 철분과 아연은 개별화
섬유소(g/일)	· 20~30

5) 말기콩팥병

(1) 말기콩팥병의 특징 및 원인

말기콩팥병(ESRD)은 신장이 노폐물 분비, 수분과 전해질 균형 유지, 특정 호르몬의 생성 등의 기능을 수행할 수 없는 것을 말한다. 대부분의 말기콩팥병은 당뇨병, 고혈압, 사구체신염을 원인으로 하며, 증상은 환자마다 상이하다. 만성콩팥병(CKD) 5단계인 경우 투석 혹은 신장이식의 의학적 치료가 필요하다.

(2) 혈액투석(Hemodialysis, HD)

혈액투석은 투석 기계를 통해 환자의 혈액 속 노폐물과 수분을 반투과막을 통해 투석액으로 여과하거나 제거하는 것이다[그림 8-3]. 혈액투석은 보통 일주일에 3회 시행하며, 회당 3~5시간이 소요된다.

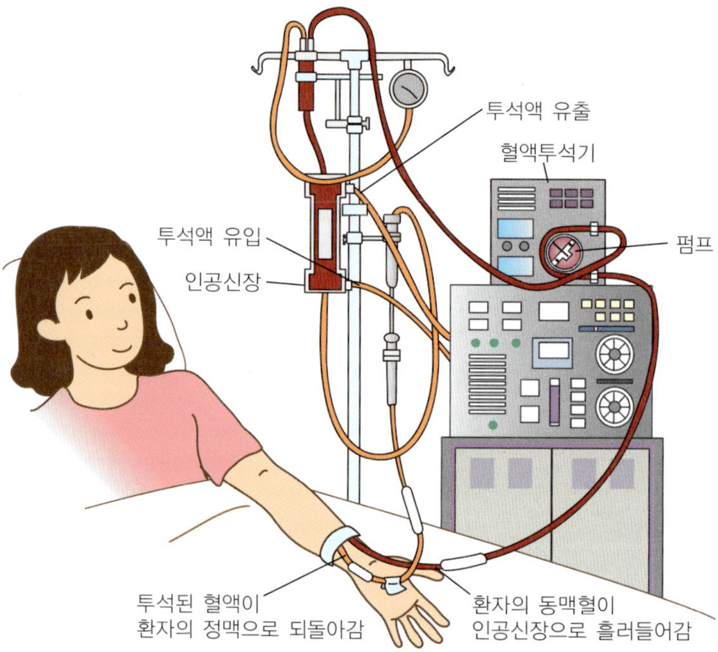

[그림 8-3] **혈액투석**

Mahan et al.(2016).

① 단백질의 섭취

단백질은 투석을 하면서 체외로 빠져나가게 되므로, 투석을 하면서는 단백질의 섭취량을 늘려야 한다. 혈액투석을 하는 경우 단백질은 1.2g/kg로 섭취할 것이 권장되는데 이는 환자의 혈액이 관에 의해 노출되어 만성적인 염증의 위험이 있어 적절한 단백질 섭취가 필요하기 때문이다. 혈중요소질소(BUN)와 크레아티닌(Cr) 수준, 요독증상, 체중 등이 모니터링되어야 하며, 식사는 그 수치에 따라 조절되어야 한다.

② 에너지 섭취

에너지 섭취는 근육과 내장단백질이 에너지로 쓰이기 위해 이화되는 것을 막고 식사로 섭취한 단백질이 에너지원으로 사용되는 것을 막기 위해 중요하다. 환자의 영양상태나 스트레스 정도에 따라 30~35kcal/kg로 권장한다.

③ 수분과 나트륨 조절

수분과 나트륨 균형은 투석환자에게 어려운 부분이다. 대부분의 혈액투석 환자는 나트륨과 수분섭취가 제한된다. 과량의 나트륨 섭취는 갈증을 유발하고 수분 보유를 증가시키며 고혈압의 원인이 된다. 혈액투석을 받고 있는 환자라면 나트륨과 수분의 섭취는 투석기간 동안에는 체중 증가가 2~3kg 정도 되도록 허용된다. 수분 증가분은 체중의 4% 미만으로 할 것이 권장되어, 나트륨은 1,500~2,000mg/일, 수분은 소변 배출량에 약 750mL를 추가한 양이 권장된다. 수분 균형을 위해 환자에게 어떻게 갈증을 해소할지에 대한 교육이 필요하다. 얼음덩어리를 입안에 넣고 천천히 먹거나, 얇게 썰은 시원한 과일조각을 먹거나, 신맛이 강한 사탕을 섭취할 것 등이 권장된다.

④ 칼륨 조절

칼륨은 혈청 수치, 소변 배출량, 약물, 혈액투석 빈도 등에 따라 다르기는 하지만 대체로 하루 2~3g으로 제한하도록 한다.

⑤ 인 조절

혈액투석 중에도 고인산혈증이 나타날 수 있다. 혈액 내 칼슘과 인 수치를 관찰하며 인이 높은 경우에는 인 함량이 높은 식품을 제한한다.

⑤ 칼슘 조절

말기콩팥병(ESRD)의 경우 체내 인과 칼슘이 균형이 깨지면서 칼슘과 부갑상샘호르몬의 이상이 있을 수 있다. 사구체여과율(GFR)이 줄어들면 신장에서 비타민 D를 활성화시키지 못해 위장에서 칼슘의 흡수가 떨어진다. 또한, 혈액 내의 인 수치가 상승함에 따라 혈중 칼슘 농도 증가가 필요하게 되며, 이는 칼슘의 항상성을 조절하는 부갑상샘샘을 과도하게 자극하게 한다. 그 결과로 부갑상샘호르몬(parathyroid hormone, PTH)의 과다 분비로 뼈에서 칼슘이 빠져나가게 되며, 이를 대사적 골질환인 신장성골형성장애(renal osteodystrophy)라고 한다. 따라서 칼슘은 혈청 칼슘 수치에 따라 섭취량을 조절하도록 한다.

혈액투식에서 영양소별 고려해야 할 내용은 〈표 8-7〉과 같다.

〈표 8-7〉 **혈액투석 시 영양소별 고려사항**

영양소	내용
단백질(g/kg)	· 1.2 이상(50% 이상 생물가가 높은 식품으로 공급)
에너지(kcal/kg)	· 30~35(60세 이상) · 35(60세 미만)
나트륨(g/일)	· 2
칼륨(g/일)	· 2~3 · 혈청 수준에 보정
인(mg/g 단백질 또는 mg/일)	· 800~1,000mg/일 · 단백질 요구량을 충족하기 위하여 보정할 경우 10~12mg/g 단백질
칼슘(g/일)	· 결합제 부하를 고려하여 <2 · 혈청 정상 범위 내 유지
수분(cc/일)	· 전일 소변량+1,000mL · 이상적인 체중 증가 범위 내 섭취
비타민·무기질 (1일)	· 비타민 C: 60~100mg · 비타민 B_6: 2mg · folate: 1~5mg · 비타민 B_{12} 3μg · 비타민 E: 15IU · 아연: 15mg · 철분과 비타민 D는 개별화함
섬유소(g/일)	· 20~25

(3) 복막투석(Peritoneal Dialysis, PD)

복막투석은 복막 안쪽에 투석액을 넣고, 복막을 통해 체내의 수분과 노폐물을 제거하는 것이다[그림 8-4]. 복막투석은 보통 하루 4회, 약 20분씩 투석한다. 복막투석은 혈액투석에 비해 투석기계로부터 자유롭게 되고 식사제한이 엄격하지 않다는 장점이 있으나, 하루 4회의 투석을 해야 하고 복막염이 발생될 우려가 있다는 단점이 있다.

① 단백질의 섭취

단백질은 복막투석을 하면서 소실이 되어 하루 9g 이상 투석액으로 유출된다. 손실된 단백질을 보충하기 위해 체중 kg당 1.2~1.3g의 단백을 섭취할 것이 권장된다.

② 에너지 섭취

에너지는 복막투석을 하기 위한 투석액은 덱스트로오스(dextrose) 용액으로 에너지 급원이 되므로 필요한 열량을 산출한 후 투석액으로부터 얻는 열량을 제외하고 식사할 수 있도록 계획한다. 덱스트로오스의 농도나 투석액의 양에 따라 열량이 상이하며, 산출하는 방법은 다음과 같다.

> 투석액으로부터 얻는 열량(kcal)=덱스트로오스 농도(g/L)×3.4kcal×0.8×투석액의 양(L)
> (덱스트로오스의 농도는 1.5%(13g/L), 2.5%(22g/L), 4.25%(38g/L)가 있으며, 흡수된 덱스트로오스의 열량은 3.4kcal/g)

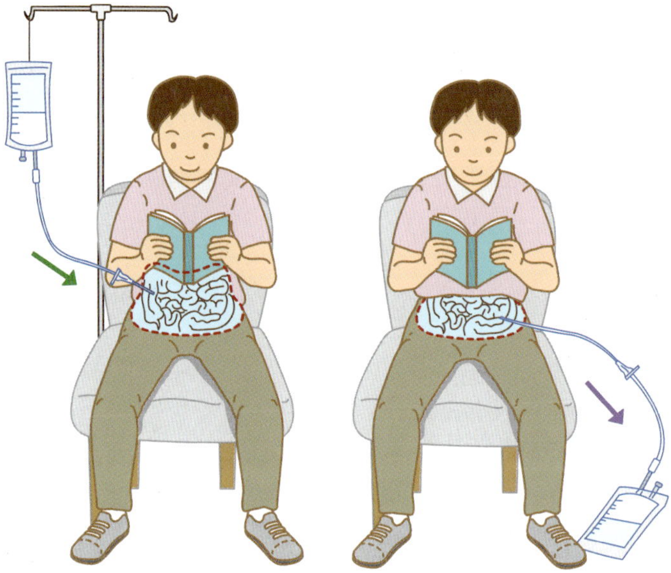

[그림 8-4] **복막투석**

Mahan et al. (2016).

③ 수분과 나트륨 조절

나트륨은 하루 2,000mg 정도로 제한하지만 환자에 따라 개별화되어야 하며 혈액투석식에 비해 비교적 자유롭게 한다. 나트륨은 체내 수분의 축적을 막기 위해 제한하는데, 체내 수분량이 많아지면 제거를 위해 고농도의 투석액을 사용하게 된다. 고농도의 투석액을 만성적으로 사용하게 되면 열량섭취가 지속적으로 증가되어 과체중이나 고중성지방혈증, 인슐린 저항성을 유발할 수 있으므로 고농도 투석액의 사용은 최소화해야 한다.

④ 칼륨 조절

칼륨은 혈청 칼륨 수치, 약물요법 등에 따라 달라질 수 있으나 복막투석을 하는 경우 비교적 정상적으로 유지된다. 보통 하루 3,000~4,000mg을 권장한다.

기타 복막투석에서 영양소별 고려해야 할 내용은 〈표 8-8〉과 같다.

〈표 8-8〉 복막투석 시 영양소별 고려사항

영양소	내용
단백질(g/kg)	1.2~1.3 이상(50% 이상 생물가가 높은 식품으로 공급)
에너지(kcal/kg)	· 30~35(60세 이상) · 35(60세 미만) · 투석액의 열량을 포함
나트륨(g/일)	· 2 · 수분 균형 모니터링
칼륨(g/일)	· 3~4 · 혈청 수준에 보정
인(mg/g 단백질 또는 mg/일)	· 800~1,000mg/일 · 단백질 요구량을 충족하기 위하여 보정할 경우 10~12mg/g 단백질
칼슘(g/일)	· 결합제 부하를 고려하여 <2 · 혈청 정상 범위 내 유지
수분(cc/일)	· 균형 유지
비타민·무기질(일)	· 비타민 C: 60~100mg · 비타민 B_1: 1.5~2mg · 비타민 B_6: 2mg · folate: 1~5mg · 비타민 B_{12} 3μg · 비타민 E: 15IU · 아연: 15mg · 철분과 비타민 D는 개별화함
섬유소(g/일)	20~25

(5) 신장이식(kidney transplantation)

신장을 이식받은 성인 환자에게 영양적으로 고려될 점은 면역억제제에 다른 대사적 영향에 대한 것이다. 장기간 사용되는 스테로이드는 단백질의 이화작용, 고지혈증, 나트륨 저류, 체중 증가, 고혈당, 골다공증, 전해질 이상 등과 관련이 있다.

이식 후 첫 6주 동안은 하루 이상 체중(IBW) kg당 1.2~1.5g의 단백질을 권장하며, 에너지는 이상 체중 kg당 30~35kcal를 권장한다. 나트륨은 하루 2,000~3,000mg으로 제한하여 혈압조절을 하도록 한다.

이후 회복기에는 단백질을 이상 체중 kg당 1g 정도로 줄이도록 하며, 에너지는 적절한 체중을 유지하기 위해 필요한 열량으로 권장한다. 균형 잡힌 저지방식으로 심혈관계 합병증의 위험을 낮추도록 한다. 나트륨 섭취는 수분 저류와 혈압에 근거하여 개별화한다.

면역억제제를 사용하면 칼륨 수치가 일정하게 유지되지 않으므로 섭취량을 조절하도록 한다. 신장이식 후에는 면역억제제의 사용으로 골다공증의 우려가 있으므로 검사 결과에 따라 칼슘의 섭취량을 증가시키도록 한다.

많은 경우 이식 후 혈청 중성지방이나 콜레스테롤의 수치가 상승하며, 약물과 식사요법으로 치료하게 된다. 이때 과체중이라면 열량을 제한하도록 하고, 콜레스테롤은 하루 300mg 이하로 제한한다. 포도당 불내성(glucose intolerance)이 있는 경우 당질 섭취량을 제한하고 규칙적인 운동이 권장된다.

면역억제제를 장기간 복용해야 하기 때문에 이식 후 환자들은 음식을 안전하게 다루는 것이 중요하다. 손 씻기, 음식을 조리할 때 온도를 확인하는 것, 익히지 않은 음식물을 주의하는 것 등의 감염관리가 필요하다.

5. 신장질환을 위한 식품교환표

신장질환 환자를 위한 식품교환표는 신장질환으로 단백질, 나트륨, 칼륨, 인 등의 영양소섭취를 조절해야 하는 환자가 보다 쉽게 식사 계획을 할 수 있도록 만든 식품교환표이다. 우리가 평소 섭취하는 식품들을 영양소 구성이 유사한 것끼리 묶어 곡류군, 어육류군, 채소군, 지방군, 우유군, 과일군, 열량보충군으로 나누었으며, 곡류군은 주식, 어육류군과 채소군은 부식, 지방군은 조리 시 사용하는 기름, 우유군과 과일군, 열량보충군은 식사와 식사 사이에 간식으로 선택할 수 있다. 채소군과 과일군은 칼륨 함량에 따라 3개의 소군으로 다시 분류했으며, 나트륨이나 칼륨, 인이 많은 식품은 별도 표기하였다. 열량보충군은 단백질 제한이 심한 경우 체단백이 에너지원으로 사용되는 것을 막기 위해 권장된다.

식품군별 영양소 함량

		단백질(g)	나트륨(mg)	칼륨(mg)	인(mg)	열량(kcal)
곡류군		2	2	30	30	100
어육류군		8	50	120	90	75
채소군	1	1	미량	100	20	20
	2	1	미량	200	20	20
	3	1	미량	400	20	20
지방군		0	0	0	0	45
우유군		6	100	300	180	125
과일군	1	미량	미량	100	20	50
	2	미량	미량	200	20	50
	3	미량	미량	400	20	50
열량보충군		0	3	20	5	100

대한영양사협회(2008).

1) 곡류군

곡류군은 주로 주식으로 활용될 수 있는 식품들이 해당되며, 열량원일 뿐 아니라 소량의 단백질을 함유한다.

1교환단위당 영양소 함량	단백질(g)	나트륨(mg)	칼륨(mg)	인(mg)	열량(kcal)
	2	2	30	30	100

식품명	가식부 무게(g)	목측량
쌀밥	70	1/3공기
국수(삶은 것)*	90	1/2공기
식빵*	35	1쪽
백미	30	3Tbsp
찹쌀	30	3Tbsp
밀가루	30	3Tbsp
마카로니(건)	30	
가래떡	50	썰은 것으로 11개
백설기	40	$6 \times 2 \times 3cm^3$
인절미	50	3개
절편(흰떡)	50	2개
카스텔라	30	$6.5 \times 5 \times 4.5cm^3$
크래커	20	5개
콘플레이크	30	3/4컵

* 국수나 식빵은 다른 식품에 비해 나트륨과 단백질이 많기 때문에 이들을 제한해야 하는 경우에는 1일 1회 이하로 섭취하도록 주의해야 함

대한영양사협회(2008).

※ 주의식품

다음 식품들은 칼륨이나 인이 많아 이를 제한해야 하는 경우에는 주의한다.

식품명	가식부 무게(g)	목측량	칼륨 주의 (60mg 이상)	인 주의 (60mg 이상)
감자	180	대 1개	○	○
고구마	100	중 1/2개	○	
토란	250	2컵	○	○
검정쌀	30	3Tbsp	○	○
보리쌀	30	3Tbsp	○	
현미쌀	30	3Tbsp	○	○
보리밥	70	1/3공기	○	
현미밥	70	1/3공기	○	○
녹두	30	3Tbsp	○	○
율무	30	3Tbsp	○	○
차수수	30	3Tbsp	○	○
차조	30	3Tbsp	○	○
팥(붉은 것)	30	3Tbsp	○	○
호밀	30	3Tbsp	○	
밤(생)	60	중 6개		○
은행	60		○	○
메밀국수(건)	30		○	
메밀국수(삶은 것)	90			○
시루떡	50		○	
보리미숫가루	30	5Tbsp		○
빵가루	30			○
오트밀	30	1/3컵	○	○
핫케이크가루	25			○
옥수수	50	1/2개	○	○
팝콘	20		○	

대한영양사협회(2008).

2) 어육류군

어육류군은 질이 좋은 단백질이므로 허용된 범위 내에서 반드시 섭취한다.

1교환단위당 영양소 함량	단백질(g)	나트륨(mg)	칼륨(mg)	인(mg)	열량(kcal)
	8	50	120	90	75

식품명	가식부 무게(g)	목측량
고기류		
쇠고기	40	로스용 1장(12×10.3cm) 또는 탁구공크기
돼지고기	40	로스용 1장(12×10.3cm) 또는 탁구공크기
닭고기	40	소 1토막(탁구공크기)
개고기	40	소 1토막(탁구공크기)
쇠간	40	1/4컵
쇠갈비	40	소 1토막
우설	40	1/4컵
돼지족, 돼지머리, 삼겹살	40	썰어서 4쪽(3×3cm)
쇠곱창	60	1/2컵
쇠꼬리	60	소 2토막
생선류		
각종 생선류	40	소 1토막
건어물류 및 해산물		
뱅어포	10	1장
북어	10	중 1/4토막
새우	40	중하 3마리, 보리새우 10마리
문어*	50	1/3컵
물오징어*	50	중 1/4마리(몸통)
꽃게*	50	중 1/2마리
굴*	70	1/3컵
낙지*	70	1/2컵
전복	70	중 1마리
알류 및 콩류		
달걀	60	대 1개
메추리알	60	5개
두부	80	1/6모
순두부	200	1컵
연두부	150	1/2개

*문어, 물오징어, 꽃게, 굴, 낙지 등은 다른 식품에 비해 염분이 약간 많으므로 물에 담가 염분을 충분히 제거하고 조리해야 함

대한영양사협회(2008).

※ 주의식품

다음 식품들은 칼륨이나 나트륨이 많아 이를 제한해야 하는 경우에는 주의한다.

식품명	가식부 무게(g)	목측량	칼륨 주의 (220mg 이상)	나트륨 주의 (250mg 이상)
검정콩	20	2Tbsp	○	
노란콩	20	2Tbsp	○	
햄(로스)	50	1쪽(8×6×1cm)		○
런천미트	50	1쪽(5.5×4×2cm)		○
프랑크소시지	50	1.5개		○
생선통조림	40	1/3컵		○
치즈	40	2장		○
잔멸치(건)	15	1/4컵		○
건오징어	15	중 1/4마리(몸통)		○
조갯살	70	1/3컵		○
깐홍합	70	1/3컵		○
어묵	80			○

대한영양사협회(2008).

3) 채소군

채소군은 칼륨 함량에 따라 세 개의 그룹으로 분류하였으며, 1교환단위의 목측량은 대부분 1/2컵이다. 칼륨을 제한해야 하는 경우는 채소군 3(칼륨 고함량)의 식품들을 식단에서 제외한다.

(1) 주요 채소군 1(칼륨 저함량)

1교환단위당 영양소 함량	단백질(g)	나트륨(mg)	칼륨(mg)	인(mg)	열량(kcal)
	1	미량	100	20	20

식품명	가식부 무게(g)	목측량
달래	30	생 1/2컵
당근	30	생 1/2컵
김	2	1장
깻잎	20	20장
풋고추	20	중 2~3개
표고(생)	30	중 5개
더덕	30	중 2개
치커리	30	중 12잎
배추	70	소 3~4장
양상추	70	중 3~4장
마늘종	40	익혀서 1/2컵
파	40	익혀서 1/2컵
팽이버섯	40	익혀서 1/2컵
냉이	50	익혀서 1/2컵
무청	50	익혀서 1/2컵
양파	50	익혀서 1/2컵
양배추	50	익혀서 1/2컵
가지	70	익혀서 1/2컵
고비(삶은 것)	70	익혀서 1/2컵
고사리(삶은 것)	70	익혀서 1/2컵
무	70	익혀서 1/2컵

식품명	가식부 무게(g)	목측량
숙주	70	익혀서 1/2컵
오이	70	익혀서 1/2컵
죽순(통)	70	익혀서 1/2컵
콩나물	70	익혀서 1/2컵
피망	70	익혀서 1/2컵
녹두묵	100	1/4모
메밀묵	100	1/4모
도토리묵	100	1/4모

대한영양사협회(2008).

(2) 주요 채소군 2(칼륨 중등함량)

1교환단위당 영양소 함량	단백질(g)	나트륨(mg)	칼륨(mg)	인(mg)	열량(kcal)
	1	미량	200	20	20

식품명	가식부 무게(g)	목측량
무말랭이	10	불려서 1/2컵
두릅	50	3개
상추	70	중 10장
셀러리	70	6cm 길이 6개
케일	70	10cm 길이 10장
도라지	50	익혀서 1/2컵
연근	50	익혀서 1/2컵
우엉	50	익혀서 1/2컵
풋마늘	50	익혀서 1/2컵
고구마순	70	익혀서 1/2컵
느타리*	70	익혀서 1/2컵
열무	70	익혀서 1/2컵
애호박	70	익혀서 1/2컵
중국부추	70	익혀서 1/2컵

*인이 많이 함유된 식품

대한영양사협회(2008).

(3) 주요 채소군 3(칼륨 고함량)

1교환단위당 영양소 함량	단백질(g)	나트륨(mg)	칼륨(mg)	인(mg)	열량(kcal)
	1	미량	400	20	20

식품명	가식부 무게(g)	목측량
양송이*	70	중 5개
고춧잎	50	익혀서 1/2컵
아욱	50	익혀서 1/2컵
근대	70	익혀서 1/2컵
머위	70	익혀서 1/2컵
물미역	70	익혀서 1/2컵
미나리	70	익혀서 1/2컵
부추	70	익혀서 1/2컵
쑥*	70	익혀서 1/2컵
쑥갓	70	익혀서 1/2컵
시금치	70	익혀서 1/2컵
죽순	70	익혀서 1/2컵
취	70	익혀서 1/2컵
단호박	100	익혀서 1/2컵
늙은호박*	150	익혀서 1/2컵

*인이 많이 함유된 식품

대한영양사협회(2008).

4) 지방군

지방군은 체내에서 소화되고 흡수된 후 노폐물이 거의 생성되지 않아 신장에 부담을 주지 않고, 적은 양으로 많은 열량을 낼 수 있어 단백질을 많이 제한할 경우 에너지원으로 활용할 수 있다.

(1) 주요 지방군

1교환단위당 영양소 함량	단백질(g)	나트륨(mg)	칼륨(mg)	인(mg)	열량(kcal)
	0	0	0	0	45

식품명	가식부 무게(g)	목측량
들기름	5	1tsp
미강유	5	1tsp
옥수수기름	5	1tsp
유채기름	5	1tsp
콩기름	5	1tsp
참기름	5	1tsp
카놀라유	5	1tsp
쇼트닝	5	1.5tsp
마가린	6	1.5tsp
버터	6	1.5tsp
마요네즈	7	1.5tsp

대한영양사협회(2008).

(2) 주의식품

다음 식품들은 단백질, 인, 칼륨이 많으므로 주의한다.

식품명	가식부 무게(g)	목측량
베이컨	7	1조각
땅콩	10	10개(1Tbsp)
아몬드	8	7개
잣	8	1Tbsp
참깨	8	1Tbsp
피스타치오	8	10개
해바라기씨	8	1Tbsp
호두		대 1개 또는 중 1.5개

대한영양사협회(2008).

5) 우유군

우유군은 양질의 단백질을 함유하고 있으나 칼륨과 인의 함량이 높으므로 1일 허용량 이상 섭취하지 않도록 한다.

1교환단위당 영양소 함량	단백질(g)	나트륨(mg)	칼륨(mg)	인(mg)	열량(kcal)
	6	100	300	180	125

식품명	가식부 무게(g)	목측량
요구르트(액상)[1)]	300	1.5컵(100g 포장단위 3개)
요구르트(호상)[1)]	200	1컵(100g 포장단위 2개)
우유	200	1컵
락토우유	200	1컵
저지방우유(2%)	200	1컵
두유	200	1컵
연유(가당)[1)]	60	1/2컵
조제분유	25	5Tbsp
아이스크림[2)]	150	1컵

1) 요구르트나 연유(가당)는 1교환단위의 열량이 기준치의 1.5배임
2) 아이스크림은 1교환단위의 열량이 기준치의 2.5배임

대한영양사협회(2008).

6) 과일군

과일군은 칼륨 함량에 따라 세 개의 소그룹으로 분류했으며, 칼륨을 제한할 경우 과일군 3(칼륨 고함량)의 식품은 제외하는 것이 좋다.

(1) 과일군 1(칼륨 저함량)

1교환단위당 영양소 함량	단백질(g)	나트륨(mg)	칼륨(mg)	인(mg)	열량(kcal)
	미량	미량	100	20	50

식품명	가식부 무게(g)	목측량
귤(통조림)*	80	18알
금귤	60	7개
단감	80	중 1/2개
연시	80	소 1개
레몬	80	중 1개
사과	100	중 1/2개
사과주스	100	1/2컵
자두	80	대 1개
파인애플	100	중 1쪽
파인애플(통조림)*	120	대 1쪽
포도	100	19개
깐포도(통조림)*	100	
후르츠칵테일(통조림)*	100	

*과일통조림은 시럽을 제외해야 함

대한영양사협회(2008).

(2) 과일군 2(칼륨 중등함량)

1교환단위당 영양소 함량	단백질(g)	나트륨(mg)	칼륨(mg)	인(mg)	열량(kcal)
	미량	미량	200	20	50

식품명	가식부 무게(g)	목측량
귤	100	중 1개
다래	80	
대추(건)	20	8개
대추(생)	60	8개
배	100	대 1/4개

식품명	가식부 무게(g)	목측량
딸기	150	10개
백도	150	중 1/2개
황도	150	중 1/2개
살구	150	3개
수박	200	1쪽
오렌지	150	중 1개
오렌지주스	100	1/2컵
자몽	150	중 1/2개
파파야	100	
포도(거봉)	100	11개

대한영양사협회(2008).

(3) 과일군 3(칼륨 고함량)

1교환단위당 영양소 함량	단백질(g)	나트륨(mg)	칼륨(mg)	인(mg)	열량(kcal)
	미량	미량	400	20	50

식품명	가식부 무게(g)	목측량
곶감	50	중 1개
멜론(머스크)	120	1/8개
바나나	120	중 1개
앵두	120	
참외	120	소 1/2개
천도복숭아	200	소 2개
키위	100	대 1개
토마토	250	대 1개
체리토마토	250	중 20개

대한영양사협회(2008).

7) 열량보충군

단백질 제한을 많이 하는 경우 충분한 열량을 공급해 주면 체단백의 손실을 막을 수 있으며, 소화되고 흡수된 이후 노폐물이 거의 생성되지 않아 신장 부담을 줄일 수 있다. 복막투석을 하는 경우 투석액에 당분이 포함되어 있으므로 섭취가 권장되지 않는다.

(1) 주요 열량보충군

1교환단위당 영양소 함량	단백질(g)	나트륨(mg)	칼륨(mg)	인(mg)	열량(kcal)
	0	3	20	5	100

식품명	가식부 무게(g)	목측량
과당	25	
꿀	30	
전분	30	
당면	30	
마멀레이드	40	
사탕	25	
설탕	25	
양갱	35	
엿	30	
물엿	30	
젤리	30	
잼	35	
캐러멜	25	

대한영양사협회(2008).

(2) 주의식품

다음 식품들은 열량은 많으나 칼륨과 인의 함량이 높으므로 주의한다.

식품명	가식부 무게(g)	목측량
초콜릿	20	
흑설탕	25	
황설탕	25	
로열젤리	80	

대한영양사협회(2008).

(3) 염분함량표

소금은 나트륨을 많이 함유하므로 나트륨 제한이 필요한 경우 주의한다. 다음은 소금 1g(나트륨 400mg)을 함유하는 식품의 양이다.

식품명	무게(g)	목측량
소금	1	1/2tsp
진간장	5	1tsp
우스터소스	40	2.5Tbsp
된장	10	1/2Tbsp
고추장	10	1/2Tbsp
마요네즈	40	2.5Tbsp
토마토케첩	30	2Tbsp
마가린	50	3Tbsp
버터	50	3Tbsp
배추김치	30	썰어서 3쪽
단무지	10	썰어서 2쪽

대한영양사협회(2008).

Chapter 09

암

1. 암의 정의 및 진단

통계청의 2016년 사망원인 발표자료에 따르면 전체 사망자의 27.8%가 암으로 인해 사망하였으며, 암 사망률은 폐암(35.1명), 간암(21.5명), 대장암(16.5명), 위암(16.2명), 췌장암(11.0명) 순으로 높았다(괄호 안의 수는 인구 백만 명당 사망률). 성별로는 남자가 폐암(52.2명), 간암(31.5명), 위암(20.8명) 순으로 사망률이 높았으며, 여자는 폐암(18.1명), 대장암(14.6명), 간암(11.6명) 순으로 사망률이 높았다. 남녀간 차이는 식도암(9.5배)이 가장 크고, 폐암(2.9배), 간암(2.7배) 순이다. 최근에는 우리나라에서도 대장암, 췌장암, 유방암, 전립선암 등 서구형 암의 발생빈도가 증가하고 있다〈표 9-1〉.

〈표 9-1〉 악성신생물(암)의 성별 사망률 추이, 2006~2016

(단위: 인구 10만 명당 명, %)

			악성신생물(암)	식도암	위암	대장암	간암	췌장암	폐암	유방암	자궁암	전립선암	뇌암	백혈병
남녀	2006년		134.0	3.0	21.9	12.8	22.3	7.0	28.7	3.3	2.5	2.1	2.3	2.9
전체	2015년		150.8	3.0	16.7	16.4	22.2	10.7	34.1	4.6	2.7	3.3	2.5	3.4
	2016년		153.0	3.0	16.2	16.5	21.5	11.0	35.1	4.8	2.5	3.4	2.6	3.6
	'15년 대비	증감	2.1	-0.0	-0.6	0.0	-0.7	0.3	1.0	0.2	-0.2	0.1	0.1	0.2
		증감률	1.4	-0.8	-3.4	0.3	-3.0	2.9	2.9	4.7	-5.7	2.3	4.5	6.8
남	2006년		170.7	5.5	28.8	14.0	33.6	7.7	42.6	0.1	-	4.1	2.4	3.4
	2015년		187.3	5.5	21.6	18.6	32.9	11.4	49.8	0.1	-	6.7	2.6	3.9
	2016년		188.8	5.4	20.8	18.4	31.5	11.4	52.2	0.1	-	6.8	2.8	4.0
	'15년 대비	증감	1.6	-0.1	-0.8	-0.2	-1.4	-0.1	2.4	-0.0	-	0.2	0.2	0.1
		증감률	0.8	-1.8	-3.7	-1.2	-4.3	-0.5	4.8	-0.3	-	2.4	6.5	1.9
여	2006년		97.1	0.5	15.0	11.5	10.8	6.4	14.7	6.6	5.1	-	2.2	2.3
	2015년		114.4	0.5	11.8	14.3	11.5	9.9	18.5	9.2	5.4	-	2.3	2.8
	2016년		117.2	0.6	11.5	14.6	11.6	10.6	18.1	9.6	5.1	-	2.4	3.2

			악성 신생물 (암)	식도암	위암	대장암	간암	췌장암	폐암	유방암	자궁암	전립선암	뇌암	백혈병
여	'15년 대비	증감	2.8	0.1	-0.3	0.3	0.1	0.7	-0.4	0.4	-0.3	-	0.1	0.4
		증감률	2.4	11.1	-2.8	2.3	0.6	6.8	-2.1	4.7	-5.7	-	2.2	13.5
사망률 성비 (남/여)	2006년		1.76	10.75	1.91	1.21	3.10	1.21	2.90	0.01	-	-	1.12	1.47
	2015년		1.64	10.79	1.83	1.30	2.87	1.15	2.69	0.01	-	-	1.14	1.40
	2016년		1.61	9.53	1.81	1.25	2.73	1.07	2.88	0.01	-	-	1.19	1.26

통계청(2017).

초기 역학연구에 의하면 암 발생은 식생활이 35% 기여한다고 했으며(Doll & Peto, 1981), 이후 영양 요인과 암 발생에 대한 많은 연구가 이루어지고 있다. 암은 식습관 및 식품섭취 등의 환경적 요인이 주요 발병 원인일 뿐 아니라 발병 후 대부분의 경우 수술을 하고, 수술 후 방사선 치료나 화학요법으로 입원과 통원 치료를 받으면서 많은 환자가 체중 감소, 식욕저하, 소화불량, 배변장애 등을 호소하기도 한다. 수술과 치료로 인해 암 환자들에게서 영양불량은 흔히 나타나며, 이러한 영양불량은 암으로 인한 합병증과 사망의 원인이 되기도 한다. 좋은 영양 상태는 치료의 효과나 그 기간을 단축시키는 데 기여한다. 따라서 암 환자에게 있어 영양은 삶의 질과 예후에 영향을 미쳐 치료의 효과와 생존율을 결정하는 주요 인자라고 할 수 있다.

유전이 된다고 알려진 암은 적으나 유전은 모든 암의 발생에 어느 정도 관련이 있다. 화학물질, 방사선, 자외선, 석면 혹은 인유두종바이러스(Human Papilloma Virus, HPV), 헬리코박터 파일로리(helicobacter pylori)와 같은 박테리아 등에 노출되어 유전자 손상으로 인해 암 발생이 가능하며, 항산화물질이나 콩단백질, 지방, 열량, 알코올, 피토케미칼(phytochemical)과 같은 영양성분도 유전자의 손상에 관련이 있을 수 있다.

담배와 폐암, 자외선 노출과 피부암 등과 같이 환경 요인이 암 발생과 관련이 있다고 알려져 있으며, 지금까지의 역학조사 결과 가공식품을 포함한 붉은색의

육류섭취는 대장암, 방광암, 전립선암, 유방암, 위암, 구강암, 췌장암의 발생 위험을 높이며, 과일과 채소의 섭취가 다양한 암의 예방에 효과가 있다고 알려져 있다. 전곡류와 섬유소, 비타민 D, 운동은 암 발생의 위험을 낮추고, 지방과 알코올, 비만, 훈제식품, 염장식품, 초절임, 고온에서 조리한 육류 등이 암 발생의 위험을 증가시킬 수 있다.

1) 암의 정의

암이란 생체 조직 안에서 세포의 성장과 조절의 이상이라고 할 수 있으며, 발암은 이러한 세포가 무제한으로 증식하여 악성종양을 일으키는 것이다. 정상 세포는 성장의 조절이 잘 되지만, 암 세포는 무분별하게 성장하며 정상적인 세포 성장 신호나 유전적 조절 등으로부터 영향을 받지 않으면서 분화 과정도 변한다. 암세포는 핵과 세포질의 크기가 커지거나 모양에 이상이 생기며 분열 빈도가 높아지고 염색체 배열에 이상이 온다. 정상세포가 암세포로 변화하는 단계는 개시(initiation), 촉진(promotion), 진행(progression)의 단계를 거친다[그림 9-1]. 개시 단계는 담배와 같은 개시인자에 노출되어 발생하며, 개시인자가 세포의 유전자적 돌연변이를 일으킨다. 암의 성장은 나이, 성별, 건강과 영양상태, 면역기능 등에 영향을 받는다.

암은 혈액이나 림프를 통해 원래 발생했던 지점에서 이동하기도 하며, 이를 전이(metastasis)라고 한다.

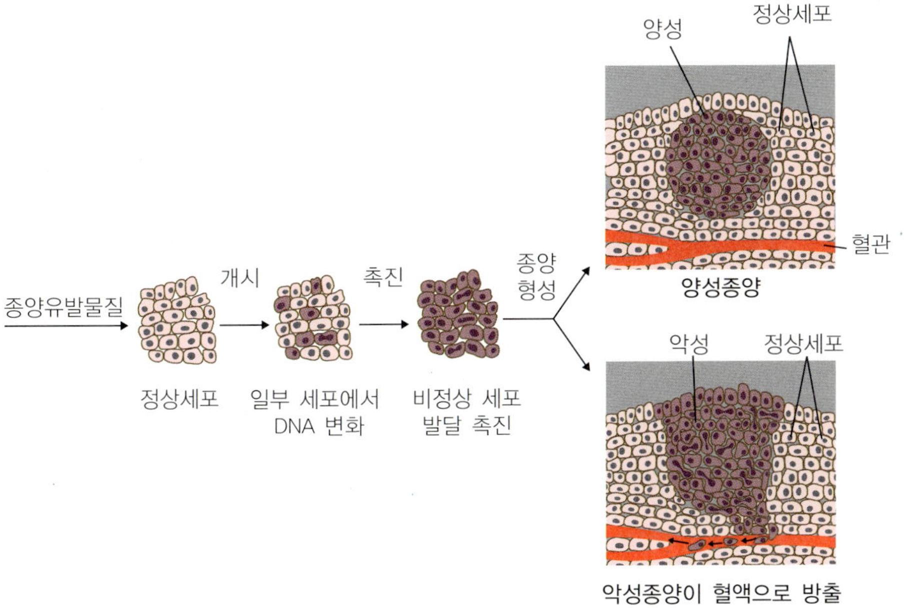

[그림 9-1] 암의 진행

2) 암의 진단

암 진단 후에는 혈액 및 신체검사, 세포검사, 영상검사, 생화학검사 등 여러 가지 검사를 받는다. 종양영상검사는 종양이 체내 기관들과 연관되어 있는 상태를 확인하는 것으로 자기공명영상(MRI), 컴퓨터단층촬영(CT), 뼈스캔(bone scan), 내시경 등이 있다. 조직검사나 흡인세포검사, 복강경검사로는 종양을 직접 확인할 수 있다.

이런 검사를 통해 종양의 유형, 최초 부위, 전이 정도, 재발 가능성 등을 판단하는 데 필요한 정보를 얻을 수 있다.

3) 암 예방을 위한 생활습관 가이드라인

(1) 대한암협회

대한암협회에서는 한국인의 암 예방 식생활 가이드를 다음과 같이 제안하였다.

- 표준체중을 유지하며 과식하지 않고 지방분을 적게 먹는다.
- 황록색 채소와 과일, 섬유질을 많이 섭취한다.
- 편식하지 않고 영양분을 골고루 섭취한다.
- 너무 짠 음식이나 매운 음식과 뜨거운 음식을 피한다.
- 우유와 된장을 섭취한다.
- 비타민 A, 비타민 C, 비타민 E를 적당량 섭취한다.
- 불에 직접 태우거나 훈제한 생선이나 고기는 피한다.
- 과음하지 않는다.
- 금연한다.
- 곰팡이가 생기거나 부패한 음식은 먹지 않는다.
- 태양 광선의 자외선 노출을 피한다.
- 적당한 운동을 하되 과로하지 않는다.
- 목욕, 샤워 등을 통해 몸을 청결히 관리한다.
- 스트레스를 받지 않는다.

(2) 세계암연구재단과 미국암연구협회

세계암연구재단(World Cancer Research Fund International)과 미국암연구협회(American Institute for Cancer Research)에서는 각 분야의 전문가를 통해 지금까지 연구된 암과 관련된 음식, 영양, 신체활동에 대해 암을 예방하는 데 도움이 되는 생활습관을 다음과 같이 제시하였다.

- 적정 체중 범위 안에서 최대한 체지방을 적게 유지하도록 노력한다.
- 일상생활에서 신체 활동을 가능한 한 많이 하도록 한다.

- 열량 밀도가 높은 음식과 당이 많이 첨가된 음료를 피한다.
- 식물성 식품을 가능한 한 많이 섭취한다.
- 붉은색 육류를 제한하고, 가공육의 섭취를 피한다.
- 알코올 섭취를 제한한다.
- 소금 섭취량을 제한하고, 곰팡이가 생긴 곡류나 콩류의 섭취를 피한다.
- 최대한 식사를 통해 영양권장량을 모두 섭취할 수 있도록 한다.
- 가급적 모유수유를 한다.
- 암 생존자는 암 예방을 위한 생활습관을 따른다.

(3) 미국암학회

미국암학회(American Cancer Society)에서는 다음과 같이 암 예방을 위한 권장안을 제시하였다.

- 신체적 활동량이 많은 생활을 하라: 성인은 매주 중간 강도의 운동을 150분 혹은 심한 강도의 운동을 75분 이상 하며, 일주일 동안 잘 나누어 할 수 있도록 한다.
- 건강한 체중을 유지하라: 저체중이 아닌 수준에서 최대한 체지방을 적게 한다. 모든 연령대에서 과잉으로 체중 증가가 일어나지 않도록 한다.
- 채소를 급원으로 하는 건강한 식생활을 하라: 건강한 체중을 위한 적절한 양의 식품과 음료를 선택한다. 가공육과 붉은색 육류섭취를 제한한다. 하루에 2.5컵 이상의 채소와 과일을 섭취한다. 정제된 곡류보다는 통곡류를 선택한다.
- 알코올은 제한하여 섭취한다. 여자는 하루 1단위, 남자는 2단위까지만 마신다(1단위는 맥주 350mL, 와인 150mL, 소주 50mL 정도).

2. 암의 증상과 치료법

1) 암 환자의 영양적 문제

(1) 암 악액질(cancer cachexia)

암 악액질은 암이 성장하면서 이차적으로 발생하는 체중 감소, 조직 소모, 식욕부진, 허약 등의 복합적인 대사이상으로 가장 흔한 암 환자의 사망 원인이다. 암 악액질로 인한 사망은 20% 이상이며, 사망자의 80%에서 암 악액질이 발견된다.

암 악액질의 병태생리는 아직 완벽하게 알려지지 않았으나 대사 변화에 따른 에너지소비 변화에 원인이 있을 것으로 추정된다. 암 악액질은 종양에 따라 다르게 발생하여 폐종양이나 췌장암을 포함한 소화기관 종양이 유방암이나 혈액암보다 많이 발생한다.

암 악액질은 대사이상, 식욕부진, 조기 포만감(early satiety), 미각의 변화, 부종, 피로, 면역기능의 이상 등과 관계가 있다. 통증, 우울이나 불안, 암 혹은 그 치료에 따른 식욕부진, 메스꺼움과 구토, 소화기관 기능장애, 여러 물질대사이상 등으로 생기며, 그 결과로 지방과 근육의 손실, 뼈의 무기질 성분 손실 등이 발생한다[그림 9-2]. 장관 혹은 비장관 영양지원과 관이 보편적으로 이용되는 영양치료도 암 악액질은 반응하지 않는다. 악액질은 체중 감소, 근육손실, 피로감, 조기 포만감 등의 증상에 따라 진단한다.

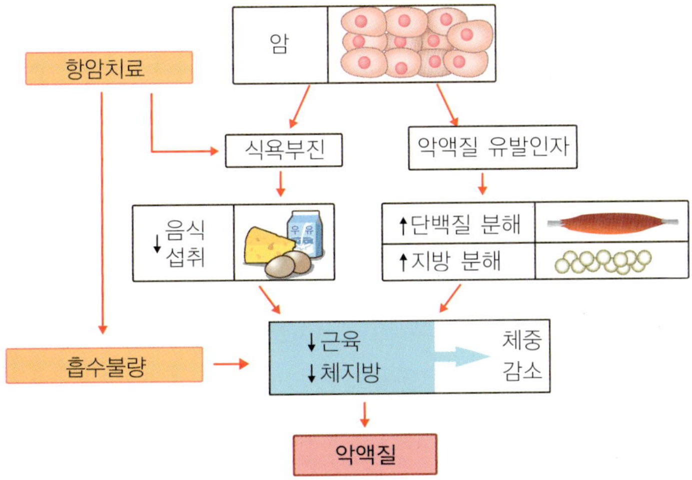

[그림 9-2] **암 악액질**

Muscaritoli et al.(2006).

(2) 대사변화

암이 발생하면 식욕부진 등의 이유로 식사섭취량이 줄기도 하지만, 적절한 영양섭취를 하더라도 체중이 감소된다. 일반적으로 종양만으로 환자가 수척해질 정도로 에너지대사 소모를 일으킬 수는 없으나, 종양으로 인해 당질, 지방, 단백질의 대사가 변화하여 영양필요량이 증가될 수 있다.

① 에너지소비

암이 다른 질병에 비해 에너지소비가 증가하게 한다는 것에 대한 논란은 있으나 암세포의 위치와 크기 및 전이 여부, 환자의 영양상태와 항암치료 등에 의해 에너지소비가 증가하는 것으로 설명된다. 암이 발생하면 보통 기아상태 혹은 식사를 하지 못했을 때 발생하는 대사가 이루어지지 않는다. 일반적으로 기아상태에서는 지방조직에서 유리지방산(free fatty acid)이 분리되어 간과 근육에서 에너지원으로 사용되며, 유리지방산이 케톤체가 되어 대부분의 조직에서 사용된다. 케톤체는 포도당의 이용과 근육으로부터 단백질이 분해되는 것을 막아 준다. 그리고 케톤체의 형성이 증가하면 혈청 인슐린 수준은 감소하게 된다. 그러나 암의 경우 인슐린 저항성, 해당과정(glycolysis)과 포도당신생과정(gluconeogenesis), 코리회로(Cori cycle)활성 등이 증가되고 포도당 내성 및 순환은 감소한다.

② 탄수화물대사

정상적인 경우 에너지 섭취량이 줄어들면 근육과 간에서 글리코겐이 분해되어 에너지 공급을 하며, 이들이 고갈되면 근육 단백질이 분해되고 기아가 지속되면 지방조직을 분해한다. 그러나 암 환자의 경우 이러한 대사기전이 원활하지 않아 포도당신생과정 및 단백질 분해가 지속적으로 일어난다. 암세포는 혐기성 해당과정(anaerobic glycolysis)으로 젖산을 생성하며, 이는 코리회로를 이용하여 포도당으로 재합성된다. 이과정에서 에너지소비가 되기 때문에 에너지 효율이 감소하고 젖산이 생성되어 식욕부진의 주요 원인이 된다.

③ 지방대사

암 환자는 신체 구성의 변화와 지방 동원(mobilization)의 변화 등으로, 지방조직의 분해가 활발하게 일어난다. 특히 인슐린 저항성으로 지방산 분해가 촉진되어 체지방이 감소한다. 이로 인해 식욕부진과 지방의 분해와 합성의 불균형으로 혈장 글리세롤과 유리지방산의 농도가 증가한다.

④ 단백질대사

암이 성장하면서 단백질 분해 증가, 근육 단백질 합성의 감소, 음의 질소평형 등의 단백질대사이상이 나타난다. 암 환자는 에너지와 단백질 섭취가 양호해도 흔히 근육량이 감소한다.

2) 암 치료로 인한 영양 문제

일반적으로 암 환자는 진단에 따라 화학요법(chemotherapy), 방사선치료(radiation), 수술(surgery)과 같은 치료를 받게 된다. 암의 치료 방법에 따라 영양 계획은 달라질 수 있다.

(1) 수술요법

수술은 그 자체로 식품섭취를 감소시키고 영양요구량이 증가될 수 있으며, 수술 부위에 따라 연하곤란, 덤핑증후군, 영양소 흡수불량 등의 부작용이 나타날 수 있다. 경두부 부위의 수술은 식품섭취 자체가 어렵게 될 수 있고, 췌장 절제를 한 경우에는 소화장애 및 혈당 상승 등의 문제가 생길 수 있다. 위를 절제한 경우 음식물을 소량씩 자주 섭취해야 한다.

(2) 화학요법

대부분의 항암제는 구토와 메스꺼움, 설사 등의 부작용을 동반한다. 또한, 항암제는 종양조직뿐 아니라 정상조직의 세포분열까지 억제하여 점막세포가 손상되기도 한다. 소장의 점막세포가 손상되면 영양소 흡수에 장애가 생기며, 구강 내 점막이 손상되면 구내염으로 환자는 음식물 섭취에 어려움을 호소한다.

(3) 방사선요법

방사선요법은 고에너지의 방사선을 종양조직에 조사하여 치료하는 것이다. 그러나 조사 부위의 세포손상이 일어나게 되며, 특히 경두부암과 위암, 장암의 경우 구강이나 장 상피세포의 손상으로 음식물의 섭취나 영양소 흡수가 저해된다. 이외에도 식욕저하, 정신적 스트레스, 현기증 등을 동반하며 미각 손상으로 체중 감소가 일어날 수 있다.

3. 암 환자의 식사요법

1) 암 환자의 영양필요량

(1) 에너지

일반적으로 체성분, 영양불량 정도, 암의 종류나 진행 단계 등에 따라 에너지 필요량이 달라진다.

- 대사이상이 심하지 않으며 움직임이 거의 없는 암 환자: 25~30kcal/kg
- 체중 증가가 필요한 암 환자: 30kcal/kg
- 과대사나 스트레스 상태인 암 환자: 35kcal/kg
- 패혈증: 25~30kcal/kg
- 골수이식: 30~35kcal/kg

(2) 단백질

진행된 암인 경우 단백질 이화작용이 증가되어 음의 질소평형 상태인 경우가 많다. 이는 체중 감소, 알부민이나 트랜스페린과 같은 내장 단백질 감소 등으로 알 수 있다. 단백질 결핍은 무력감, 피로감, 치료로 인한 부작용, 감염 등의 합병증을 가속화할 수 있으므로 충분히 공급한다.

- 정상상태 유지: 0.8~1.0g/kg
- 스트레스가 없는 암 환자: 1.0~1.2g/kg
- 과대사 상태: 1.2~1.6g/kg
- 심한 스트레스가 있는 상태: 1.5~2.6g/kg
- 영양지원이 필요한 상태: 1.6~2.0g/kg
- 골수이식: 1.5~2.0g/kg

(3) 수분

암 환자의 수분 상태는 지속적인 모니터링이 필요하다. 경구영양지원을 하는 경우 탈수되기 쉽고, 정맥영양지원을 하는 경우 체내 수분이 지나치게 증가할 수 있다. 수분의 섭취량과 배설량을 관찰하여 24시간 이내에 0.5~1kg 이상의 체중 변화가 있으면 수분 과부족을 의심해야 한다. 신장과 간기능이 정상인 경우 에너지 섭취량을 기준으로 수분 필요량을 1kcal당 1mL로 하여 산출할 수 있다. 또는 정확한 계산을 위해 체표면적(Body Surface Area, BSA)을 이용하기도 하는데, 체표면적에 1,500mL를 곱하여 산출한다.

에너지 필요량을 이용하는 방법: 1mL/kcal×1일 필요 에너지
체표면적을 이용하는 방법: 체표면적×1,500mL

$$\text{체표면적}(m^2) = \frac{\sqrt{\text{체중}(kg) \times \text{키}(cm)}}{60}$$

(4) 비타민과 무기질

환자가 식사를 하는 데 문제가 없을 경우 별도로 비타민이나 무기질을 공급하지 않아도 된다. 그러나 환자가 특정 식품군의 섭취를 하지 않으면 영양상태를 확인하고 보충할 수 있도록 한다.

2) 암 환자에게 발생할 수 있는 문제 및 합병증

(1) 식욕부진

식욕부진은 암 환자에게 가장 흔한 증상이다. 그 원인으로는 암 자체, 치료 방법, 심리적 스트레스 등이 있다. 메스꺼움, 구토, 질병으로 인한 우울감 등에 의해 식욕이 저하될 수 있으며, 식욕저하는 음식물의 섭취를 감소시켜 영양불량을 일으키고 근력을 약화시킨다. 식욕부진이 있을 경우는 다음과 같은 방법으로 식사한다(대한영양사협회, 2008).

- 식사 시간을 자유롭게 한다. 먹고 싶을 때, 먹을 수 있을 때, 컨디션이 좋을 때 먹는다.

- 소량씩 자주 먹는다. 손이 닿는 곳에 음식을 보관하여 수시로 먹는다.
- 2~4시간 간격으로 시계를 맞추고 배가 고프지 않아도 음식을 먹는다.
- 과자, 과일, 빵, 아이스크림 등의 간식으로 에너지를 보충한다.
- 고형물의 음식이 힘들 경우에는 주스나 수프, 우유 등의 음료를 마신다.
- 식사할 때 수분섭취를 많이 하면 포만감으로 영양소섭취를 방해할 수 있으므로 식전이나 식후 30분에 수분을 섭취한다.
- 식사 시간과 장소, 분위기를 변화시킨다.
- 천천히 즐거운 마음으로 여러 사람과 함께 식사한다.
- 가벼운 산책 등으로 식욕을 자극시킨다.
- 식욕부진이 지속되는 경우 상업용 영양보충음료의 섭취를 고려한다.

(2) 입과 목의 통증

항암제나 방사선 치료로 입안이 붓거나 헐 수 있으므로 자극적이지 않은 음식을 섭취하도록 한다(대한영양사협회, 2008).

- 씹고 삼키기 쉽게 음식을 준비한다.
- 입안을 자극하는 오렌지, 자몽, 귤, 마른 빵, 거친 음식, 자극적인 양념은 제한한다.
- 음식이 부드러워질 때까지 조리한다.
- 입안의 자극으로 먹기 어려울 경우, 빨대를 이용한다.
- 뜨거운 음식보다는 차거나 상온의 음식을 먹는다.
- 입안을 자주 헹궈 준다.

(3) 입맛의 변화

암이나 항암치료로 미각이나 후각의 변화가 있을 수 있는데, 단맛에 둔해지고 고기 맛에 민감해질 수 있다. 고기나 단백질 음식을 먹을 때 쇠맛이 나는 것으로 느낄 수 있다(대한영양사협회, 2008).

- 시각, 후각을 좋게 자극하는 음식을 준비한다.
- 불쾌한 맛을 느끼는 음식이 있다면 중단한다.
- 고기 맛이 싫게 느껴지면 생선, 달걀, 두부, 닭고기, 유제품 등으로 대체한다.
- 고기나 생선을 조리할 때 과즙이나 포도주, 드레싱, 소스를 이용한다.
- 입맛을 돋우기 위해 탄산음료나 차, 오렌지, 레모네이드 등을 이용한다(단, 입과 목에 통증이 있는 경우는 주의한다).
- 음식은 상온으로 제공한다.
- 금속 식기보다는 플라스틱이나 나무로된 식기 혹은 수저를 사용한다.
- 입안을 자주 헹궈 준다.

(4) 구강건조

항암 화학치료나 방사선치료는 침샘분비에 영향을 미칠 수 있으며, 침의 분비가 감소하면 음식을 씹을 때 잘 섞이지 않고 뻑뻑하게 느껴진다(대한영양사협회, 2008).

- 신맛과 단맛이 강한 음식을 먹는다(단, 입과 목에 통증이 있는 경우는 주의한다).
- 국물이 있는 음식과 함께 식사한다.
- 딱딱하고 마른 음식보다 부드러운 음식으로 선택한다.
- 음식은 상온으로 제공한다.
- 물은 조금씩 자주 마시고, 얼음조각, 아이스크림, 주스가 도움이 된다.
- 카페인이 함유된 음식과 지나치게 당분이 많은 음식은 피한다.
- 담배는 침샘 분비를 방해할 수 있고, 술은 입안을 더 건조하게 할 수 있다.
- 가글을 하여 입안의 이물질을 제거하고, 입안을 촉촉하게 유지한다.
- 입술을 촉촉하게 유지한다.

(5) 메스꺼움과 구토

메스꺼움은 약물로 완화시킬 수 있으며, 구토는 메스꺼움 뒤에 나타나는 증상이다. 메스꺼움이나 구토는 식사량을 감소시키고 영양소의 섭취를 방해하므로 다음과 같은 식사법을 참고하도록 한다(대한영양사협회, 2008).

- 조금씩 자주 천천히 먹는다.
- 공복상태에서 메스꺼운 증상이 심해질 수 있으므로, 배고프기 전에 먹는다.
- 특정 음식(혹은 식품)에 대한 메스꺼움이 있을 때는 억지로 먹지 말고, 다른 음식으로 대체한다.
- 상온 혹은 차게 먹는다.
- 위에 부담이 적은 음식을 먹는다(예: 노릇하게 구운 토스트, 바삭한 크래커, 국수류, 요구르트, 셔벗, 부드러운 과일이나 채소, 얼음조각, 저탄산음료 등).
- 기름진 음식, 너무 단 음식, 맵고 짠 음식, 향이 강하거나 뜨거운 음식 등은 피한다.
- 식사 시 많은 양의 물을 마시면 구토 증상을 유발하므로 주의한다.
- 구토가 심할 때는 먹지 않는다.
- 화학요법이나 방사선 치료 중 증세가 나타날 수 있으므로, 치료받기 1~2시간 전에는 가급적 음식물 섭취를 하지 않는다.
- 환기가 잘 되는 쾌적한 장소에서 식사한다.
- 식사를 마치고 한 시간 정도 앉아서 휴식을 취한다.
- 머리를 약간 높이고 휴식을 취한다.
- 젖은 수건으로 얼굴을 시원하게 닦아 주고, 가글로 입안을 자주 헹궈 준다.
- 옷은 느슨하게 입는다.
- 증상이 심하면 담당 의사와 상의한다.

(6) 설사

설사를 하면 음식이 장을 빠르게 통과하여 비티민과 무기질, 수분 등을 제대로 흡수할 수가 없어 탈수의 원인이 된다(대한영양사협회, 2008).

- 소량씩 자주 식사하고 충분한 양의 수분을 섭취한다.
- 음식은 상온으로 제공한다.
- 육수, 스포츠음료, 바나나, 으깬감자 등 염분과 칼륨을 보충할 수 있는 식품과 음식을 선택한다.
- 채소는 섬유소가 많은 줄기나 껍질을 제거하고 부드러운 부분을 섭취하며, 가급적 익혀 먹는다.
- 우유의 유당은 설사를 악화시킬 수 있으므로 설사를 할 때는 우유의 섭취를 주의한다.
- 자극적인 양념이나 카페인 음료, 탄산음료 등은 장을 자극할 수 있으므로 제한한다.
- 탄산음료, 콩, 옥수수, 양배추 등은 가스를 생성시키는 경향이 있으므로 주의한다.
- 기름진 음식이나 고섬유질 채소, 딱딱한 식품은 피한다.
- 알코올, 커피, 홍차, 탄산수, 초콜릿 등은 피한다.

(7) 변비

변비는 장운동이 감소되어 평소보다 배변 횟수가 감소하거나 과거에 비해 배변이 힘들 때를 의미한다. 항암치료 중에는 식욕저하에 따른 식사량의 감소와 수분 섭취 부족, 활동량 감소로 변비 증상이 쉽게 나타난다. 또한, 일부 항암제나 진통제와 같은 약물의 부작용으로 변비가 나타나기도 한다(대한영양사협회, 2008).

- 하루 8잔 이상 물을 마신다.
- 섬유소 섭취량을 늘린다.

- 매일 조금씩 운동을 한다.
- 음식섭취량이 너무 적지 않도록 한다.
- 우유 및 유제품은 변비를 완화시키는 데 도움이 되므로 하루 1회 이상 섭취한다. 유당불내증이 있는 경우 요구르트, 치즈 등 발효제품으로 섭취한다.
- 매일 같은 시간에 적당량의 음식을 규칙적으로 식사하는 습관이 필요하다.

(8) 체중 감소

많은 암 환자가 치료 과정에서 체중 감소를 경험한다. 체중 감소는 암으로 인한 대사 변화에 의해서도 나타나지만, 식욕저하, 설사, 메스꺼움과 구토, 탈수 등에 의해서도 나타날 수 있다. 체중 감소는 체력을 저하시켜 암에 대한 저항력을 떨어뜨리고 치료 기간을 연장시키며 치료의 효과도 감소시킬 수 있다. 또한, 면역기능 이상을 초래하여 감염에도 쉽게 노출될 수 있다(대한영양사협회, 2008).

- 식사량이 줄어든 경우 주식에 다른 식품을 첨가하여 열량 밀도를 높인다.
- 다양한 반찬을 먹기 어려울 수 있으므로 일품요리 형태로 준비한다(예: 닭죽, 두부죽, 쇠고기야채죽, 견과류죽, 콩죽, 타락죽, 주먹밥, 비빔밥, 볶음밥, 덮밥 등).
- 열량 밀도를 높이기 위해 조리할 때 물 대신 우유를 사용하거나 꿀, 버터, 달걀을 자주 사용한다.
- 나물을 무칠 때 식물성기름(참기름, 들기름 등)을 넉넉히 넣어 조리한다.
- 찜이나 구이보다는 전이나 튀김으로 조리한다.
- 식사량이 부족할 경우 간식을 섭취한다.
- 빵이나 떡, 삶은 감자 등을 먹을 때 버터나 꿀, 크림치즈, 생크림 등을 함께 먹는다.
- 조금만 먹어도 포만감을 쉽게 느끼는 경우는 지방이 많은 음식보다는 탄수화물이 많은 음식을 선택한다(예: 고구마, 감자, 빵, 떡, 과일 등).

3) 영양지원

영양지원은 크게 경장영양(Enteral Nutrition, EN)과 정맥영양(Parenteral Nutrition, PN)으로 나눌 수 있다. 영양지원은 종양학 영양분야에서 논쟁의 여지가 지속적으로 있으나 암 환자의 소화기관이 받아들일 수 있다면 가능한 한 경구섭취를 하도록 하는 것이 좋다. 영양지원은 경구섭취가 영양중재나 약물중재 등 여러 가지 노력에도 불구하고 계속 감소하거나 위장기능이 저하되었을 때 고려한다.

경장영양은 머리와 목 부위의 암으로 방사선 치료를 받은 영양불량 환자들의 체중손실을 최소화하면서 치료를 마칠 수 있도록 도와주며, 수술을 한 머리와 목 부위의 암 환자 혹은 식도절제술을 받은 식도암 환자, 위절제술을 한 위암환자에게 권유되기도 한다.

정맥영양은 영양상태 호전을 가져오기 위해서는 상당한 기간이 필요하므로 환자의 기대 여명이 길지 않다면 그 효과를 보기 어렵다. 그러나 암 조직의 성장으로 인한 사망보다는 영양불량으로 사망할 위험이 더 큰 환자라면 정맥영양이 생존기간 연장에 도움이 될 수 있다. 따라서 정맥영양 공급은 모든 환자에게 일반적으로 적용하기보다는 환자별로 개별화하여 적용하는 것이 바람직하다.

4) 암 생존자의 영양관리

암 생존자(cancer survivors)란 진단을 받은 순간부터 삶을 살고 있는 모든 사람을 말한다. 암 생존자는 세 기간으로 나눌 수 있는데, 능동적인 치료와 회복기, 회복 후의 삶 그리고 진행된 암과 말기 암이다. 암 생존자는 만성질환을 가진 환자 중 가장 큰 집단 중 하나이다. 2014년 자료에 의하면 미국에는 1,370만 명의 암 생존자가 있는 것으로 추정되며, 이 수치는 인구 25명당 1명은 암 생존자라는 것을 의미한다(American Cancer Society, ACS, 2014). 최근에는 암 예방, 암 조기 발견, 보다 효과적인 암 치료법 등을 통해 많은 암 생존자는 삶의 질을 다시 회복할 수 있을 정도의 신체적 기능을 가질 수 있게 되었다. 장기적인 암 생존자는 건강한 체중 관리, 건강한 식사, 적절한 신체 활동이 중요하며, 2차적인 암의 발병과 만성질환을 예방하는 것이 중요하다고 할 수 있다.

Chapter 10

호흡기계질환

호흡기는 세포의 산소공급 및 이산화탄소 배출을 위한 기관으로 가스교환 이외에도 면역작용, 계면활성제, 점질다당류, 면역글로불린(immunoglobulin) 등을 합성하는 역할을 담당하고 있다. 호흡기계질환은 감염에 의한 질환뿐 아니라 영양결핍에 의해서도 발생한다.

1. 호흡기의 구조와 기능

1) 호흡기의 구조

사람의 호흡기계는 체외에서 폐포까지 공기의 흐름이 일어나는 통로가 되는 기도(respiratory tract)와 가스교환이 이루어지는 좌·우 폐(left and right lungs)로 이루어져 있다. 공기 중의 산소는 호흡기의 외부와 연결된 입 또는 비강(nasal cavity)으로부터 시작하여 인두(pharynx), 후두(larynx)를 지나 폐로 들어간다. 후두는 기관(trachea)과 연결되어 좌·우 두 개의 기관지(bronchus)로 나뉘어 폐로 연결된다. 기관지를 지나 세기관지(bronchiole), 종말세기관지(terminal bronchiole), 호흡세기관지(respiratory bronchiole), 폐포관(alveolar duct), 폐포낭(alveolar sac)을 거쳐서 폐포(alveolus)의 포도송이 말단에 이른다.

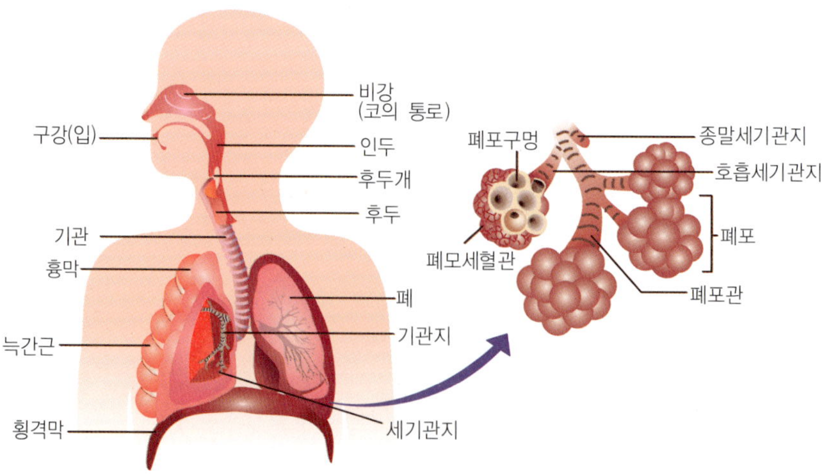

[그림 10-1] 호흡기의 구조

호흡운동은 외부의 공기를 폐 속으로 들여보내는 흡식(inspiration)과 폐 속의 공기를 외부로 배출하는 호식(expiration)이라는 두 운동이 주기적으로 일어나는 것을 말한다. 횡격막과 늑간근이 규칙적으로 수축과 이완을 반복하면서 이루어진다. 공기는 압력이 높은 데서 낮은 데로 이동하므로 대기로부터 폐로 공기가 들어오려면 폐내압이 대기압보다 낮아야 하고, 반대로 폐의 공기가 밖으로 배출되려면 폐내압이 대기압보다 높아야 한다.

2) 호흡기의 기능

(1) 산소 공급과 이산화탄소 배출

생명체의 대사과정에서 필요한 산소를 외부로부터 얻고 혈액을 통하여 산소를 각 세포로 운반함으로써 체세포로 하여금 산소를 이용하여 에너지를 생성하게 하는 것이다. 체세포의 산소공급은 음식에서 흡수한 열량영양소, 즉 탄수화물, 지방, 단백질 등의 열량영양소를 산화시켜서 고에너지화합물인 아데노신 3인산(Adenosine Triphosphate, ATP)을 합성하는 데 필수적이다. 만약 산소공급이 부족하면 음식을 많이 섭취해도 열량 합성이 낮아져 체세포의 기능이 약화된다.

또한, 세포 내에서 탄수화물, 지방, 단백질로부터 아데노신 3인산을 합성하면서 탄산가스가 생성되는데, 이때 발생한 이산화탄소를 체외로 배출하는 기능을 한다.

(2) 체액의 산·염기 평형

호흡은 체내에서 끊임없이 생산되는 탄산을 배출하여 체액의 산·염기 평형을 조절한다. 호흡은 체액의 pH를 7.1~7.4의 좁은 범위 내로 유지시키는 데 필수적인 역할을 한다.

(3) 수분과 열 방출

호흡에 의한 성인의 수분 배출량은 1일 400~500mL이다. 이 양은 우리가 거의 감지하지 못하는 양이지만 추운 겨울날 입김이 서리가 되는 것을 보면 수분의 배설을 알 수 있다. 이러한 수분 배출은 피부를 통한 발한과 함께 체온을 조절하는 중요한 방법이다. 열이 심하게 날 때 호흡수가 많아지는 것도 이러한 이유이다.

(4) 발성기능

상부 기도인 성대의 움직임과 떨림으로 발성이 가능하며, 말을 통하여 감정과 생각의 표현이 가능하다. 즉, 성대는 상부 기도의 발성기와 공명통의 구실을 한다.

2. 호흡기질환

1) 감기

(1) 원인과 증상

감기(common cold)는 일상생활에서 흔히 걸리는 질환으로 과로하거나 영양상태 불량, 한랭과 습기 또는 오염된 환경 속에서 저항력이 약해졌을 때, 상부 기도에 바이러스가 염증을 일으켜서 유발된다. 감기에 걸리면 저항력이 약화되고 체력이 떨어져서 다른 병에 걸리기 쉬워지므로 주의해야 한다.

감기의 증상은 콧물, 인후통, 두통, 전신권태, 근육통, 관절통과 발열 등이며 치료가 잘되면 일주일 이내에 완쾌된다. 상기도에 염증이 생겨서 기관지염(bronchitis)을 일으키기도 하며, 가끔 식욕부진, 구토, 설사 등의 소화기계 장애로 영양부족이 되기도 한다. 감기는 저항력이 약한 사람에게는 폐렴 같은 합병증을 일으킬 수 있으며 다른 질병과 함께 나타나는 경우도 있다.

(2) 식사요법

- 발열로 대사가 항진되므로 고에너지, 고단백, 고비타민식을 공급해야 한다.
- 식욕부진으로 섭취량이 부족해지기 쉬워서 에너지를 충당하기 위해 체조직 단백질이 소모될 위험이 있으므로 우선 식욕을 회복시키기 위해 환자가 먹

고 싶어 하는 식품을 사용하여 다양한 조리법으로 산뜻한 맛의 식욕촉진식을 제공한다.

- 특히 비타민 C를 충분히 섭취해야 하므로 유자차, 귤차, 콩나물국 등 따뜻한 국물을 자주 공급한다.
- 비타민 B 복합체의 섭취도 증가시키고, 열이 심할 때는 우유, 과즙과 동시에 유동식이나 연식을 제공하며, 식욕이 회복되면 고영양식을 공급한다.
- 유지류는 농축된 에너지 공급원으로 버터나 달걀노른자 등 유화지방을 제공한다.
- 수분은 3,000~3,500mL를 공급하고, 염분을 15~20g/일 공급한다.
- 환자는 몸을 보온하고 찬 음료나 음식은 피한다.

2) 폐렴

(1) 원인과 증상

폐렴(pneumonia)은 폐의 말단 조직인 폐포, 폐포낭, 폐포관 등에 염증이 생긴 상태로 초기 감기 증상이 악화되어 폐렴이 되는 경우가 있다. 폐렴에 걸리면 폐가 충혈되고, 심장에 부담을 주게 되므로 혈액순환 장애가 일어나 사망에 이를 수 있다.

폐렴의 원인은 급성 감염성 병원체에 의한 것으로, 폐렴구균이나 바이러스가 폐포에 감염된 후 폐동맥 세포막으로 감염되어 발생한다. 염증에 의해서 세포막에 구멍이 뚫리고 액체와 적혈구, 백혈구 세포가 혈액에서 폐포로 흘러들어간다. 감염된 폐포는 점차 액체와 혈구로 차게 되며 큰 부분의 폐가 하나의 폐포낭을 이루어 폐 전체가 액체와 혈구로 차게 된다.

폐렴의 증상은 오한, 고열로 시작하고, 식욕부진, 기침, 가래, 숨가쁨, 호흡곤란, 빈번한 흉통 등을 동반하고 출혈로 적갈색의 가래를 보인다. 그리고 신진대사가 정상일 때보다 20~50%나 상승되지만 식욕부진으로 체단백질이 분해되어 체중 감소가 심하게 나타난다.

(2) 식사요법

폐렴의 식사요법에는 폐조직의 복원을 위하여 단백질과 여러 영양소를 보충하고, 발열로 인한 수분과 나트륨을 보충하는 것에 유의하여야 한다.

- 급성기에는 호흡곤란과 식욕부진으로 음식섭취가 어려우므로 정맥주사로 영양을 공급하다가 증세가 완화되면 유동식을 공급하며 가능한 한 빨리 연식, 회복식, 일반식으로 이행한다.
- 환자에게 부담이 되지 않도록 2~3시간 간격으로 자주 공급하는 것이 좋고, 고에너지, 고단백, 고비타민, 고무기질 등 고영양식을 공급한다.
- 대사항진으로 인한 영양소를 보충하고 발열에 의한 수분과 나트륨 손실을 보충한다.
- 우유는 갈증해소에 좋을 뿐만 아니라 필수영양소를 골고루 갖추고 있는 완전식품이므로 수시로 마시게 한다. 아이스크림이나 요구르트, 우유가 섞인 미음, 또는 삶은 달걀, 고기나 채소류의 맑은 국물, 수프, 과즙 등을 환자의 기호에 따라 공급하는 것이 좋다.

3) 폐결핵

(1) 원인과 증상

폐결핵(pulmonary tuberculosis)은 폐가 결핵균(mycobacterium tuberculosis)에 의해 감염되어 폐에 염증이 생긴 질병이다. 질병이 진행됨에 따라 나타나는 증상도 다르다. 초기에는 증상이 거의 나타나지 않는 경우가 많아 진단과 치료가 어렵다. 흔히 미열이 동반되고, 피로감, 식욕부진, 체중 감소 같은 전신증상이 나타나기도 한다. 미열은 주로 오후에 나타나고 식은땀을 동반한다. 호흡기 증상으로는 마른 기침이 흔하고, 가래나 객혈을 동반하기도 한다.

만성 감염성질환인 폐결핵은 수개월 내지 여러 해 동안 장기간 앓기 때문에 에너지 및 체단백질의 손실이 커져서 영양결핍 증세가 나타나기 쉽다.

결핵의 치료는 항결핵제를 이용한 내과적 치료가 기본이며, 적어도 세 가지 이상의 1차 항결핵제(이소니아지딘, 피라진아미드, 에티온마이드와 카프레오마이신, 스트렙토마이신 등)를 복합적으로 사용하여 1년 이상 치료기간이 필요하다. 결핵은 모든 연령층에서 발생하나 아직도 노인이나 청소년기에 주로 발병되며, 세계적으로도 사망률이 높다. 그러나 항결핵성 예방주사인 BCG(Bacillus Calmette-Guerin vaccine)접종으로 영유아기의 폐결핵 이환율은 아주 낮아졌다.

결핵은 과로 또는 장기 영양실조로 저항력이 약화되어 결핵균에 의해 감염되는 일종의 감염성질환이다. 급성 단계에서는 급격한 체온의 상승과 피로감이 계속되고 체중 감소와 기침, 쇠약상태가 나타난다.

(2) 식사요법

결핵의 식사요법에는 체조직 소모방지, 손실된 체단백질 보충, 탈수방지 및 합병증 예방이다.

① 에너지 충분히

급성폐결핵 환자로서 고열인 경우에는 고에너지, 고단백질의 유동식 식사요법을 시행하고 병의 회복에 따라 점차 일반식으로 이행한다. 그러나 과식(특히 지방류)은 금물이며 정상 수준보다 약간 많은 정도가 적당하다. 비만인 경우 정상체중을 유지하기 위해서 에너지를 2,000kcal로 줄이는 것이 좋고, 열이 있을 때에는 에너지 섭취량을 증가시키며 2,000~3,000kcal 정도 섭취하는 것이 바람직하다.

③ 단백질 충분히

활동성결핵 환자는 체단백질의 소모로 인하여 질소 배설량이 현저히 증가되므로 이를 보충하고 조직을 재생하기 위해 고단백질 식사를 해야 한다. 단백질은 체단백 보수를 위해 1.5g/kg 이상으로 하루 약 75~100g을 공급하며, 열이 있을 때에는 2g/kg으로 하루에 100~150g의 단백질을 공급한다. 가능한 한 총단백질의 약 1/3~1/2을 동물성 단백질로 섭취하도록 하며, 단백가가 높은 수조육류나 어패류, 알류, 유제품과 콩류 등을 이용한다.

④ 무기질 충분히

결핵 환자는 균형 잡힌 일상적인 식사를 통해서는 무기질의 결핍이 일어나지 않지만 활동성결핵 환자는 체내의 칼슘이 결핵 병소를 석회화하여 세균의 활동을 억제하기 때문에 뼈에서 칼슘이 용출되어 음의 평형을 이루게 되므로, 칼슘을 충분히 공급해야 한다. 좋은 칼슘 급원으로는 우유나 유제품, 멸치 또는 뼈째 먹는 생선 등이 있다.

또한, 폐결핵으로 인한 각혈과 소화관의 궤양 및 트랜스페린과 철 결합능력의 감소에 의해 간장 내의 철 저장량 감소, 골수의 적혈구 생산 감소 등으로 빈혈이 생길 수 있으므로, 조혈기능이 있는 철과 구리를 식품 형태로 충분히 공급한다. 필요하면 약제의 형태로 보충한다. 철 급원으로 간, 달걀, 육류, 굴, 콩, 김, 엽채류 등이 있으며, 구리 급원으로 어패류와 김이 있다.

⑤ 비타민 충분히

균형 잡힌 일상적인 식사를 통해서는 비타민의 결핍이 일어나지 않지만, 비타민(특히 비타민 C) 결핍증이 각종 세균 감염에 대한 저항력을 감소시키며, 감염되면 혈중 비타민 A 농도가 감소된다. 결핵환자의 혈액에는 비타민 C를 충분히 공급하며, 결핵이 중증일 때는 체내에서 β-카로틴이 비타민 A로 쉽게 전환되지 않으므로 비타민 A가 풍부한 간, 달걀, 버터나 우유 등을 충분히 공급한다. 또한, 칼슘의 흡수를 용이하게 하기 위해 비타민 D의 보충이 필요하며, 결핵 치료용 항생제인 이소니아지드(isoniazid, INAH)는 비타민 B_6를 신속하게 배설시키므로 의사의 지시에 따라 피리독신을 보충해야 한다. 비타민 B 복합체와 비타민 C는 에너지대사에 관여하므로, 에너지 섭취가 증가하면 티아민, 리보플라빈, 니아신을 충분히 공급한다.

⑥ 기타

① 고에너지, 고단백질, 고비타민식을 기본으로 한다. 에너지 증가를 위하여 기본적인 에너지 필요량 외에 섭취해야 할 에너지는 간식 형태로 제공한다. 고에너지를 섭취하기 위한 많은 양의 식사로 환자에게 부담이 되지 않도록 소량씩 자주 공급한다.

② 일반적으로 식욕이 없고 영양소 결핍이 쉬우므로, 개인의 기호에 맞고 균형 잡힌 식사를 공급한다. 다양한 조리법을 시도하되, 가능하면 소화하기 쉽고 음식의 색과 냄새, 농도 등을 통하여 식욕을 느낄 수 있도록 유도한다.

③ 양질의 단백질을 공급하기 위해 육류, 생선, 닭고기 등과 특히 달걀을 풍부히 사용하며, 때로는 콩류나 콩제품을 사용한다.

④ 각종 비타민과 철 등 무기질 섭취를 위하여 신선한 과일과 녹황색 채소류 및 간을 공급한다. 소화하기 힘든 것이나 줄기가 많은 고식이섬유 채소는 피하고 신선한 과일을 제공한다.

4) 폐기종과 만성기관지염

(1) 원인과 증상

폐기종(emphysema)은 주로 흡연에 의해서 발생되고, 이 외에 대기오염, 노화, 유전, 감염, 만성적 호흡기질환에 의해 나타난다. 세기관지에 공기 유통이 안 되어 꽈리모양의 폐포가 터져서 영구적으로 풍선처럼 늘어나 호흡곤란을 일으키는 질병이다.

증상은 호흡곤란으로 숨이 차고 음식물을 씹고 삼키는 것이 어렵다. 따라서 체중 감소, 근육조직 감소, 영양상태 불량, 복부의 통증, 위궤양 등이 자주 발생하고 만성적 기침과 가래가 생긴다. 폐의 확산능력이 감소되어 혈액의 산소공급과 탄산가스 제거능력이 감소되고, 폐 일부의 공기 유통이 단절되어 조직이 파괴된다. 폐기종은 서서히 진행되며, 저산소증과 탄산과잉증으로 청색증이 나타날 수 있다.

만성기관지염(chronic bronchitis)은 과량의 점액 물질이 공기의 통로인 세기관지를 막아 발생하며, 주증상은 만성적인 기침과 가래, 운동 시의 호흡곤란이다. 질병이 진행되면 점차 가래의 양이 많아지고 점도가 높아져 약간의 활동에도 호흡곤란을 겪게 된다.

(2) 식사요법

흡연을 중단하고 폐조식의 보수와 재생을 위하여 고열량, 고단백질 식사를 실시한다.

- 농축된 식품을 소량씩 자주 공급하고, 고열량의 연질 식사를 공급한다.
- 섬유질이 많거나 질긴 음식은 피하고, 부드럽게 조리하여 공급한다.
- 간식은 정규적으로 제공하며, 취침 전에 간식을 먹도록 한다.
- 식욕증진과 소화증진에 특별히 주의를 한다.

5) 만성폐쇄성폐질환

(1) 원인과 증상

만성폐쇄성폐질환(Chronic Obstructive Pulmonary Disease, COPD)은 기도하부 쪽에 만성적인 폐색이 나타나는 질환으로 폐기종, 폐질환, 만성기관지염 등의 병력이 있었던 사람에게서 자주 볼 수 있는 질환이다.

흡연이 가장 중요한 원인이며, 흡연자의 15~20%가 이 질환을 앓는다. 호흡기 감염, 먼지, 화학품 등에 직업적으로 노출될 때 발생하며, 유전적 장애로 인하여 나타나기도 한다.

주요 증상은 호흡곤란, 빈번한 저산소증, 폐포 모세혈관의 파괴 등이 있다. 만성폐쇄성폐질환은 호흡곤란 상태 악화, 신체활동 감소, 식욕부진 등이 나타나며 조금만 먹어도 숨이 차는 등 충분한 식사를 할 수 없다. 그리고 일상적 활동을 하기 어려울 정도로 숨이 가쁘며 심각한 체중 감소가 흔히 나타난다.

(2) 식사요법

만성폐쇄성폐질환의 치료는 병의 진행을 막고 호흡곤란과 기침을 감소시키며 합병증을 예방하는 것이다. 만성적인 영양불량을 해소하기 위하여 고열량, 고단백질 식사를 원칙으로 한다.

- 단백질은 기준 체중당 1.2~1.5/kg 정도를 제공하고, 열량은 동화작용을 위해 기초대사량의 1.5~1.7배 내외를 제공한다.
- 탄수화물은 이산화탄소의 생성이 많기 때문에 섭취를 적절히 제한하고, 대신에 지방을 열량원으로 제공한다.
- 식사는 씹고 삼키기 쉬운 부드러운 형태로 소량씩 자주 제공한다. 에너지 부족을 예방하기 위해 농축된 음료형태의 간식이 도움이 될 수 있다.
- 가스가 많이 생기는 음식은 복부팽만감을 증가시켜 식사 시 섭취를 방해할 수 있으므로 주의하며 특히 섬유소가 많이 들어 있는 음식은 점진적으로 섭취량을 늘려 가는 것이 필요하다.
- 탈수를 예방하기 위해서는 충분한 수분섭취를 권장한다. 단, 수분섭취를 식사 도중에 하는 경우 음식섭취를 방해할 수 있으므로 수분섭취는 식사와 식사 사이에 하는 것이 바람직하다.
- 경관급식을 통한 영양보충 방법이 효과적이므로 구강이나 비강을 통하여 식사 보충을 한다.

Chapter 11

골격계질환

개요: 골격계는 인체를 지탱하고 보호하는 대표적인 기관으로, 골격의 기능 유지와 골격건강을 위해서는 충분한 영양이 필수적이다. 최근 고령인구가 많아지면서 골다공증과 관절염 등의 발생이 증가하고 있는데, 이러한 질병은 행동의 제약을 초래함으로써 삶의 질을 떨어뜨리는 심각한 보건문제로 대두되고 있다. 골격계질환의 예방을 위해 평상시 올바른 영양관리와 운동 등 생활습관 관리가 가장 중요하다.

1. 골격의 구조 및 대사

1) 골격의 구조

골격은 유기질인 뼈세포와 기질에 축적된 무기질로 구성되어 있으며, 세포는 조골세포(osteoblast), 파골세포(osteoclast), 골세포(osteocyte)의 세 종류가 있다.

조골세포는 뼈를 형성하는 세포로서 골격 기질의 90%를 차지하며, 당단백질과 콜라겐을 합성하고 칼슘과 인을 침착시키는 역할을 한다. 하지만 파골세포는 뼈에서 무기질을 용출시키고 콜라겐 분해에 관여한다. 골세포는 골격 속에서 무기질화되도록 한다. 골격의 세포들은 골격의 세포외액과 혈장사이에서 무기질 교환 작용을 하여 골격의 무기질 항상성을 유지시킨다.

뼈는 하이드록시프롤린(hydroxyproline)을 다량 함유한 콜라겐 기질을 형성한 후 그 안에 칼슘과 인의 주성분인 하이드록시아파타이트(hydroxyapatite)가 침착된 조직이다.

뼈는 크게 두 조직으로 구분되는데 80%를 차지하는 치밀골(compact bone)과 20%를 차지하는 해면골(spongy bone)로 나눌 수 있다. 팔, 다리 등 긴뼈(장골)와 골격의 겉 부분은 주로 치밀골을 다량 함유하고 있으며 단단하고 대사율이 낮다. 치밀골의 안쪽에 위치한 손목, 발목, 척추, 골반 등의 짧은 뼈(단골)는 해면골을 많이 함유하고 있으며, 망상구조를 이루고 연하여 대사율이 매우 높다.

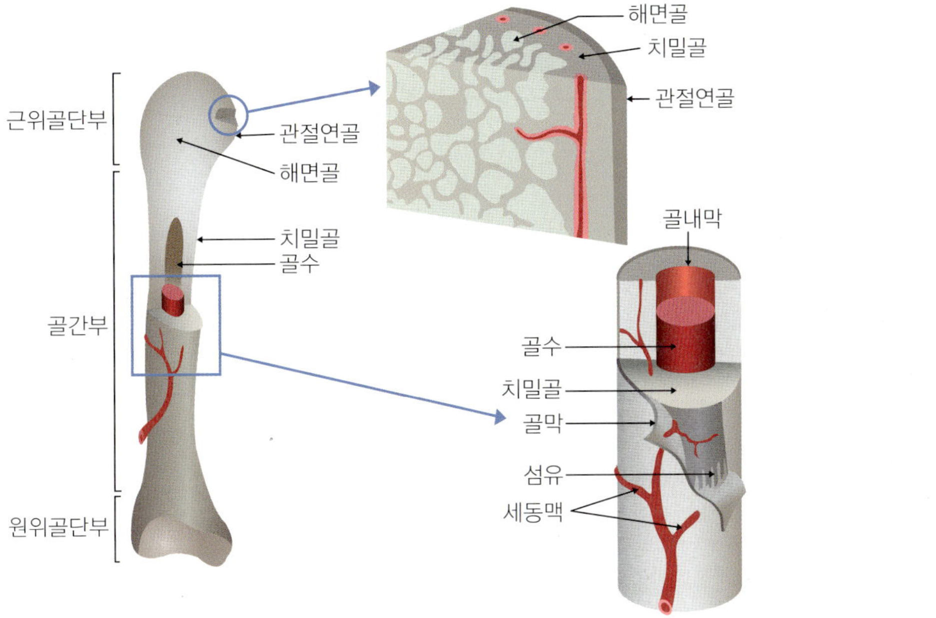

[그림 11-1] **장골의 구조**

2) 골격의 대사

(1) 뼈의 재형성과정

뼈는 영구적이며 비활동적인 것처럼 보이지만, 실제로는 끊임없는 뼈조직을 생성·분해하고 보수·재생하는 활발한 조직이다. 이러한 뼈의 생성과 분해를 반복하는 재형성과정(bone remodeling)은 파골세포에 의해 뼈가 용해(흡수)되고, 조골세포에 의해 새로운 뼈가 형성되는 일련의 과정을 말한다.

먼저 파골세포가 뼈의 표면에서 산과 단백질 가수분해효소를 분비하여 각각의 골격을 구성하는 무기질과 콜라겐 기질을 용해시키며, 그 결과 빈 공간이 만들어진다. 다음으로 조골세포가 골격의 용해된 빈 공간에 우선 콜라겐 기질을 형성한 후 그 안에 인산칼슘염이 침착하는 석회화 과정을 촉진하여 뼈를 재형성시킨다.

(2) 칼슘의 항상성

정상적인 골질량을 유지하기 위해 가장 중요한 것은 혈중 칼슘농도를 정상적으로 유지하는 것이다. 체내의 칼슘 중 99%는 골격을 형성하며, 나머지 1%는 혈액에 이온의 형태로 존재하면서 여러 생리기능을 수행한다. 혈중에 일정한 농도인 9~11mg/dL로 유지한다.

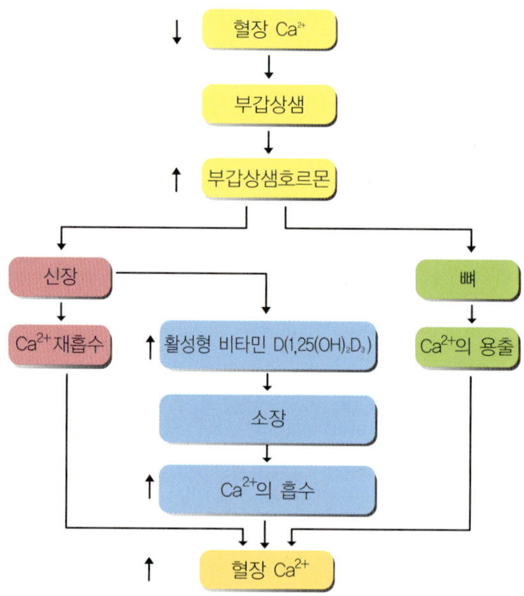

[그림 11-2] **부갑상샘호르몬의 혈중 칼슘농도 조절**

우리가 식품으로 섭취한 칼슘은 십이지장에서 능동수송에 의해 흡수되고, 나머지는 소장 하부에서 확산을 통해 흡수된다. 흡수된 칼슘은 혈액으로 방출되고 체내 여러 조직에서 중요한 역할을 수행하며 혈액과 골격 사이에 동적 평형을 이루는데, 대부분은 뼈에 부착 또는 뼈로부터 용해된다.

혈중 칼슘농도를 조절하는 호르몬은 부갑상샘호르몬(Parathyroid Hormone, PTH), 칼시토닌(calcitonin), 비타민 D_3(cholecalciferol)가 있다.

부갑상샘호르몬은 혈중 칼슘 수준이 저하될 때 부갑상샘에서 분비되는 호르몬으로 뼈로부터 칼슘의 용출(resorption)을 증가시키고 신장으로부터 칼슘 재흡수(reabsorption)를 증가시킨다.

칼시토닌은 혈중 칼슘의 수준이 증가했을 때 갑상샘에서 분비되는 호르몬으로 뼈에 칼슘 침착을 증가시키고 신장의 칼슘 재흡수를 감소시키는 작용을 한다.

비타민 D_3는 자외선에 의해 피부에서 전구체인 7-디하이드로콜레스테롤(7-dehydrocholesterol)로부터 콜레칼시페롤(cholecalciferol)이 된다. 이것은 간에서 $25(OH)D_3$로 전환되며, 신장에서 $1,25(OH)_2D_3$로 전환된다. 활성형인 $1,25(OH)_2D_3$는 소장에서 칼슘 흡수를 활발하게 하고 뼈의 형성을 촉진하는 작용을 하며 체내 칼슘 항상성을 유지하는 조절기능이 있다. 이와 같은 호르몬의 대사조절 기능에 의해 혈액 내 정상적인 칼슘농도를 유지하고 골격대사도 정상적으로 이루어진다.

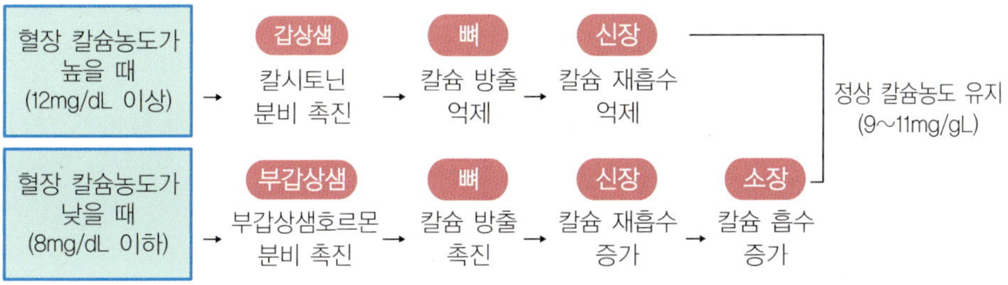

[그림 11-3] **칼시토닌과 부갑상샘호르몬의 혈중 칼슘농도 조절**

2. 골다공증

골다공증(osteoporosis)은 칼슘대사 불균형으로 인한 골질량의 감소로 나타나는 대사성골질환이다. 뼈의 구조는 크게 변하지 않지만 조골세포에 비해 파골세포의 활성이 크게 증가함으로써 골질량 또는 골밀도가 감소하여 쉽게 골절된다.

골다공증은 남성에 비해 여성에게서 발병비율이 높은데, 그 이유는 여성이 남성에 비해 최대 골질량이 낮고, 칼슘섭취량이 적으며, 폐경기에 에스트로겐(estrogen) 생성이 감소하기 때문이다.

1) 골다공증의 분류

(1) 원발성골다공증

① 폐경기성골다공증(제1형)

에스트로겐은 뼈에서 칼슘의 용출을 억제하는 역할을 한다. 폐경 후 난소에서 에스트로겐의 분비가 감소하는데, 에스트로겐 부족으로 골질량의 소실이 가속화됨으로써 골다공증이 발병한다. 폐경기성골다공증(postmenopausal osteoporosis)은 특히 해면골이 많은 골격 부위에 영향을 주며, 주로 요추의 파열골절을 일으킨다. 지방세포는 에스트로겐의 합성 비율에 영향을 미치기 때문에 비만한 여성에 비해 마른 여성이 골다공증 발병 위험률이 더 높다.

② 노인성골다공증(제2형)

노화에 의한 불가피한 골 손실로 70세 이후의 남성과 여성 모두에게서 발생한다. 주로 해면골과 치밀골 부위에 영향을 끼치며, 골반에 골절(fracture)을 일으킨다. 1,25-디하이드록시 비타민 D 합성의 감소와 부갑상샘호르몬의 활성 증가가 노인성골다공증(senile osteoporosis)의 주요 원인이라고 할 수 있다.

〈표 11-1〉 제1형 골다공증과 제2형 골다공증의 특징 비교

	제1형 골다공증(폐경기성)	제2형 골다공증(노인성)
발병연령	50~75세	70세 이상
발생기전	교체율 증가 파골세포의 증가	교체율 감소 조골세포의 공급 부족
주요 원인	폐경으로 인한 에스트로겐의 분비 저하	뼈의 무기질 함량 감소
발병 부위	해면골	해면골과 치밀골
골절 정도	척추, 요골 원위부 요추와 팔목뼈	대퇴골 경부, 경골 근위부
부갑상샘호르몬	정상 또는 감소	증가
비타민 D 활성형 ($1,25(OH)_2D_3$)	감소	감소
칼슘의 흡수	감소	감소

(2) 이차성골다공증

이차성골다공증은 약물의 사용 또는 특정 질환에 의한 뼈조직의 손실 때문에 발생한다. 갑상샘기능항진증, 부갑상샘기능항진증, 부신피질기능항진증, 스테로이드 과다분비질환, 신장질환, 성기능장애, 만성간질환, 일부 암(림프종, 백혈병, 다발성골수증) 등의 질환이나, 코르티코스테로이드(corticosteroid), 헤파린(heparin), 갑상샘호르몬 등의 약물 사용이 원인이 된다.

2) 골다공증의 위험요인

(1) 유전과 인종

최대 골질량은 어느 정도 유전적인 영향을 받는다. 유전적으로 골밀도가 낮은 여성은 칼슘섭취가 부족할 경우 다른 사람에 비해 뼈의 손실이 빠르며, 골다공증의 가족력이 있는 사람은 골다공증이 발병할 확률이 높다. 또한, 흑인보다는 동양인과 백인에게 골다공증 발병률이 높다.

(2) 연령과 성별

연령 증가는 골절을 일으킬 수 있는 위험인자로 골질량은 연령의 증가에 따라 큰 변화를 보인다. 골질량은 사춘기와 청장년기에 급격히 증가하여, 30~35세에 최대 골질량이 되고 그 이후에는 연령 증가에 따라 골소실이 진행된다. 여성은 40세 정도에 골질량이 감소되기 시작하여 10년 동안에 약 3%가 폐경 후 10년 동안에 약 9%의 뼈가 손실된다.

노령화에 따른 활동량 감소, 칼슘섭취 부족, 칼슘 흡수율 감소, 칼슘 배설량의 증가 및 호르몬 분비의 불균형 등은 뼈의 칼슘 손실에 상승작용을 하여 골다공증의 발병률에 영향을 준다.

뼈 손실은 남성과 여성 모두에게 나타나지만, 남성보다는 여성에게서 골다공증의 빈도가 높다. 폐경 후 여성호르몬의 생성 저하로 인한 급격한 뼈 손실과 운동부족, 다이어트로 인한 영양결핍 등이 남성에 비해 여성의 골다공증 발병률을 높이는 것으로 보고 있다.

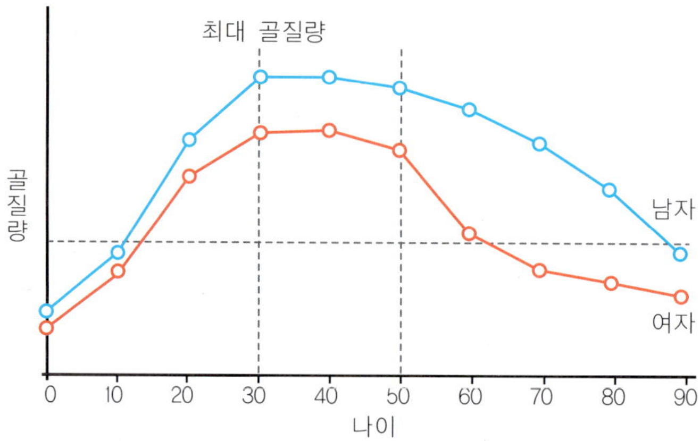

[그림 11-4] **성별에 따른 최대 골질량**

대한골대사학회지침위원회(2008).

(3) 에스트로겐

여성호르몬인 에스트로겐은 부갑상샘호르몬의 작용을 억제하여 칼시토닌의 작용을 촉진한다. 따라서 에스트로겐은 뼈의 칼슘 용출을 감소시키고 뼈를 보호하는 역할을 한다. 폐경 후 에스트로겐의 생성이 저하됨에 따라 골다공증의 위험률이 높아진다. 또한, 무월경, 생리불순, 조기폐경, 난소절제, 출산 무경험에 따라 에스트로겐의 분비가 불균형일 가능성이 높은 여성들 역시 골다공증의 발생빈도가 높다.

(4) 신체활동

신체활동은 뼈의 재생을 촉진하는 반면, 운동량이 적을수록 뼈 손실량은 증가한다. 따라서 노년기의 질병, 의욕상실, 입원 등으로 장기간 움직이지 못하는 경우는 골다공증 유발요인이 된다.

(5) 만성질환과 약물복용

만성질환 중 칼슘 및 골격대사에 관여하는 질병은 골질량에 영향을 준다. 또한, 스테로이드계 약제를 비롯하여 갑상샘호르몬제, 부신피질호르몬제, 항응고제, 항경련제 등도 골다공증을 유발한다.

(6) 식사요인

영양소 중 칼슘섭취 부족, 인의 과다섭취, 마그네슘과 불소의 섭취 부족, 단백질 과잉섭취, 비타민 D와 비타민 K의 부족은 골다공증의 위험요인으로 작용한다. 그 외에 섬유소, 식물성 에스트로겐 등이 골다공증에 영향을 준다.

(7) 기타

골다공증과 관련된 기타 위험요인으로는 만성알코올 중독, 흡연, 과량의 카페인 섭취 등이 있다. 과량의 알코올과 카페인은 뼈생성을 억제하고 칼슘 흡수를 방해하며, 이뇨작용을 촉진해 칼슘의 배설을 증가시킨다. 담배의 니코틴 성분은 내분비 신경계에 영향을 주어 에스트로겐 분비를 저하시킨다. 때문에 과도한 흡연은 골 손실량을 증가시켜 골다공증 발병률을 높인다.

3) 골다공증의 치료

손실된 뼈의 양을 완전히 회복시켜 골다공증을 치료할 수 있는 방법이 없으므로 최대 골질량 형성 시기에 골밀도를 높이는 것이 골다공증을 예방하는 가장 좋은 방법이며, 식사요법과 운동요법을 병행한다.

(1) 식사요법

칼슘, 단백질, 인, 비타민 D는 정상적인 골격구조와 기능에 필수 성분이며, 이 외에도 여러 비타민과 미량 영양소도 골격에 중요하다. 이소플라본(isoflavone)과 같은 피토에스트로겐(phytoestrogen)도 에스트로겐과 유사한 기능을 수행하여 골격 조직의 상태를 향상시킬 수 있다.

① 칼슘 충분히

뼈의 주요 구성 성분인 칼슘의 섭취는 골다공증의 예방에 매우 중요하다. 칼슘의 공급은 신체의 최대 골질량 확보에 매우 중요한 역할을 하므로, 특히 어린이, 청소년 등의 성장기와 임신, 수유기에 있는 여성은 칼슘의 적절한 섭취가 필요하다.

한국인 영양소섭취기준에서 제시하는 19~49세 성인의 1일 칼슘섭취량은 남자 800mg, 여자 700mg이며, 50~64세는 남자 750mg, 여자 800mg이고, 65세 이상일 때는 남자 700mg, 여자 800mg이다. 골다공증 및 골절의 예방과 치료를 위해 50세 이상의 남성과 폐경 여성에서 1일 800~1,000mg의 칼슘섭취를 권장하고 있다.

칼슘의 흡수율을 고려하여 우유 및 유제품과 같이 흡수가 잘되는 식품을 통해 칼슘을 이용하는 것이 바람직하다. 우유 1컵에는 약 200mg의 칼슘이 함유되어 있으며, 따라서 성인의 1일 칼슘 권장섭취량을 충족시키기 위해서는 하루 2~3컵의 우유를 마시도록 한다. 그 외 뼈째 먹는 생선류, 해조류, 두류, 곡류, 녹황색 채소류 등을 충분히 공급하고, 최근에는 여러 칼슘 강화식품들이 개발되어 시판되고 있어서 이들의 섭취를 통해 칼슘섭취를 증가시킬 수 있다.

칼슘은 다른 영양소와의 균형을 위해서는 식품으로 섭취해야 하지만 식사로부터 충분한 양의 섭취가 어려운 경우에는 칼슘보충제를 복용한다.

〈표 11-2〉 칼슘 급원식품

분류	식품, 1교환량	칼슘(mg)	분류	식품, 1교환량	칼슘(mg)
우유류	고칼슘우유 1컵(200g)	600	채소류	아주까리, 익혀서 1/3컵(70g)	463
	무당연유 1/2컵(100g)	225		무청, 익혀서 1/3컵(70g)	239
	전지분유 5Tbsp(25g)	220		케일, 익혀서 1/3컵(70g)	197
	저지방우유 1컵(200g)	210		신선초(명일엽)(70g)	165
	우유 1컵(200g)	182		고춧잎, 익혀서 1/3컵(70g)	148
	치즈(체다) 1.5장(30)	130		파슬리, 익혀서 1/3컵(70g)	144
	아이스크림(바닐라맛 1/2컵(100g)	113		냉이, 익혀서 1/3컵(70g)	135
	호상요구르트(딸기맛) 1개(100g)	105		갓, 익혀서 1/3컵(70g)	135
	액상요구르트 1개(150g)	59		호박잎, 익혀서 1/3컵(70g)	126
어패류	방게(70g)	3,268		비름, 익혀서 1/3컵(70g)	118
	논우렁이 1/3컵(70g)	841		미나리, 익혀서 1/3컵(70g)	91
	미꾸리(50g)	368		참취, 익혀서 1/3컵(70g)	85
	멸치(말린 것, 중) 1/4컵(15g)	194		열무, 익혀서 1/3컵(70g)	84
	보말고둥(70g)	168		깻잎 20장(40g)	84
	뱅어포 1장(15g)	147		근대, 익혀서 1/3컵(70g)	68
	다슬기(70g)	137		아욱, 익혀서 1/3컵(70g)	66
	재첩(70g)	127	콩류	콩비지 2/3공기(150g)	99
	맛조개 1/3컵(70g)	116		순두부 1/2봉(200g)	80
	백합(대합) 1/3컵(70g)	113		연두부 1/2개(150g)	57
	꽁치통조림 1/3컵(50g)	99		대두(노란콩) 2Tbsp(20g)	49
	해삼(70g)	83	해조류	모자반(70g)	146
	뱀장어 소 1토막(50g)	79		우뭇가사리(70g)	128
	참굴(양식) 1/3컵(70g)	76		톳(70g)	110
견과류	참깨 1Tbsp(8g)	85		미역(70g)	107
	들깨 1Tbsp(8g)	60		다시마(70g)	72

농촌진흥청 국립농업과학원(2011).

② 비타민 D 충분히

비타민 D는 칼슘의 흡수를 높이고 골격의 무기질 침착에 관여하여 골밀도를 증가시키지만 골용해 역시 증가시켜서 고칼슘혈증, 고칼슘뇨증 등의 불필요한 작용도 동반하므로 과량 섭취는 피해야 한다. 한국인 영양소섭취기준에서는 성인(19~64세)의 비타민 D 충분섭취량을 남녀 10μg, 65세 이후는 15μg으로 제시하고 있으며, 대한골대사학회에서는 50세 이상의 남성과 폐경 여성은 1일 800IU(20μg) 섭취할 것을 권장하고 있다.

비타민 D가 많은 식품으로는 버터, 간, 난황, 표고버섯, 생선(고등어, 참치, 연어 등) 등이 있으며 그 외에 일광욕, 비타민 D 강화식품(우유, 두유, 치즈 등) 및 보충제를 통해 비타민 D를 공급할 수 있다. 비타민 D 보충제는 노인, 외출이 적은 사람, 자외선 차단제를 사용하는 경우에 복용이 권장되며 칼슘과 함께 복용 시 골밀도 증가 및 골절 감소효과가 큰 것으로 나타나고 있다. 비타민 D는 골격뿐만 아니라 근육세포에 작용하여 근육기능을 향상시킴으로써 근력을 증가시키고, 평형감각을 좋게 하여 넘어져 다치는 낙상의 위험 또한 줄일 수 있다.

③ 인과 단백질 적당히

인은 칼슘과 함께 뼈를 구성하는 성분으로 골량에 영향을 미친다. 인은 부갑상샘호르몬을 자극하여 간접적으로 신세뇨관에서 칼슘 재흡수를 증가시키고, 소변 내 칼슘 손심을 감소시켜 칼슘을 보유하는 효과를 준다.

이와 같이 적당량의 인의 섭취는 칼슘 흡수를 유익하게 하지만, 지나친 인의 섭취는 부갑상샘호르몬의 분비를 자극하여 뼈 손실을 일으킨다. 그러므로 인을 과도하게 섭취하기보다는 인과 칼슘의 섭취비율을 중요하게 생각해야 한다. 성인의 경우 칼슘과 인의 섭취비율이 1:1일 때 칼슘 흡수가 가장 효율적인 것으로 보고되었다. 따라서 칼슘과 인의 섭취비율은 1:1로 권장되고 있다. 인은 어육류, 달걀, 유제품 그리고 곡류에 많이 함유되고 있다. 인산이 첨가된 탄산음료의 섭취는 인과 칼슘의 섭취 불균형을 초래할 수 있으므로 탄산음료의 과다한 섭취는 뼈의 건강을 해칠 수 있다.

단백질 섭취량이 증가하면 소변으로 칼슘 배설량이 증가하므로 단백질(특히 동물성)은 권장섭취량 이상 섭취하지 않도록 한다.

④ 미량원소

불소는 조골세포를 자극하여 골형성을 촉진한다. 불소는 하이드록시아파타이트[$Ca_{10}(PO_4)_6(OH)_2$] 대신 프루오로아파타이트[$Ca_{10}(PO_4)_6F_2$]를 형성하여 더욱 견고한 형태의 골격을 이루어 골밀도를 증가시키고 골용해에 대한 저항력은 커지게 한다. 반면에 과잉섭취 시에는 뼈의 경도가 커져 오히려 골절률이 증가할 수 있다.

철, 구리, 아연, 망간 등의 미량원소는 골격대사과정에 필요한 효소의 보조인자로 작용하므로 충분한 섭취가 필요하다.

⑤ 이소플라본 충분히

이소플라본은 에스트로겐과 유사한 구조를 하고 있어서 약한 에스트로겐으로 작용함으로써 골소실 억제효과를 나타낸다. 대두 및 대두 제품(두부, 두유, 된장, 쌈장, 청국장 등)에는 식품성 에스트로겐으로 알려져 있는 이소플라본이 많이 함유되어 있어서 골다공증, 특히 폐경 후 골다공증의 예방과 치료 시 에스트로겐을 대신하여 이용될 수 있다.

(2) 운동요법

규칙적인 운동은 뼈에 물리적인 자극을 주어 조골세포를 자극함으로써 뼈대사를 활성화시킬 뿐만 아니라 근육의 힘을 증가시키고 유연성과 평형감각을 증진시킴으로써 넘어져서 생기는 골절을 예방할 수 있다.

골다공증의 예방과 치료에 효과적인 운동으로는 체중에 의해 뼈에 자극을 줄 수 있는 체중부하운동, 즉 걷기나 자전거타기, 계단 오르기, 등산, 달리기, 에어로빅 및 근력운동 등이 있다.

(3) 약물요법

① 호르몬요법

호르몬요법(Hormone Therapy, HT)은 폐경 후 에스트로겐 결핍에 따른 증상과 질환을 예방 및 치료하기 위해 사용될 수 있다. 호르몬요법에는 에스트로겐의 단독투여와, 에스트로겐과 프로게스테론의 복합투여가 있다. 에스트로겐의 투여는 골손실을 억제하는 효과가 있으므로 골량이 현저히 감소된 골다공증 환자보다는 폐경 직후 또는 폐경 후 5~15년 사이에 사용하는 것이 보다 효과적이다.

그러나 에스트로겐의 장기투여는 자궁내막염, 혈전증, 유방암, 심장질환, 뇌졸중 등의 위험을 증가시킬 수 있다. 따라서 현재는 폐경 증상이 심한 여성에게 호르몬요법을 고려하도록 하고 있으며 치료 여성 개개인의 삶의 질, 목표, 유익성과 위험성을 고려하여 투여기간 및 지속 여부를 결정하는 것이 바람직하다.

② 비스포스포네이트계 약물

비스포스포네이트계 약물(bisphosphonate)의 주요 작용은 파골세포를 불활성화시켜 골용해를 억제하여 뼈가 소실되지 않게 하는 것이다. 이 약물은 에스트로겐처럼 암과 같은 심각한 위험성이 없으며 경제적이어서 최근 많이 이용되고 있는 합성약물이다. 장기간 이용 시 부작용으로 드물게 턱뼈 괴사 및 비전형적 대퇴골절이 발생할 수 있다.

③ 선택적 에스트로겐 수용체 조절제(Selective Estrogen Receptor Modulators, SERMs)

뼈조직에 있는 에스트로겐 수용체에 결합하여 뼈조직에서 약한 에스트로겐으로 작용함으로써 골량에 긍정적인 영향을 미친다. 대표적인 예로는 랄록시펜(raloxifene)이 있다.

3. 골격계질환

관절은 압축성과 탄력성을 가지며 골의 연결 시 마찰을 방지하고 자연스럽게 운동을 할 수 있게 하는 구조물이다. 관절을 이루는 골의 말단은 관절연골(articular cartilage)로 덮고 있고 관절연골 사이의 내강은 관절낭(articular capsule)이 싸고 있다. 관절낭은 다시 섬유막(fibrous membrane)과 활막(synovial membrane)으로 구성되어 있고, 활막 안에는 윤활작용을 하는 활액(synovial fluid)이 들어 있다. 관절염에는 일반적으로 골관절염과 류마티스관절염이 있다.

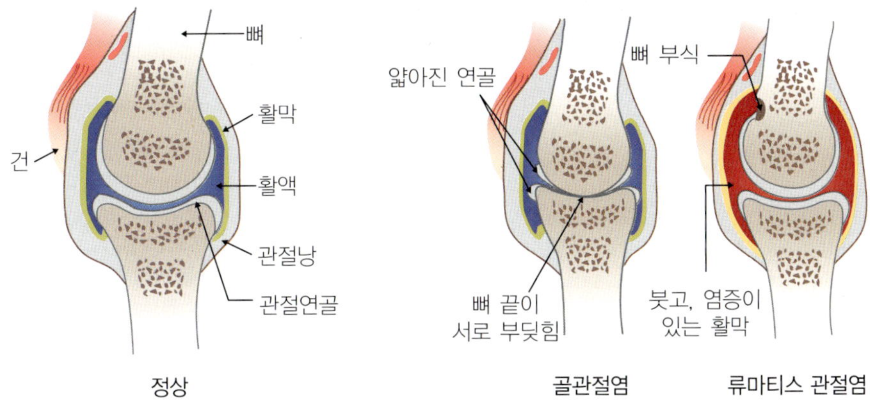

[그림 11-5] **골관절염과 류마티스관절염**

1) 골관절염

골관절염(osteoarthritis)은 퇴행성관절염이라고도 하며 관절염 중 가장 흔한 것으로 관절을 형성하는 연골이 손상되고 닳아 없어지면서 생기는 관절통과 관절의 변형을 초래하는 질환이다. 이와 같은 증상은 모든 관절에서 발견되며 특히 체중을 지탱하거나 자주 사용하는 관절인 무릎, 척추, 고관절 등에서 자주 발생하므로 체중과다 및 비만인에게 잘 나타난다. 65세 이상 노인인구의 70%에서 발생하며 여성이 남성보다 높다.

(1) 원인과 증상

골관절염은 노화, 비만, 여성 등이 위험요인이다. 침범된 관절은 빨갛게 붓고 크기가 커지며 관절을 움질일 때 소리가 나거나 뻣뻣해지고 통증이 나타난다. 류마티스 관절염과는 다르게 통증이 주로 관절을 많이 사용하고 난 오후나 저녁시간에 심해지는 경우가 많다.

질환이 진행되면 통증이 심해지고 점차적으로 관절운동에 제한을 받으며, 심지어는 관절에 변형이 나타난다. 골관절염은 자주 사용하는 관절인 척추, 엉덩이, 무릎, 발목, 팔꿈치 등에 발생하고 비대칭적으로 나타나며 전신적인 증상은 없는 것이 특징이다. 연골이 손상되면 통증, 부종, 운동능력 손실, 관절 변형이 나타나고, 심해지면 골격의 기형이 일어나기도 한다.

(2) 치료 및 식사요법

골관절염 치료의 주된 목표는 통증을 감소시키고 관절의 파괴와 변형을 예방하는 것이며 치료에는 약물치료, 물리치료, 운동요법, 수술치료 등이 있다. 약물요법으로는 진통제나 비스테로이드성 항염증제 및 관절강 내 스테로이드 주사를 사용할 수 있다.

운동요법으로는 관절 주위 근육의 강도를 높여 주는 운동이 유용하며 스트레칭, 수영 및 자전거타기 등 체중부하가 없는 운동이 권장된다.

골관절염 환자에게서는 주로 체중 초과 현상이 나타나므로 관절의 부담을 줄이기 위한 체중 감소가 필요하나 에너지소비와 운동량이 제한되어 있으므로 적절한 식단 작성이 매우 중요하다. 저에너지 식품을 사용하여 정상체중의 하한선을 유지하게 하고, 건강을 최대한 유지하도록 단백질, 비타민, 철 및 칼슘을 충분히 섭취한다. 또한, 골관절염 환자는 노년층에 많으므로 노인식에 준하여 식단을 작성한다.

2) 류마티스관절염

류마티스관절염(rheumatoid arthritis)은 관절의 활액막이 감염되어 부으면서 파손되고 다른 관절에까지 퍼지며 상태가 진행됨에 따라 골, 연골조직에까지 감염이 확대되어 심한 손상을 일으키는 만성적 자가면역성질환이다. 특히 손이나 발 등의 마디에 대칭적으로 나타나기 쉽고 세 개 이상의 관절을 침범하는 다발성 관절염의 형태를 나타낸다.

(1) 원인과 증상

류마티스관절염은 유전적인 원인에 환경적 요인(세균, 바이러스, 화학물질, 약물 등)이 복합적으로 작용하여 발생하나 정확한 원인은 아직 알려져 있지 않다. 발병률은 총인구의 1~2%가량 40~50세에 주로 나타나며 가끔 어린이에게도 나타난다. 여성의 경우 발병률이 남성에 비해 세 배 이상 높으나 나이가 많을수록 남녀의 차이가 감소하는 경향이 있다.

류마티스관절염의 특징적인 증상은 관절이 뻣뻣해지는 것인데, 이는 질환의 진행 정도를 판별하는 중요한 지표가 된다. 특히 아침에 관절이 뻣뻣해지는 것을 느끼며 보통 증상이 30분 이상 지속되는 특징을 나타낸다. 발병 초기에 피로, 식욕부진, 일반적인 허약증상이 몇 주~몇 달간 지속되고, 이로 인해 체중이 감소하며 때로는 고열, 오한이 동반되기도 한다. 그 외에도 활액막의 감염은 부종, 압통과 행동 제약을 느끼게 한다.

류마티스관절염은 일반적으로 증상의 완화와 악화가 반복되는 질환으로 고통이 매우 심하고 질환의 상태가 심한 경우에는 섬유조직이 비정상적으로 증식하게 되어 뼈의 강직 현상과 함께 불구가 되는 경우도 있다.

(2) 치료

류마티스관절염의 치료목표는 관절의 염증과 통증을 없애고 관절의 기능을 최대화하여 관절의 파괴와 변형을 예방하는 것이다. 치료에는 약물치료, 물리치료, 관절강화운동, 휴식 등이 있다. 약물요법으로는 아스피린이 흔히 사용되며 다른 비스테로이드성 항염증제와 코르티코스테로이드(corticosteroid) 등도 사용된다. 그 외 상태가 매우 심각한 경우엔 수술을 하기도 한다.

(3) 식사요법

류마티스관절염 환자는 감염과정에서 생기는 위, 소장의 점막변화로 인한 영양소 흡수의 감소, 감염으로 인한 대사율 항진 및 영양요구량의 증가, 식욕저하, 연하곤란과 충치 발생 등으로 인해 영양불량이 되는 경우가 많으며, 특히 감염에 의해 주로 발생하므로 영양상태의 증진은 필수적이다.

① 이상 체중 유지 및 단백질 충분히

관절에 부담을 주지 않기 위해서 이상 체중을 유지해야 하므로 적절한 에너지 조절과 함께 양질의 단백질을 체중 kg당 1.5~2g으로 충분히 섭취한다.

② n-3 지방산 보충

저지방식은 혈청 비타민 A 및 비타민 E의 농도를 저하시키며 지질 과산화와 아이코사노이드의 합성을 촉진함으로써 류마티스관절염을 악화시킨다. 따라서 지방섭취를 제한하는 대신 지방산의 형태를 바꾸어서 등푸른생선과 같은 n-3 지방산을 늘려 섭취하는 것이 항염증작용에 유용한 효과를 보인다.

③ 알레르기 유발식품 제한

뼈의 통증은 주로 식품 알레르기에 의해 나타나는 경우가 많으므로 감자, 커피, 달걀, 고기, 우유, 사과, 오렌지, 토마토 및 후추 같은 알레르기성 식품을 제한하는 것이 바람직하다.

④ 비타민과 무기질 충분히

충분한 비타민 D와 칼슘의 섭취는 류마티스관절염의 합병증인 골다공증과 골연화증을 막을 수 있다. 또한, 약물치료에 의해 때로 위장 점막이 손상되어 피리독살-5-인산(pyridoxal 5-phosphate, PLP)의 필요량이 다소 증가된다. 그 외에도 아연, 철, 엽산 및 비타민 E, 비타민 C, 셀레늄과 같은 항산화영양소섭취를 늘리는 것이 바람직하다.

(5) 균형 잡힌 식사

류마티스관절염은 만성적 질환이므로 환자의 식사 형태 및 식습관을 잘 관찰하고, 영양관리가 환자에게 미치는 영향을 교육시킴으로써 균형 잡힌 식사를 지속적으로 섭취할 때 질환을 극복할 수 있다는 자심감을 주는 것이 중요하다.

3) 통풍

통풍(gout)은 의학 역사상 매우 오래 전에 발견된 질환으로서 체내 퓨린(purine)의 대사이상으로 퓨린의 최종 대사산물인 요산(uric acid)의 혈중 농도가 증가하고, 이것이 관절과 조직에 침착되어 특징적인 급성관절염 통증을 일으키는 질환이다. 심지어 바람만 불어도 참을 수 없이 아픈 특징을 보인다. 통풍은 때때로 어린아이에게도 일어나지만 주로 35세 이후의 남성에게서 많이 나타나며 여성에게는 매우 드문 질환으로 남성과 여성의 발병비율은 20:1 정도가 된다.

(1) 원인

체내 세포의 핵에는 핵산(퓨린과 피리미딘으로 구성)이 존재하며 퓨린이 분해되어 생기는 최종 산물이 요산이다. 체내에 존재하는 퓨린의 함량은 세포의 이화 및 체내 생합성, 식사로의 퓨린 섭취를 통해 증가하며 세포의 동화, 요산의 배설 과정을 통해 감소된다. 세포의 이화와 체내 퓨린의 생합성은 내인성 요인이고, 식사 중 퓨린은 외인성 요인이다. 혈중 요산농도에 보다 더 중요한 역할을 하는 것은 내인성 요산으로서 전체 요산 생성량의 약 85%를 차지한다.

통풍은 체내에서 요산이 과잉생산되거나 소변으로의 배설이 저하되어 혈중 요산이 증가함으로써 발생한다. 요산의 과잉생성은 고퓨린식 섭취, 선천적 퓨린대사이상, 용혈성질환, 과음, 비만, 심한 운동 등에 의해 발생할 수 있으며, 요산 배설이 저하되는 원인에는 신장질환, 고혈압, 기아, 음주, 약물(아스피린, 이뇨제 등)이 있다.

(2) 증상

요산의 정상적인 혈청 농도는 연령과 성에 따라 다르다. 일반적으로 정상치는 3~6mg/dL로 어린이의 혈청 요산의 농도는 약 3~4mg/dL이고, 사춘기 남성은 약 5mg/dL, 성인여성과 남성의 상한치는 각각 6mg/dL, 7mg/dL이다. 고요산혈증의 혈중 요산농도는 7mg/dL이상인 경우를 말한다.

통풍의 증상은 대개 고요산혈증이 오랫동안 지속되면 나타난다. 증상은 급성 통풍성관절염에 의한 발작으로 주로 밤에 발생하며, 엄지발가락 관절이 빨갛게 부어오르고 국부 발열 후 격심한 통증이 있다가 몇 시간~며칠 후에 증상이 저절로 완전히 사라진다. 그러나 6개월~2년 사이에 다시 돌발적인 격통이 있다가 또 사라지는데 차츰 통증의 주기가 빨라지고, 발작기간도 길어지며 때로는 발열, 오한, 두통, 위장장애가 나타나기도 한다. 엄지발가락 외에 발목부분, 무릎 등에서도 증상이 나타날 수 있다.

만성적으로 체내에서 요산이 축적되면 혈중 요산이 요산염(요산나트륨) 결정을 형성하여 관절의 연골이나 관절 주위의 연조직에 침착하고 점차 귓바퀴, 엄지발가락, 손가락, 팔꿈치 관절 후면 등에 흰 결절이 생성되는데 이를 통풍결절이라고 한다.

통풍결절이 증대, 융합하게 되면 관절조직을 파괴시켜 만성관절염을 유발하고, 관절변형과 관절기능장애를 초래하며 요산이 신장에 축적되면 신우염, 신결석(요산결석) 등을 유발한다. 이 외에도 통풍은 고혈압, 이상지질혈증, 심혈관계질환, 대사증후군, 당뇨병 등 다른 여러 질환을 동반하며, 특히 비만과 밀접한 관계가 있다.

(3) 치료

통풍의 치료목적은 급성기의 통증을 완화하고, 더 이상의 증상 발현을 막으며, 혈중 요산농도를 낮추는 것이다. 통풍치료에는 약물이 사용되는데 급성발작 및 염증을 조절하는 약물로는 비스테로이드성 소염제, 콜히친(colchicine), 스테로이드제 등이 있다. 급성기의 통증과 염증이 조절된 후에 혈중 요산농도를 낮추기 위해 사용되는 약물은 요산의 생성을 억제하는 것과 소변으로 요산의 배설을 증가시키는 것으로 구분되며 환자의 상태에 따라 결정한다.

통풍의 식사요법에서는 전통적으로 저퓨린식사를 적용해 왔으나 치료약이 개발되면서 식사조절에 큰 비중을 두지 않게 되었다. 즉, 혈중 요산농도에 대한 음식물의 영향은 크지 않기 때문에 식사에 크게 얽매일 필요는 없다. 그럼에도 불구하고 대사적 스트레스를 감소시키고 약물사용을 줄이기 위해서는 가능한 한 퓨린 함량이 낮은 식품 위주로 식사하는 것이 바람직하다.

〈표 11-3〉 **퓨린 함량별 식품군**

구분	많은 식품(150~800mg)	중간 식품(50~150mg)	적은 식품(0~15mg)
식품	내장부위(심장, 간, 지라, 신장, 뇌), 육즙, 거위, 생선류(정어리, 청어, 멸치, 고등어, 가리비)	고기류, 가금류, 생선류, 조개류, 콩류(강낭콩, 완두콩), 채소류(시금치, 버섯, 아스파라거스)	달걀, 우유, 치즈, 곡류(오트밀, 전곡 제외), 빵, 채소류, 과일류, 설탕
섭취여부	급성기와 증세가 심할 때에는 섭취할 수 없음	회복 정도에 따라 소량 섭취할 수 있음	제한 없이 섭취할 수 있음

대한영양사협회(2010).

(4) 식사요법

① 퓨린제한

정상인의 경우는 하루 평균 600~1,000mg 정도의 퓨린이 함유된 식사를 하지만 통풍 환자는 100~150mg 정도로 제한하는 것이 바람직하다. 퓨린은 식사로 조절할 수 없는 체내의 내인성 요인에 의해서 주로 생성되므로 최근에는 식사조절보다는 약물로 조절을 하고 있으며, 식사요법은 치료식이라기보다는 예방식으로서의 의미가 강하다. 그러나 퓨린 함량이 많은 식품을 제한하여 요산의 생성을 약 15%가량 낮출 수 있으므로 환자의 상태에 따라 멸치·멸치 국물, 고등어·연어·청어 등의 등푸른생선, 내장(간, 콩팥 등), 진한 육수 등을 제한하는 것이 좋다.

육류와 어패류 등의 동물성 식품에 들어 있는 퓨린은 고요산혈증 및 통풍의 발병위험을 높이므로 과다섭취하지 않도록 해야 하는 반면, 콩류, 시금치, 버섯 등의 식물성 식품에 들어 있는 퓨린은 통풍 발생에 영향을 미치지 않기 때문에 굳이 식사에서 제한할 필요는 없다.

② 에너지 적절히

통풍 환자에서는 이상 체중 유지 또는 10%가량의 체중 감소가 효과적이며, 비만과 관련지어 볼 때 과량의 에너지 섭취는 바람직하지 않다. 그러나 갑작스러운 에너지 감소는 통풍 환자에게 급격한 발작이나 케톤증을 일으킬 수도 있으므로 서서히 감량하는 것이 좋고, 단식요법은 절대 금해야 한다.

에너지는 일반적으로 이상 체중 kg당 남자는 30~35kcal, 여자 25~30kcal로서 1일 1,200~1,600kcal 정도를 권장하며 주로 전분 형태의 당질로 공급한다. 설탕, 사탕 등의 농축당은 중성지방 증가와 관련되어 비만을 조장하는 요인이 되므로 피한다. 특히 과당은 요산의 체내 생성을 촉진하고 인슐린 저항성을 높이므로 설탕이 함유된 음료나 과당이 풍부한 과일 등의 섭취는 줄이도록 한다.

③ 단백질과 지방 적절히

단백질은 인체 내에 필수적인 영양소이나 요산 생성에 관여하므로 과량의 섭취는 피해야 하며, 우유(저지방우유)와 달걀은 고단백질식품이면서 퓨린의 함량이 극히 적으므로 통풍 환자에게 권장되는 식품이다. 통풍 환자는 장기간의 치료가 요구되므로 단백질은 체중(kg)당 1~1.2g으로 하루 60~75g 정도를 공급하는 것이 좋다.

지방은 요산의 정상적인 배설을 방해하고 통풍의 합병증인 고혈압, 심장병, 이상지질혈증, 비만 등과도 관련되므로 과량의 지방섭취는 피한다. 하루에 50g 이하의 섭취가 바람직하며 포화지방산보다는 불포화지방산의 섭취비율을 증가시킨다. 통풍 위험 때문에 등푸른생선의 섭취를 제한하는 경우 자칫 심혈관계질환에 도움이 되는 n-3 지방산의 섭취도 낮아지게 되는 문제가 발생할 수 있다. 그러므로 건강상의 이점과 위험성을 고려하여 개인의 상황에 맞게 섭취를 조정하도록 한다. 필요한 경우 오메가-3, EPA, DHA 보충제를 대신 섭취할 수 있다.

퓨린체는 물에 쉽게 용해되는 반면, 기름에는 용해되기 어려우므로 육류를 섭취할 때는 굽는 것보다 삶아서 조리하고, 그 국물은 섭취하지 않도록 한다. 생선도 구울 때 물을 조금 넣으면 퓨린 함량을 줄일 수 있다. 또한, 콩 자체보다는 콩으로 만든 두부에 퓨린 함량이 더 적다.

④ 수분 충분히

통풍 환자에게 있어서 다량의 수분 공급은 신장결석 및 약물사용으로 인한 탈수현상을 방지하고 혈중 요산 농도를 희석하며 요산 배설을 촉진시키므로 신장질환이나 심장병 없는 한 하루에 3L가량의 수분을 섭취하는 것이 바람직하다. 커피나 차는 적당량 섭취할 수 있으나, 알코올은 요산의 배설을 방해하고 요산의 생합성을 촉진하므로 제한한다. 특히 맥주는 이에 함유되어 있는 퓨린체 때문에 요산의 증가가 더욱 현저하므로 좋지 않다.

⑤ 비타민 C와 알칼리성 식품 충분히

비타민 C는 소변으로 요산의 배설을 증가시켜 혈청 요산농도를 감소시킬 수 있으므로 충분히 섭취한다. 또한, 소변 중 요산배설 촉진을 위해 pH를 6.2~6.8로 유지하는 것이 필요하므로, 소변의 알칼리도가 식품에 따라 변하기는 어렵지만 가능한 한 채소, 과일 등 알칼리성 식품을 적극적으로 섭취한다. 그 외 통풍은 고혈압, 당뇨병, 이상지질혈증 등 합병증 우려가 있으므로 염분은 가급적 제한하는 것이 좋다.

Chapter 12

신경계질환

1. 신경계의 구조와 기능

신경계는 신경계 기능의 중심이 되는 중추신경계와 신체부위로 연락을 담당하는 말초신경계로 구성되어 있다. 중추신경계는 뇌(대뇌, 소뇌, 간뇌, 뇌간)와 척수로 구성되고 말초신경계는 뇌신경, 척수신경, 자율신경계(교감신경, 부교감신경)로 구분된다.

신경계의 기본단위인 뉴런(neuron)이라는 신경세포로 신경조직이 이루어져 있고, 신경계는 전신에 그물같이 분포되어 있어 신경세포의 자극에 의한 흥분 발생과 다른 신경세포로의 흥분 전달에 의해 인체 각 부위의 조직과 기관의 작용을 통제하고 상호 협조하도록 조절한다.

중추신경계는 통합기능과 반사기능을 통해 신체활동을 조절하는 역할을 한다. 통합은 학습 및 기억을 통해 이해, 이성적 판단, 언어, 상상 등의 정신기능을 수행하는 총괄적 기능이며, 반사는 자극이 감각기관을 통해 중추신경계에 도달하고 적절한 반응이 각 부분에 나타나는 현상이다. 말초신경계는 각 부위 감각기관의 자극을 중추신경계로 보내고 처리된 반응을 골격근과 내장근 분비선에 전달하는 작용을 한다.

〈표 12-1〉 신경계의 구조와 기능

<table>
<tr><td rowspan="7">중추
신경계</td><td rowspan="6">뇌</td><td colspan="2">대뇌</td><td>기억·판단 등 정신활동 중추, 감각과 수의운동 중추</td></tr>
<tr><td colspan="2">소뇌</td><td>신체와 대뇌운동영역 중계, 수의근운동, 평형감각 유지</td></tr>
<tr><td colspan="2">간뇌</td><td>자율신경계와 내분기계의 중추</td></tr>
<tr><td rowspan="3">뇌간</td><td>중뇌</td><td>자세반사, 눈운동반사 중추</td></tr>
<tr><td>뇌교</td><td>골격근 조절</td></tr>
<tr><td>연수</td><td>호흡중추, 심장중추, 소화기중추, 반사중추</td></tr>
<tr><td>척수</td><td colspan="3">정보 전달, 뇌 명령 전달, 반사중추</td></tr>
<tr><td rowspan="3">말초
신경계</td><td>체성신경계</td><td colspan="3">운동·감각·전달, 수의적 반응 관여, 정보 전달</td></tr>
<tr><td rowspan="2">자율신경계</td><td colspan="2">교감신경</td><td rowspan="2">심장, 소화기, 생식기 외·내분비샘 분비</td></tr>
<tr><td colspan="2">부교감신경</td></tr>
</table>

2. 신경계질환

1) 치매

치매(dementia)는 뇌기능의 저하로 후천적으로 지적능력을 상실하는 상태로 대뇌피질 및 해마를 손상시키는 병변에 의해 지능과 행동이 점진적으로 퇴화되어 일상생활이 어려워진다.

일반적인 노화과정에서 나타나는 생리적인 건망증과는 구별된다. 치매에는 원인이 잘 알려지지 않은 알츠하이머성치매, 질병으로 인해 뇌혈관이 파열되어 출혈로 뇌 조직이 손상되는 뇌혈관성치매, 약물 등으로 인한 기타의 치매가 있다.

(1) 원인

① 알츠하이머병

알츠하이머병(Alzheimer's disease)은 치매의 원인 중 가장 흔한 질병이다. 전체 치매의 50~60% 정도를 차지하며 고령에서 발병률이 높아 60세 이후에 주로 발생한다. 발생 기전은 신경세포의 신경원 섬유의 변화가 일어나 신경원이 구부러지고 뇌고랑이 깊고 넓어지며 뇌열이 좁아지는 것과 신경세포와 신경세포 사이에 노인성반점(senile plaque)이 생기는 것이다. 신경원 세포가 변형되고 노인성반점이 생기는 것은 신경세포로의 혈액공급이 부족하거나 유해산소가 작용해서 생기는 것으로 추측하고 있으며, 이러한 원인으로는 신경세포 내에 변성 단백질인 β-아밀로이드(amyloid)의 축적으로 알려져 있다. 알츠하이머의 원인으로는 고령(65세 이상), 가족력 및 유전, 두부 손상, 금속 침착, 바이러스성 요인 등이 있다.

② 혈관성치매

혈관성치매(vascular dementia)는 다발성뇌경색성치매라고도 하며, 알츠하이머에 이어 두 번째로 빈번하게 나타나 전체 치매의 20~30%를 차지한다. 주로 기존에 고혈압, 심장질환, 흡연, 당뇨 비만, 뇌졸중 등이 있는 경우에 발생률이 높다.

(2) 증상

알츠하이머는 장기간에 걸쳐 서서히 완만하게 진행되는데, 초기에는 기억력의 감퇴가 나타나며, 병이 진행되면 치매증세가 심해지고 복합 지적능력의 결여, 정서적 불안과 동요, 행동 및 인격의 변화, 운동장애 등이 나타나게 된다. 병세가 심해지면서 몸을 움직이지 못하고 지적활동이 멈추는 상태로 남의 도움 없이는 일상적인 일도 할 수 없게 된다.

혈관성치매는 갑자기 발생하고, 인지 및 정신기능이 저하되고 한동안 유지되다가 갑자기 더 나빠지고 유지되는 단계적인 변화양상을 보인다. 뇌경색이 나타나는 부위와 범위에 따라 증상이 다르며, 흔히 운동장애, 언어장에, 시야장애 등이 나타난다.

(3) 식사요법

알츠하이머병의 초기에는 포도당대사의 손상을 보여 공복 시 높은 혈당치와 인슐린 농도를 나타낸다. 또한, 왕성한 식욕을 보이기도 하나 일반적으로 체중감소가 나타난다. 체중 감소의 원인으로는 감염으로 인한 대사항진, 식품섭취량 부족, 독립성 감소, 스스로 식사할 수 없게 되는 것들을 들 수 있다.

치매의 일반적인 영양관리는 체중 감소 혹은 과도한 체중 증가 방지, 변비와 탈수 예방, 혼자 식사할 수 있는 능력을 키우는 것을 목표로 하여 적절한 영양지원 방법을 선택한다. 구체적인 식사요법의 지침은 다음과 같다.

- 적절한 영양상태 유지를 위해 충분한 단백질과 열량을 공급한다.
- 영앙밀도가 높은 식품을 제공한다.
- 비타민 E, 셀레늄, 콜린, 수분을 적절하게 공급한다.
- 단 것을 좋아하는 경향이 증가하므로 영양소 농도가 높은 간식을 공급한다.
- 연하곤란 등 필요한 경우, 경장영양이나 퓌레 상태로 된 음식을 제공한다.

- 적절한 수분섭취가 필수적이나 밤에는 과량의 수분 공급을 피한다.
- 상황에 따라 환자가 음식을 손으로 잡고 먹을 수 있는 형태로 만들어 준다.
- 가능한 한 식사시간을 규칙적으로 하며, 천천히 씹어서 식사하도록 한다.
- 식사하는 동안 세심하게 관찰한다.

〈표 12-2〉 **치매 진행에 따른 영양문제와 식사지침**

진행 단계	증상	영양문제	식사지침
1단계 (초기)	· 기억손상 · 사회적, 직업적 기능 감소 · 작업, 가사, 재정관리 어려움 · 길을 잃어버림 · 성격이 변함	· 식품구매 및 요리하기 어려움 · 식사하는 것을 잊어버림 · 미각과 후각 변화 · 달고 짠 음식에 대한 기호 증가 · 식욕조절 기능 감퇴	· 영양소 농도가 높은 간식 공급 · 한 번에 한 가지씩 음식 제공 · 보조 식사도구 사용 · 적당한 온도의 음식 제공
2단계 (중기)	· 사물의 이름을 기억하지 못함 · 시간 관념이 없어짐 · 망상, 우울 · 격양된 감정	· 에너지 요구량 증가 · 음식을 입에 물고 있거나, 삼키는 것을 잊어버리거나, 식기를 사용할 수 없게 되어 숟가락 또는 손으로 먹음	· 충분한 단백질과 열량 공급 · 손에서 손으로 지도 · 손가락으로 쉽게 집어 먹을 수 있는 음식(finger food menus) 제공(예: 주먹밥) · 일몰증후군이 있는 환자는 중식메뉴에 가장 큰 비중을 둠
3단계 (말기)	· 지남력 감각상실(diso rien-tation) · 자기 이름을 잊어버림 · 가족을 알아보지 못함 · 언어능력 손상 · 기본적인 자기관리도 불가능 · 대·소변을 가리지 못함	· 음식을 인지하지 못함 · 먹는 것을 거부하거나 먹일 때 입을 열지 않음 · 클뤼버부시(Kluver-Bucy)증후군(식품이 아닌 것을 먹음) · 비위장관 급식이 필요한 경우 발생	· 경관영양이나 퓨레 상태로 된 음식 제공

구재옥 외(2016).

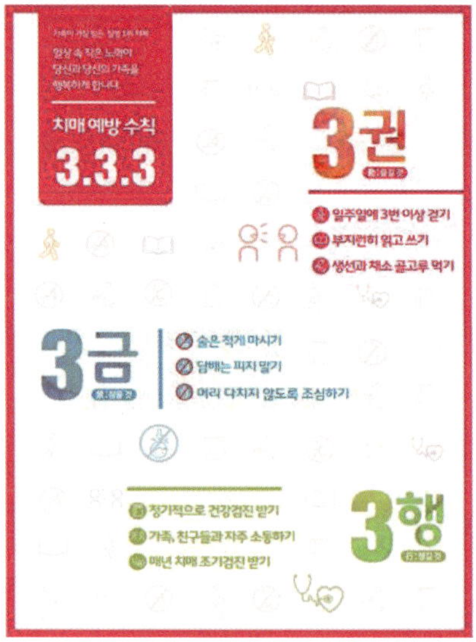

[그림 12-1] 치매예방수칙 3·3·3 안내 포스터

보건복지부.

2) 뇌전증(간질)

뇌신경세포가 급작스럽게 과도한 전기를 방출시켜 일어나는 경련, 감각장애, 의식불명 등의 신경계 증상을 발작(seizure)이라고 하며, 발작이 반복적으로 나타나는 상태를 뇌전증(epilepsy)이라고 한다. 뇌전증은 세계 인구의 0.5~1%에서 발생하는 질병이며 우리나라 뇌전증 환자는 약 30~50만 명으로 대부분 어린이와 노인에게서 증상이 나타나며, 대개 약에 의하여 잘 조절되고 일정 기간 후에 저절로 좋아진다.

(1) 원인 및 증상

뇌전증은 유전, 출생 시 뇌손상, 두부 외상, 뇌의 감염, 열성 경련, 알코올의존증, 중금속중독, 뇌졸중, 치매 등에 의해 발생하며, 원인을 알 수 없는 경우도 50% 정도로 많다.

전형적인 증상인 발작은 전신발작과 부분발작으로 구분하며, 전신발작은 가장 흔한 형태의 발작으로 아무런 전구증상 없이 갑자기 의식을 잃고 쓰러지며, 전신 근육에 수분 정도 경련이 일어난다. 부분발작은 스스로 전구증상을 느끼며, 손, 발, 입 등에 자신도 모르는 반복적인 행동을 보이는 경우가 흔하다.

(2) 식사요법

뇌전증의 치료 목적은 모든 발작을 멈추게 하는 것이며, 주로 약물치료로 항경련제를 사용한다. 약물요법과 함께 영양적으로 균형된 식사를 함께 섭취하는 것이 가장 좋은 치료 방법이다. 약물치료에 반응하지 않는 일부 환자에서는 외과적 수술이나 케톤식의 식사요법 등이 수행되기도 한다.

① 케톤식: 저당질 고지방식, 단백질은 충분히

케톤식은 혈장 내 케톤체의 농도가 높을 때 항경련성 효과가 큰 것을 고려하여 케톤증(ketosis) 상태가 되도록 고안된 식사이다. 즉, 지방으로부터 전환되는 케톤체를 뇌세포가 주된 에너지원으로 사용하도록 하는 방법으로 10세 이하의 아동에게 효과가 크다. 이는 연령이 낮을수록 뇌에서 케톤체를 산화하여 에너지원으로 사용하는 능력이 더 크기 때문이다.

케톤식은 당질의 양을 엄격하게 제한하고 지질의 섭취를 총에너지의 80~90%까지 증가시킨다. 총에너지는 일반적인 에너지 필요량의 80~90%로 약간 적게 공급하고 지방(케톤성)과 탄수화물 및 단백질(비케톤성)의 섭취의 비율은 4:1 정도로 유지한다.

급속한 케톤증을 유도하기 위해서는 일정기간 동안의 절식이 필요하다. 3~5일의 절식기간 동안에는 제한된 양의 물, 고깃국물, 차, 과일, 150~240mL정도의 무가당 오렌지주스를 공급한다. 처음에는 당질 공급을 75g으로 시작하고 나중에는 1일 15~30g이 되게 하며, 나머지는 필요 열량을 모두 지방으로 대체한다. 이러한 식사를 통해 케톤증을 일으키는 데는 약 1주일이 소요된다.

중간사슬중성지방(Medium Chain Triglycerides, MCT)식은 전체 섭취 에너지의 60%를 MCT 오일로 제공하는 방법이다. 당질과 단백질 공급이 조금 더 가능하므로 고전적인 케톤식에 비해 간편하다는 장점이 있다.

단백질은 어린이의 적절한 성장을 위해 1~1.2g/kg을 공급하고 당질은 총에너지의 10% 미만으로 소량만 공급한다. 수분은 65mL/kg정도로 제공하며 하루 섭취량이 2L를 넘지 않도록 한다. 식사의 특성상 비타민과 무기질이 부족하기 쉬우므로, 필요한 경우 보충제를 사용하여 충분히 공급한다.

케톤식은 극도로 맛이 없기 때문에 어린이들이 섭취하기 매우 어렵고 성인의 경우에도 오랜기간 섭취하는 것이 어렵다. 부작용으로는 식욕저하, 메스꺼움과 구토, 설사, 체중감소, 과민반응 등이 있다. 때로 저혈당증이 나타날 수 있으므로 케톤식을 시작하기 전 케톤성저혈당증의 경향이 있는지 확인해 보는 것이 좋다.

② 뇌전증환자의 식사지침

- 식사를 거르지 않고 규칙적으로, 정해진 분량을 전량 섭취하도록 한다.
- 모든 식품은 저울에 계량하여 조리한다.
- 단순당(설탕, 꿀, 물엿 등)의 사용을 피한다.
- 튀김, 구이, 볶음과 같이 기름을 많이 사용하는 조리법을 이용한다.
- 기름, 드레싱, 마요네즈, 호두, 땅콩 등의 유지류는 조리 시 다양하게 사용한다.
- 물은 생수를 이용한다.
- 저혈당 증세가 나타나면 알맞은 당질 식품을 섭취해야 하나, 과다섭취를 피한다.

〈표 12-3〉 케톤식의 1일 식단의 예

끼니	식단	식품(g)		영양소구분			
				탄수화물(g)	단백질(g)	지방(g)	열량(kcal)
아침	쇠고기 양송이볶음	쇠고기	6	0.012	1.26	0.846	13.08
		양송이	10	0.14	0.39	0.03	1.7
	두부조림	두부	23	0.69	1.932	0.805	18.17
	우유		20	0.94	0.64	0.64	12.0
	사과주스		9	1.035	0.009	0.009	3.87
	땅콩		3	0.519	0.777	1.464	17.07
	올리브유		31	0.0	0.0	29.884	266.29
	계			3.336	5.008	33.678	332.18
점심	연두부양념없음	연두부	30	0.21	1.56	0.72	12.3
	닭살무침	닭살	6	0.0	1.614	1.134	17.1
	당근볶음	당근	20	1.44	0.26	0.02	6.4
	우유		25	1.175	0.8	0.8	15.0
	땅콩		3	0.519	0.777	1.464	17.07
	올리브유		31	0.0	0.0	29.884	266.29
	계			3.344	5.011	34.022	334.16
저녁	달걀찜	달걀	23	0.023	2.783	2.415	34.73
	치즈		5	0.275	0.915	1.21	15.6
	호박볶음	호박	11	1.034	0.121	0.022	0.418
	우유		20	0.94	0.64	0.64	12.0
	수박		10	0.75	0.07	0.02	3.1
	땅콩		2	0.346	0.518	0.976	11.38
	올리브유		30	0.0	0.0	28.92	257.7
	계			3.368	5.047	34.203	334.928
총계				10.0	15.1	101.9	1,001

장유경 외(2016).

3) 파킨슨병

파킨슨병(Parkinson's disease)은 알츠하이머 다음으로 흔한 신경계질환 중 하나로 뇌의 신경세포가 소실되어 운동장애가 나타나는 질환이다. 연령이 증가함에 따라 발병률도 증가하여 50~70대에 주로 나타나며, 50대 이후 발생률이 높다. 전세계 60세 이상 인구의 약 1% 정도로 추정된다.

(1) 원인 및 증상

파킨슨병은 신경전달물질인 도파민을 분비하는 뇌의 흑질(substantia nigra) 내 신경세포가 점진적으로 파괴되어 발생한다. 정확한 원인은 아직 밝혀지지 않고 있으나 유전과 환경적 인자들의 상호작용에 의해 발생하는 것으로 추측하고 있다. 흔히 40대 이후 발병하고 60대에 발병되는 경우가 가장 많으며 회복 불가능한 신경퇴행성질환이다.

증상은 대부분 몇 년에 걸쳐 서서히 점진적으로 나타나며, 주로 손발의 떨림, 팔다리 근육의 경직, 운동지연 등이다. 위 배출 지연, 변비, 거식증, 연하곤란, 흡인 등의 장애도 나타나며, 10kg 이상의 체중 감소가 동반된다.

(2) 식사요법

L-도파(levodopa)는 파킨슨병의 주요 치료제이다. 도파민은 뇌혈관장벽(brain blood barrier)을 통과할 수 없으므로, 전구체인 L-도파를 투여하여 뇌에서 도파민으로 전환하게 한다. 파킨슨병의 식사요법의 목표는 도파민 투여효과를 돕고, 식사능력을 증진하여 적절한 체중과 신체 기능을 유지하는 데 있다.

고단백식은 L-도파의 흡수를 지연시켜 효과를 감소시키는 것으로 알려져 있다. 다량의 중성아미노산은 장에서 흡수될 때 L-도파와 경쟁하여 혈액 및 뇌로 들어가는 속도를 늦추기 때문에 L-도파의 효과를 높이기 위해 적절한 단백질 섭취량과 하루 식사 중 배분이 중요하다. 체중 1kg당 0.8g의 단백질 섭취가 바람직하며, 활동량이 많은 낮에 경직 증상으로 행동에 지장을 받지 않도록 아침과 점심 식사는 저단백식으로 하고 활동이 적은 저녁과 밤에는 단백질 섭취를 증가시켜 1일 단백질 권장섭취량을 맞추는 것을 권장한다.

식사는 소량씩 자주 제공하고 식품을 작게 자르거나 다진 부드러운 형태로 주며, 큰 숟가락이나 포크를 사용하여 혼자 식사할 수 있도록 돕는다. 빨고 삼키는 능력이 감소하여 반고형식 형태로 공급하거나 빨대를 이용한다. L-도파는 공복시 흡수가 잘되나, 오심이 있으면 음식과 함께 투여하고, 알코올은 L-도파와 길항작용을 하므로 제한한다. 과량의 피리독신은 간에서 L-도파의 전환을 증가시켜 뇌에서의 전환을 감소시킬 수 있으므로, 비타민 B_6 보충제는 금한다.

4) 다발성신경염

(1) 원인 및 증상

다발성신경염(polyneuritis)은 말초신경계의 장애가 좌우대칭형으로 일어나는 신경염의 증상으로 비타민 결핍이나 알코올 중독 등의 영양장애, 중금속 등의 독성물질, 감염, 대사장애, 면역이상 및 유전 등에 의해 발생될 수 있다. 운동신경, 감각신경, 자율신경 중 손상을 받은 신경 위치에 따라 다양한 증상이 나타나는데, 주로 손발저림, 동통, 이상감각, 마비 등을 동반한다. 다발성신경염은 비타민 B 복합체 중 어느 하나의 섭취나 흡수불량만으로도 나타날 수 있다.

〈표 12-4〉 비타민 결핍으로 인한 신경계질환 및 행동장애

비타민	신경계질환	행동장애
티아민	베르니케-코르사코프증후군(Wernicke-Korsakoff syndrome), 말초신경염, 다발성신경염	우울, 냉담, 근심, 신경과민
리보플라빈	EEG* 비정상	
니아신	신경의 퇴화 진행	펠라그라 관련 증상: 냉담, 우울, 근심, 정신이상
비타민 B_6	경련, EEG 변화	우울, 신경과민
판토텐산	신경염	불안, 신경과민, 피로
비오틴	피부 민감도의 비정상적 증가	우울, 권태, 고독
비타민 B_{12}	신경병증, 신경장애	신경과민, 불면증, 건망증, 편집증
엽산	영아의 정신발달 지연	건망증, 불면, 우울
비타민 C	신경퇴행	권태, 피로, 우울, 신경과민

*EEG(뇌파기록, electroencephalogram)

장유경 외(2016).

(2) 식사요법

다발성신경염은 여러 가지 영양소의 장기적인 결핍에 의해 일어나며, 한 가지 영양소의 결핍만으로도 다른 여러 영양소의 흡수와 이용을 방해할 수 있으므로, 식사는 모든 영양소를 골고루 포함시키되, 특히 충분한 양의 비타민을 함유하도록 하고, 필요시 비타민 B 복합체를 보충한다. 악성빈혈성신경계질환은 비타민 B_{12}를, 펠라그라성정신증상에는 니아신을 충분히 공급한다. 환자 대부분이 노인들로 신경이 예민한 초기증상을 보이며, 만성질환이나 약물복용으로 영양불량 상태에 있어 적절한 영양섭취와 함께 사회경제적, 심리적 문제들을 해결하도록 해야 한다.

5) 다발성경화증

(1) 원인 및 증상

다발성경화증(multiple sclerosis)은 중추신경계를 구성하는 수초와 축삭이 염증으로 인해 탈락하여 신경자극전달에 장애를 초래하는 만성퇴행성신경계질환이다. 정확한 원인은 밝혀지지 않았으나 자가면역체계의 이상, 바이러스, 유전 등과 유전적인 요인과 환경적인 요인이 복합적으로 작용하여 발생한다.

증상은 뇌, 척수, 시신경을 포함하는 중추신경계의 여러 부위가 경화되어 운동성 약화, 부분적 마비, 시력저하, 연하곤란, 경련 등으로 보행 및 일상생활 능력이 감퇴된다. 대부분의 환자에서 완화-악화를 반복하는 재발성을 나타내고 반복될수록 신경계 손상이 심해진다.

(2) 식사요법

다발성경화증 환자는 활동량의 감소와 우울증으로 체중 증가가 일어나므로 적절한 체중관리와 수분조절, 신경성질환에 대한 대처가 영양관리목표이다. 신경장애성대장(neurogenic bowel)으로 인해 설사 또는 변비가 발생할 수 있어 수분의 조절과 배변을 돕는 고섬유소식사를 공급한다. 신경장애성방광(neurogenic bladder)으로 급하게 자주 소변을 보는 습관이 생기므로 잠자기 전에는 수분섭취를 제한하는 것이 바람직하다.

Chapter 13

선천성대사이상질환

선천성대사이상은 대사경로 중에서 특정한 과정에 결함이 있어서 발병하는 질병으로, 유전자의 이상과 효소의 장애로 정상적인 대사가 불가능한 상태를 의미한다.

영아기의 선천성대사이상은 조기에 치료하지 않으면 치명적일 수 있으며 생존하더라도 지능장애, 경련 등의 신경장애와 성장지연 등이 나타난다. 선천성대사이상의 치료목표는 효소나 보조인자의 결함으로 손상된 대사경로의 생화학적 평형을 유지하고, 적절한 영양소를 제공하여 정상적인 성장과 발달을 유지하게 하는 것이다. 각 질환의 선천적인 원인을 파악한 후 치료를 시작한다.

1. 페닐케톤뇨증

페닐케톤뇨증(phenylketonuria, PKU)은 아미노산대사에 영향을 미치는 선천성 질환 중 가장 흔한 질환으로, 미국의 경우 11,000~15,000명 신생아 중 1명의 비율로 주로 백인에게 발병된다.

1) 정의

페닐케톤뇨증은 필수아미노산인 페닐알라닌을 티로신으로 전환하는 페닐알라닌 수산화효소(phenylalanine hydroxylase)가 결핍되면, 페닐알라닌이 티로신으로 전환되지 못하여 혈중 또는 요중에 페닐알라닌농도가 현저하게 증가되고, 페닐케톤체(페닐피루브산, 페닐아세트산) 등의 대사산물이 소변으로 배설된다[그림 13-1].

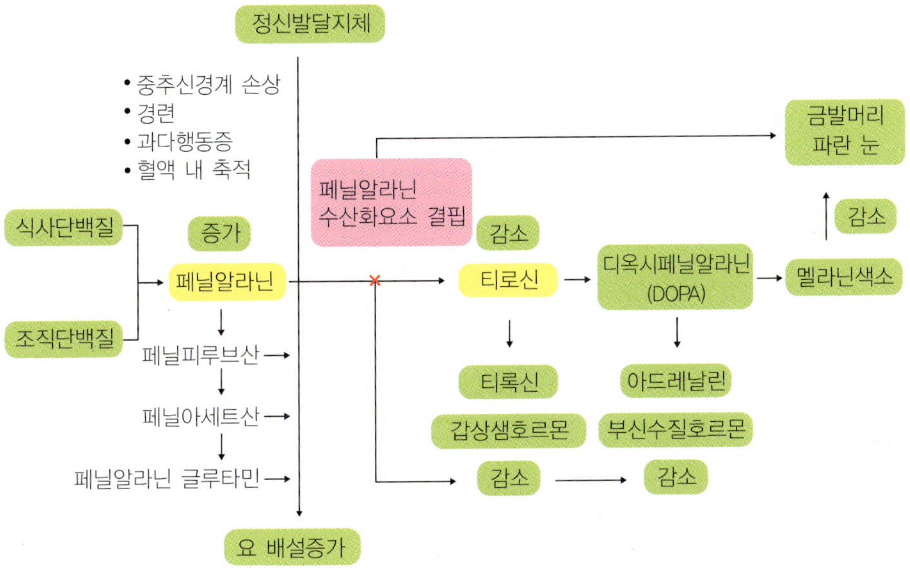

[그림 13-1] 페닐케톤뇨증의 대사이상

2) 원인

혈중 페닐알라닌농도의 정상치는 2~6mg/dL이며, 식사섭취 후 혈청페닐알라닌농도가 16~20mg/dL 이상, 혈청 티로신농도가 3mg/dL 이하, 그 외의 페닐알라닌 대사물들이 소변으로 과량 배출될 때 페닐케톤뇨증이라고 진단할 수 있다.

3) 증상

정신발달 지체와 함께 갑상샘호르몬 합성 저하로 인한 성장 부진, 부신수질호르몬 합성 저하로 인한 혈당 및 혈압 저하, 또 티로신에서 합성되는 멜라닌 색소 생성 감소에 의한 백색 피부, 금발 등의 증상이 생긴다. 생후 1~7일 이내에 선별검사를 실시하여 식사치료 시 정상적인 IQ를 갖지만 늦어지면 중증의 지능장애를 얻게 되며, 파란 눈이 되고, 피부와 머리카락 색이 희고 연해지며, 발작이 일어나고 저능아가 된다. 생후 1개월 이내에 발견하여 치료하면 현저한 효과가 있으며, 신생아 때부터 식사요법을 실시하면 정상적으로 성장할 수 있다.

4) 식사요법

식사요법의 목표는 정상적인 지능지수를 가질 수 있도록 환자의 혈청 페닐알라닌의 농도를 2~6mg/dL로 유지하며 체조직의 분해를 방지하고 정상적인 성장과 발육을 위한 필요량을 공급해 준다. 식품 중 페닐알라닌을 제한하고 티로신을 공급함으로써 혈중농도를 정상범위로 유지시키는 것이 중요하다. 단백질 식품은 약 5% 정도의 페닐알라닌을 함유하고 있으므로 단백질의 생리적 필요량을 충족시키면서 페닐알라닌을 지나치게 제한하는 경우 발육부진, 빈혈, 저단백혈증, 식욕부진, 설사, 탈모, 저혈당 등이 나타나므로 식사계획을 할 때는 단백질로부터 페닐알라닌이 제거된 조제분유나 특수제품을 사용한다. 페닐알라닌을 1일 200~500mg 범위로 공급하고 조제식(lofenalac, phenyl-free)을 이용하며, 육류, 유제품, 생선, 난류, 견과류는 제한하고, 사탕, 잼, 젤리, 꿀, 설탕, 시럽, 전분, 감자, 채소, 과일, 기름 등 소량 함유된 식품으로 영양을 지원한다. 인공감미료인 아스파탐도 페닐알라닌 함량이 높으므로 사용을 제한한다.

2. 단풍당밀뇨증

1) 정의

1954년 Menkens에 의해 규명된 단풍당밀뇨증(Maple Syrup Urine Disease, MUSD)은 분지형 아미노산인 루신(leucine), 이소루신(isoleucine), 발린(valine) 등의 측쇄 케토산(α-ketoacids)의 산화적 탈산화효소의 결핍으로 초래된다.

2) 원인

출생 시에는 정상으로 보이나 유아의 혈액과 소변 중에 분지형 아미노산과 이 아미노산에서 생성된 케토산이 축적되어 나타난다. 소변 중에 다량 배설되어 특유의 단풍시럽 냄새를 내고 생후 일주일 이내에 치료하지 못하면 심한 신경장애를 유발하거나 정신발달이 지연될 수 있으므로 질병진단 및 치료시기가 단풍당뇨증 예후에 중요하다.

3) 증상

단풍당뇨증 영아는 식욕감퇴, 발육부진, 수유곤란, 구토, 무기력, 경련 등의 증세가 나타나고 심하면 혼수상태가 되거나 사망할 수도 있다. 소변에서 캐러멜 냄새가 나면 바로 전문의에게 연락하여 복막투석이나 교환 수혈을 실시해야 한다. 생후 일주일 내에 치료하지 않으면 대사성 산혈증, 저혈당, 신경계 손상, 혼수와 사망을 초래할 수 있다.

4) 식사요법

식사요법은 루신, 이소루신, 발린 등을 제한하여 혈중 농도를 정상으로 유지하고, 특히 혈청 루신의 수준을 2~5mg/dL로 유지할 수 있도록 한다. 혈중 루신 농도가 10mg/dL 이상으로 상승하면 α-케토산증과 신경증상이 나타나므로 분지형 아미노산이 낮은 식사를 실시하고 당질의 섭취를 증가시킨다. 또한, 분지형 아미노산의 유리를 막기 위해서 충분히 열량과 단백질, 무기질, 비타민을 공급해 준다.

3. 티로신혈증

1) 원인

티로신혈증(tyrosinemia)은 티로신의 대사과정에서 효소작용의 장애로 혈중 티로신농도가 상승하거나 간질환, 구루병, 흡수불량과 같은 장애로 혈중 티로신이 증가하여 발생할 수 있다. 신생아의 티로신혈증은 비타민 C의 섭취 부족, 고단백 식사, 간기능의 미성숙 등으로 나타나며 발병률은 보통 5~10만 명 중 1명이다.

2) 증상

혈액과 소변에서 페닐알라닌, 티로신이 증가하며 증상으로 황달, 부종, 성장부진, 간경변증으로 인해 혈중 메티오닌의 함량 증가, 신장세뇨관 손상으로 아미노산, 혈당의 배설, 저혈당증, 저프로트롬빈혈증, 저인산혈증 등이 나타나며 치료가 적절하지 않으면 간부전으로 1년 이내 70~90% 사망할 수 있다.

3) 식사요법

조기에 비타민 C를 충분히 공급하고 저단백 식이요법을 하면 대부분 1개월 이내에 혈중 티로신농도가 낮아진다. 하지만 식이치료를 잘 하지 못하면 간기능이 극도로 저하되어 생후 6~8개월 이내에 사망하기도 하므로 적극적인 조기치료가 필요하다.

4. 호모시스틴뇨증

1) 원인

호모시스틴뇨증(homocystinuria)은인구 10만 명 중 1명의 비율로 발생하며 함황아미노산의 대사에 관여하는 효소의 결핍 때문에 혈액 중 메티오닌의 대사산물인 호모시스테인농도가 축적되어 나타난다. 시스타티오닌 합성효소의 결핍이 가장 흔하며 소변 중에 호모시스틴이 많이 배출된다.

2) 증상

주된 증상은 발육장애, 지능저하, 심혈관계장애, 척추장애, 골다공증, X자형다리, 혈전증, 눈의 이상, 경련 등이다.

3) 치료 및 식사요법

혈중 메티오닌 축적을 예방하기 위해서 음식 중 메티오닌을 제한하고 시스틴을 섭취한다.

결핍된 시스타티오닌 합성효소는 조효소로 비타민 B_6를 필요로 하므로 일일 30~1,500mg의 비타민 B_6를 처방하여 효소활성을 높여 준다.

5. 갈락토오스혈증

1) 원인

갈락토오스혈증(galactosemia)은 2만 5천~5만 명 중 한 명 정도로 발생하는 희귀한 질환으로, 간에서 갈락토오스가 포도당으로 전환되는 데 필요한 효소인 갈락토오스-1-인산유리딜 전이효소(galactose-1-phosphate uridyl transferase)가 선천적으로 결핍되어 나타나는 질환이다. 이러한 효소의 결핍으로 혈액과 소변 중에 갈락토오스가 비정상적으로 증가된다[그림 13-2].

치료하지 않으면 구토, 설사, 혼수, 성장부진, 정신지체 등을 보이고 심하면 사망할 수 있는데 유당은 락타아제에 의해서 갈락토오스와 포도당으로 분해, 흡수된 후, 체내에서 포도당으로 전환되어 이용된다. 그러나 갈락토오스혈증은 효소의 결핍으로 포도당으로 전환되지 못한다.

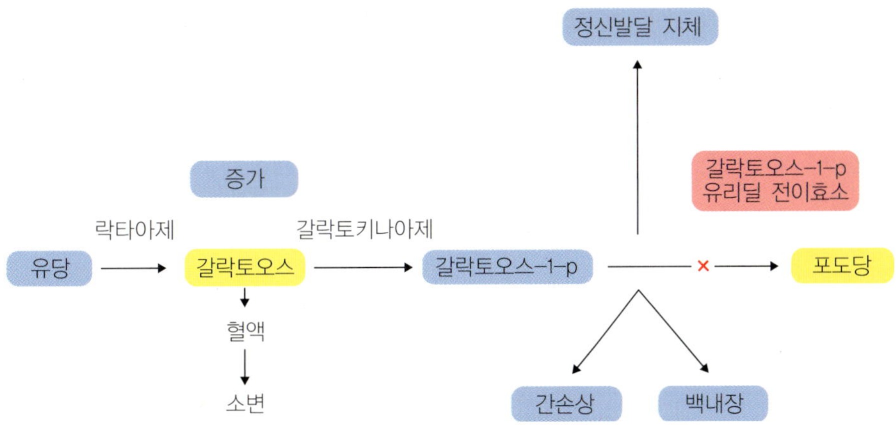

[그림 13-2] 갈락토오스혈증의 대사이상

2) 증상

혈액과 소변 중에 갈락토오스가 증가하여 황달, 구토, 설사, 성장부전, 간비대, 백내장, 정신지체를 수반한다. 갈락토키나아제(galactokinase) 결핍 시 백내장이 유발되나 초기에 진단하여 치료하면 예방도 가능하다.

3) 식사요법

갈락토오스혈증은 유당과 갈락토오스를 엄격히 제한한다. 유당에는 갈락토오스가 들어 있으므로 유당을 함유하지 않은 특수 우유를 사용한다. 이유기 이후에도 유제품(치즈, 버터), 유청분말, 카세인 등 유당을 함유한 제품은 제한하고, 두유나 카세인 가수분해물로 만든 제품을 사용한다. 유아는 체내 포도당에서 최저 필요량의 갈락토오스가 만들어지므로 갈락토오스를 제한한 식사가 성장에 큰 지장은 없다〈표 13-1〉.

〈표 13-1〉 갈락토오스 제한식의 허용식품과 제한식품

구분	허용식품	제한식품
우유대체품	이소밀(Isomil), 뉴트라미겐(Nutramigen), 프로소비(Prosobee), 소이락(Soylac), 콩단백질분유(soy-based formula), 유당제거 우유(락토우유)	모유, 동물의 유즙, 우유, 크림, 치즈, 요구르트, 아이스크림
육류·어류 및 난류	쇠고기, 양고기, 돼지고기, 햄, 베이컨, 햄버거, 닭고기, 칠면조고기, 오리고기, 생선, 어패류 등. 우유, 크림, 버터 또는 마가린을 넣지 않고 요리한 난류	크림, 버터 또는 빵을 입힌 육류, 난류 또는 가금류, 우유나 유당을 넣어 만든 프랑크소시지 및 간소시지, 내장육(간, 뇌, 흉선, 콩팥, 심장, 췌장)
곡류	우유나 유당이 첨가되지 않은 건조 또는 조리된 시리얼, 빵, 크래커, 마카로니, 스파게티, 국수류, 쌀, 얇게 구운 옥수수빵, 밀가루, 옥수수	우유, 유당을 함유하고 있는 빵, 머핀, 비스킷, 시리얼, 팬케이크 등

구분	허용식품	제한식품
유지류	식물성 기름(콩, 옥수수, 올리브, 면실, 땅콩), 안전한 첨가물을 함유한 쇼트닝, 라드, 마가린, 마요네즈, 샐러드드레싱	버터, 크림, 치즈, 유당을 함유한 마가린, 버터, 우유 또는 유당을 함유한 샐러드드레싱
과일류	허용되지 않은 식품을 제외한 모든 생과일 및 가공품	유당을 함유하고 있는 과즙음료나 제품
채소류	허용되지 않은 식품을 제외한 모든 생채소 및 가공품	제한된 첨가물로 가공처리했거나 버터, 마가린, 빵 또는 크림과 함께 채소, 유당 및 제한된 첨가물을 함유한 인스턴트 감자요리

6. 과당불내증

1) 원인 및 증상

과당불내증(fructose intolerance)은 프락토오즈-1-포스페이트 알돌라아제(fructose-1-phosphate aldolase)가 결핍되어 나타나는 유전성질환으로, 구토, 저혈당증, 간종, 저혈색소성 빈혈, 대사성 산독증 등의 증상이 수반된다.

2) 식사요법

식사요법은 과당과 설탕, 솔비톨, 전화당 등을 제한하고 과일을 섭취하지 못하여 올 수 있는 비타민 C 결핍증을 막기 위해 비타민 C를 섭취한다〈표 13-2〉.

〈표 13-2〉 과당불내증 환자의 제한식품

구분	제한식품
유제품	과당이나 설탕을 함유한 조제유, 가당 농축우유, 초콜릿우유, 가당 우유음료, 아이스크림, 셔벗
육류	당류와 함께 가공 처리된 햄, 베이컨, 런천미트, 가공 치즈류
유지류	마요네즈, 샐러드드레싱, 땅콩버터
곡류	설탕 입힌 시리얼, 탈지된 밀배아, 쌀겨

구분	제한식품
후식	설탕, 당밀, 초콜릿 우유시럽으로 만든 초코칩 쿠키, 케이크 및 기타 후식류
감자류	고구마, 조리된 감자
채소류	채소주스
과일류	모든 과일 및 과일주스
기타	흑설탕, 솔비톨, 꿀, 젤리, 시럽, 수수, 땅콩 및 기타 견과류

7. 윌슨병

1) 원인 및 증상

윌슨병(Wilson's disease)은 구리의 대사과정이 유전적으로 손상되어 체내 구리의 저장과 이동에 장애가 일어나 구리가 담즙으로 배설되지 못하고 체내조직의 간, 두뇌, 각막, 신장, 적혈구 등에 비정상적으로 축적되는 선천적 대사질환이다. 구리 축적으로 혈청 세룰로플라스민(ceruloplasmin)의 농도가 낮아지고, 용혈성 빈혈, 간경화, 간염 등의 만성간질환 및 신경계의 이상이 주된 증상으로, 이상행동, 언어장애, 연하장애, 글씨를 잘 쓸 수 없는 증상 등을 보인다.

2) 식사요법

식사요법은 혈청 구리 수준을 감소시키고 체내 구리의 축적을 방지하며 간과 다른 조직에도 손상을 줄 수 있으므로 단백질의 공급으로 최소화시켜야 한다.

한편 구리가 많이 함유된 식품은 보리, 고구마, 돼지고기, 해산물, 초콜릿, 코코아 등으로 구리 제한식사를 할 경우 영양 불균형을 나타낼 수 있으므로 영양소 섭취에 주의한다.

8. 통풍

1) 원인

통풍(gout)은 퓨린의 대사이상으로 혈액 중 요산의 농도가 증가되어 불용성의 요산염이 관절이나 관절주위 조직, 신장 등에 침착되어 심한 염증과 극심한 통증을 일으키는 유전적 대사질환이다. 보통 40세 이상의 남자에게 많으며, 여성은 주로 폐경기 이후에 발병하고, 비만 환자에게서 많이 발생한다. 과식, 과음, 심한 운동 시에도 증상이 나타날 수 있다.

통풍 환자의 혈액 중에는 퓨린의 대사물인 요산의 함량이 높으며, 요산이 신장을 통해 원활히 배설되지 못하여 나타난다. 이러한 요산의 증가는 퓨린 대사 중간에 젠틴옥시다아제(xanthine oxidase) 작용에 이상으로 일어난다.

2) 증상

통풍은 자각증상이 없으며 갑자기 발작적으로 통증, 염증, 부종이 나타나고 주로 손, 발가락의 관절, 연조직에 요산염이 침착되어 통증을 일으킨다. 아픈 관절은 빨갛게 붓고 윤이 나며 연해지고 주기는 6개월에서 2년 정도이다. 일생에 한 번의 동통발작이 있는 경우도 있고, 5~10년 뒤에 다시 나타날 수도 있다. 만성이 되면 신장에 요산결석이 나타나며 발, 귀, 손가락 등 신체의 여러 곳에 통풍결절이 나타난다.

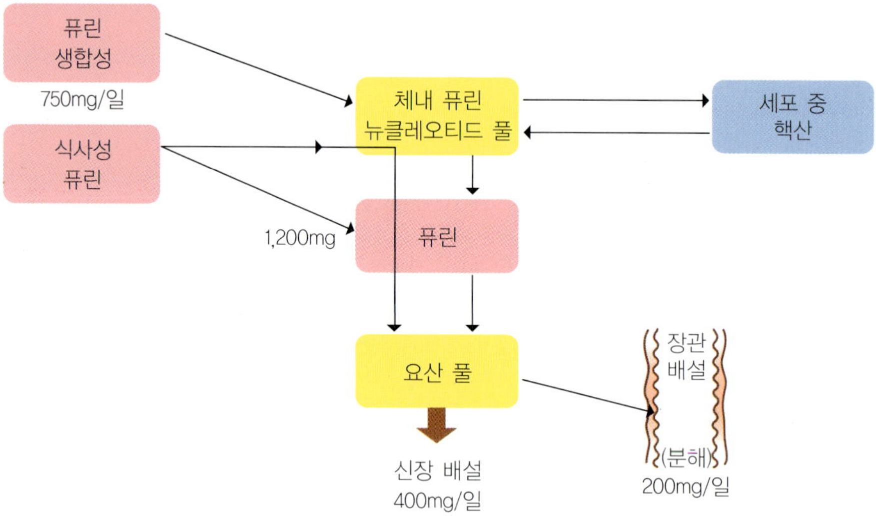

[그림 13-3] 체내 퓨린대사

3) 치료 및 식사요법

퓨린은 식사 조절로 안 되는 내인성 요인에 의해서도 생성되므로 최근에는 약제로 조절하고 있으며, 식사요법은 치료식보다는 예방식으로 의미를 둔다. 표준체중을 유지하며 퓨린이 풍부한 식품과 술을 제한하고 충분한 수분섭취와 지방섭취를 제한한다. 고깃국물, 동물의 내장, 고등어, 청어, 연어 등 퓨린이 많이 함유된 식품을 제한하고, 수분은 요산의 배설을 촉진시키므로 매일 3L 정도를 섭취한다. 약물로는 급성 발작 및 염증을 조절하는 콜히친(colchicine), 비스테로이드성 소염제 등과 혈중 요산을 감소시키는 알로퓨리놀(allopurinol)이 있다.

〈표 13-3〉 퓨린 함량에 따른 식품분류

식품군	고함유식품 (150~800mg)	중등함유식품 (50~150mg)	미량함유식품 (미량)
곡류군			· 밥, 국수, 감자, 고구마, 빵 등 대부분의 곡류(오트밀, 전곡 제외)
어육류군	· 내장육(간, 콩팥, 뇌 등) · 생선류(청어, 고등어, 정어리, 연어) · 기타: 육즙, 멸치, 효모, 베이컨, 가리비조개	· 육류, 가금류, 생선류, 조개류 · 콩류(강낭콩, 잠두류, 완두콩, 편두류)	· 달걀
우유군			· 우유, 치즈, 유제품
지방군			· 버터, 식용유
과일군			· 모든 과일류
채소군		· 시금치, 버섯, 아스파라거스	· 나머지 채소류
기호품			· 탄산음료, 잼, 코코아, 설탕, 커피, 차류
적용	· 급성기에 섭취 제한	· 회복기에 소량 섭취 가능	· 제한없이 섭취 가능

Chapter 14

빈혈

빈혈(anemia)은 혈액 중에 헤모글로빈(hemoglobin) 농도가 감소한 상태이다. 단순히 혈액량이 적은 것이라기보다는 정상기능을 하는 적혈구 수가 부족하거나 산소를 운반하는 혈액 내 헤모글로빈이 부족한 경우를 일컫는다. 적혈구 생성에는 유전적, 생리적, 영양적 요인들이 관여하는데 특히 단백질, 철, 엽산, 비타민 B_{12}, 비타민 C 등이 조혈 영양소로서 적혈구 생성에 가장 많이 필요하다. 영양적 요인이 관여하는 빈혈은 성장기, 청소년기, 임신기, 노년기에 이르기까지 생애에 걸쳐 건강에 크게 영향을 미치고 있다. 세계보건기구에 따르면 빈혈의 진단 기준에서 혈중 헤모글로빈 농도는 성인남성이 13g/dL 이하, 성인여성은 12g/dL 이하로 정의한다. 헤모글로빈이 부족해지면 혈액의 산소 운반능력이 저하되어 얼굴이 창백해지고 쉽게 피로감을 느낀다. 또한, 빈혈은 활력 저하 및 학업이나 작업 능력을 현저하게 떨어뜨리기 때문에 능률적인 업무 추진을 위해 영양소 섭취가 중요한 역할을 한다.

1. 혈액구성과 조혈

혈액은 액체성분인 혈장과 세포 성분인 혈구로 구성된다. 혈액을 원심분리하면 전체 혈액의 약 55%를 차지하는 투명한 액체인 혈장과 약 45%에 해당하는 붉은색의 침전물인 혈구로 구성되어 있음을 알 수 있다[그림 14-1].

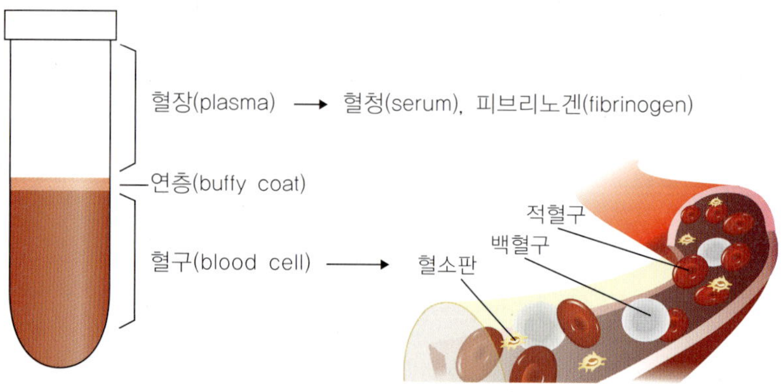

[그림 14-1] 혈액의 구성 성분

1) 혈장

혈장은 혈액의 수용성 성분으로 투명한 담황색을 띠며 혈액의 약 55%를 차지한다. 혈액 속의 유형 성분을 부유시키는 액체로 단백질을 비롯하여 다양한 유기물이나 무기물을 용해시킨다. 그 구성 성분은 수분(91%), 단백질(7%), 지질(1%), 탄수화물(0.1%), 무기질(0.9%)로 이뤄져 있다. 혈장 단백질로는 알부민, 글로불린, 트랜스페인, 프로트롬빈, 피브리노겐 등이 있다. 이들 단백질은 필요에 따라 조직으로 보내지거나 호르몬 등을 결합하고 운반하면서 면역물질로 작용하기도 한다.[그림 14-2].

2) 혈구

고형성분인 혈구는 적혈구, 백혈구, 혈소판으로 구성되어 있다. 혈액을 구성하는 혈구는 골수에서 조혈모세포가 분화되어 성숙한다[그림 14-2]. 혈액의 기능은 산소, 이산화탄소, 영양소, 노폐물을 운반하고 식균작용을 하며 혈액 응고 기능을 담당한다.

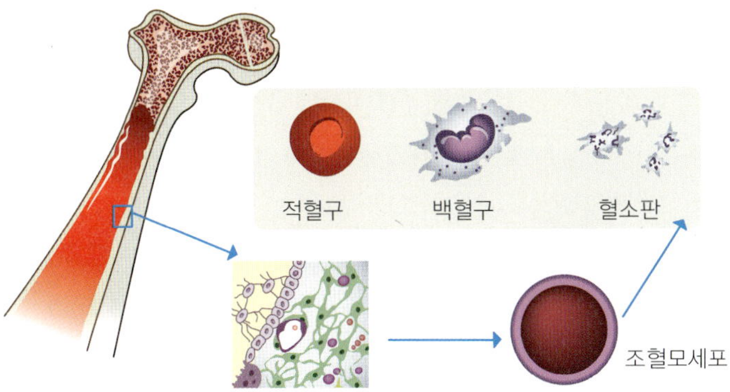

[그림 14-2] 혈구의 종류와 기능

① 적혈구

적혈구는 혈액세포 중 가장 많은 수를 차지한다. 가운데가 오목하게 들어간 원반 형태로 좁은 모세혈관을 비교적 쉽게 통과할 수 있으며 산소를 운반해 주는 역할을 한다. 적혈구는 헤모글로빈이라는 혈색소를 가지고 있어 붉은색을 띤다. 즉 헤모글로빈 속의 철이 산화되어 생긴 산화철의 색 때문이다. 헤모글로빈은 철을 함유한 헴이라는 색소가 글로빈이라는 단백질과 결합된 복합단백질이다. 1분자의 헤모글로빈은 철 원자 4개를 함유하고 있으며, 철 원자 1개는 산소 분자 1개와 결합할 수 있기 때문에 1분자의 헤모글로빈은 4분자의 산소를 운반할 수 있게 된다.

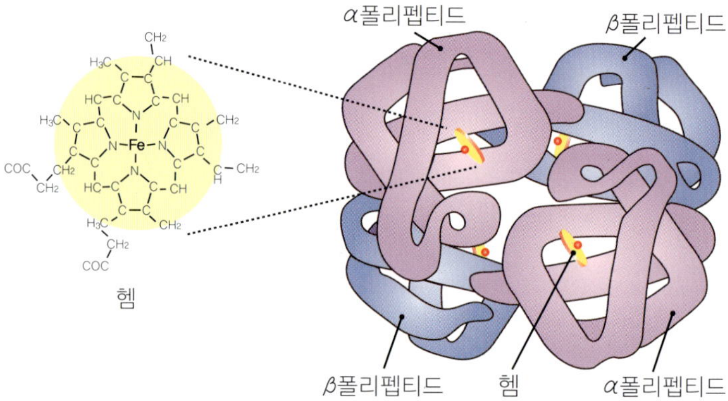

[그림 14-3] **헤모글로빈과 헴의 구조**

송경희(2014).

적혈구 생성은 골수에서 일어나며 골수의 줄기세포(stem cell)은 여러 번의 세포분화과정을 거쳐 핵과 세포소기관이 없는 성숙한 적혈구를 만든다. 혈액 속에서 100일~120일 동안 살아 움직이고, 적혈구생성호르몬(erythropoietin)에 의해서 적혈구의 생성 조절이 이뤄진다. 이 호르몬은 신장에서 합성되어 골수에서 적혈구의 증식을 자극하여 성숙하도록 돕고 빈혈 시에는 분비가 촉진된다. 노화된 적혈구는 간, 비장, 골수에서 분해되는데, 분해된 헤모글로빈의 글로빈은 아미노산으로 분해되어 체내에서 재활용되고, 헴철은 철로 분해되어 페리틴으로 저장되었다가 재이용된다.

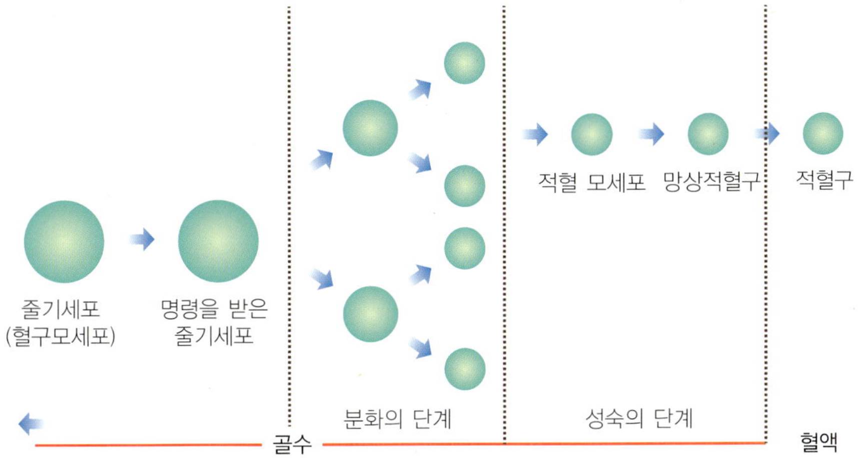

[그림 14-4] **적혈구 생성과정**

구재옥 외(2013).

② 백혈구

백혈구는 면역기능을 수행하는 혈액세포로 침입한 세균과 이물질을 세포 내로 끌어들인 후, 이를 분해해 감염으로부터 신체를 보호하는 역할을 한다. 백혈구는 그 형태와 크기, 과립의 모양과 핵의 모양에 따라 과립이 있는 세포(과립성 백혈구, granulocyte)와 과립이 없는 세포(무과립성 백혈구, agranulocyte)로 구분한다[그림 14-5]. 과립성 백혈구는 호산구(eosinophil), 호염기구(basophil), 호중구(neutrophil)가 있으며, 무과립성 백혈구는 림프구(lymphocyte)와 단핵구(monocyte)가 있다. 혈액 속의 백혈구가 부족하면 면역력이 떨어져 감염 가능성이 증가한다. 혈구의 문제로 우리 몸에는 여러 가지 이상 증세가 나타날 수 있는데 피로, 열, 코피, 잇몸 출혈, 쉽게 멍이 든다면 전문가에게 정확한 진단을 받아야 한다.

• 과립구

• 무과립구

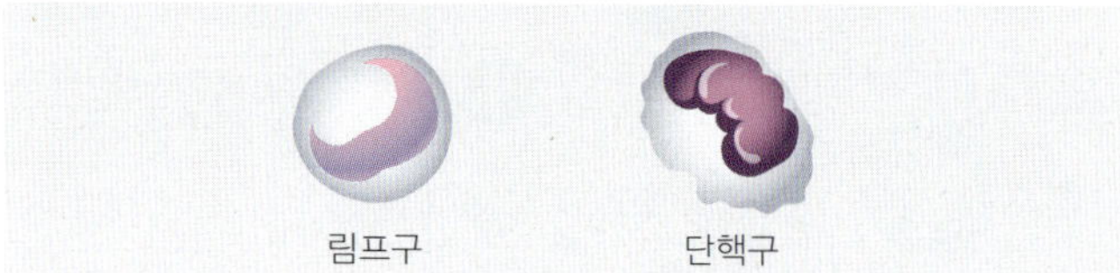

[그림 14-5] **백혈구**

③ 혈소판

혈소판은 혈구들 중에서 가장 작은 크기로 파편과 같이 불규칙한 모양을 하고 있다. 혈관에 상처가 났을 때 혈액 응고 기능을 통해 출혈을 방지한다. 혈소판 내에서 혈액 응고에 관여하는 인자로는 세로토닌(serotonin), 히스타민(histamine), 트롬보프라스틴(thromboplastin)이 있다.

2. 빈혈의 종류 및 원인

1) 출혈성 빈혈

출혈성 빈혈(blood loss anemia)은 원인에 따라 증상도 다르게 나타날 수 있다. 외상, 수술 등으로 인한 출혈로 인해 혈액 손실이 많아진 경우에는 적혈구의 크기나 혈구 내 헤모글로빈 농도가 정상이라 할지라도 적혈구의 절대 수가 부족하여 산소운반 부족으로 빈혈 증상이 나타난다. 또한, 위궤양, 십이지장궤양, 위암, 대장염, 치질, 자궁출혈, 장기간의 아스피린 복용 등에 의한 위나 장의 만성 출혈이 있을 경우에는 철 부족 현상이 서서히 나타나므로 잘 느끼지 못하는 경우가 많으나, 이때 손실되는 철만큼 철을 공급하지 못하면 적혈구의 크기가 작고,

헤모글로빈 농도가 낮은 소혈구성 저색소성 빈혈이 나타난다.

2) 적혈구 이상 또는 용혈성 빈혈

용혈성 빈혈(hemolytic anemia)은 여러 원인에 의해 나타나는데 구상적혈구 용혈성 빈혈, 효소저하성 용혈성 빈혈, 비타민 E 부족에 의한 용혈성 빈혈 등이 있다. 적혈구가 유전 또는 후천적 요인에 의해서 지나치게 빠른 속도로 파괴되는 반면, 골수가 적혈구 생성을 파괴속도에 맞추어 보충할 수 없을 때 용혈성 빈혈이 발생한다. 즉, 새로운 적혈구의 생성속도에 비해 기존의 적혈구의 파괴속도가 더 빠른 경우이다.

용혈성 빈혈의 후천적인 예로는 말라리아 같은 기생충 감염이나 약물 노출, 자가면역반응, 비타민 E의 부족, 화학물질에 노출, 격심한 운동 등에 의해서 적혈구의 용혈이 일어나는 경우를 들 수 있다.

비타민 E가 부족하면 항산화 작용이 약해져 적혈구 세포막을 구성하고 있는 다가불포화지방산의 과산화로 인해 라디칼 생성이 많아지면서 이것이 적혈구막을 손상시켜 용혈 현상이 증가하게 된다. 또한, 과도한 운동은 혈관에 스트레스를 주어 적혈구를 파괴시키는데 이것은 일시적일 수도 있고 만성적일 수도 있다. 운동선수들은 땀으로 철을 많이 손실할 뿐 아니라 강한 훈련 시에 혈액의 부피가 증가되면서 일시적으로 혈액의 희석현상이 일어나 더욱 빈혈이 생기기 쉽다.

3) 재생불량성 빈혈

재생불량성 빈혈(aplastic anemia)은 적혈구 생성에 필요한 영양소 부족이나 골수의 기능 저하로 골수에서 적혈구의 생성이 부족하거나 미성숙한 적혈구가 만들어지는 경우이다. 적혈구 합성에 꼭 필요한 비타민 B_{12}, 엽산, 철 중의 하나 또는 그 이상이 결핍되거나 호르몬의 부족으로 인해 나타나는 질병이다. 또한, 어떤 종류의 약이나 질병으로 인한 독 때문에 적혈구 생성과정이 방해받을 때 생기는데, 특히 X-선, 화학물질, 약물, 암 등에 의하여 골수의 기능이 저하된 경우가 대부분이다.

4) 영양성 빈혈

영양성 빈혈(nutritional anemia)은 적혈구의 성숙이나 분화에 관여하는 철, 단백질, 비타민 B_{12}, 엽산, 비타민 C 등의 영양소섭취 부족으로 나타난다. 이 중 가장 흔하게 발생되는 것이 철 결핍성 빈혈, 엽산 결핍성 빈혈과 비타민 B_{12} 결핍성 빈혈이다.

3. 빈혈의 진단

1) 빈혈의 진단

빈혈의 조사는 엄지손가락, 귓불, 정맥 중에서 소량의 혈액을 채취하여 진단한다. 쿨터 카운터(coulter counter)를 사용하면 쉽게 적혈구 수, 적혈구 용적, 적혈구 농도, 헤모글로빈 농도를 측정할 수 있다. 각 측정치가 정상치 범위를 벗어날 때 빈혈 또는 질병 상태로 판정하는데 일반적으로 빈혈의 판정에는 헤모글로빈 농도와 헤마토크리트치(hematocrit, 적혈구용적률)를 사용한다.

〈표 14-1〉 빈혈의 진단기준

	유아	소아	성인남자	성인여자	임신부
Hb(g/dL)	11.0	12.0	13.0	12.0	11.0
Hct(%)	33.0	36.0	39.0	38.0	33.0

WHO의 빈혈판정기준.

(1) 적혈구 수

적혈구는 직경 7.5~8.0μm의 중앙이 움푹 들어간 원반형 세포로서 적혈구 수는 혈액 1μL에 들어 있는 적혈구 수를 나타낸다. 정상치는 성인 남자가 450~650만 개/μL, 여자가 390~560만 개/μL이다.

(2) 헤모글로빈 농도

헤모글로빈은 분자량 64,000Da의 산소 결합형 단백질로서 헤모글로빈 농도는 혈액 1dL 속에 들어 있는 헤모글로빈의 중량을 g으로 나타낸 것이다. 시안메트헤모글로빈(cyanmethemoglobin)법으로 측정한 정상치는 성인 남자가 14~17g/dL이며, 여자는 12~16g/dL이다. 헤모글로빈은 비교적 간편하게 측정할 수 있고 정확도가 높은 편이지만, 철분결핍의 마지막 단계인 빈혈상태에서만 그 농도가 감소하므로 철분결핍 초기단계를 판정하는 데는 문제가 있다. 보통 빈혈을 판정하는 기준치로는 남자 13g/dL, 여자 12g/dL 이하가 사용되지만 기준치는 연령 또는 성별에 따라 차이가 있다.

(3) 헤마토크리트치

헤마토크리트치는 전체 혈액 부피 중 적혈구가 차지하는 용적 비율을 나타내며 정상치는 성인 남자가 40~54%, 여자가 37~47%이다.

(4) 평균 적혈구 용적

평균 적혈구 용적(Mean Corpuscular Volume, MCV)은 적혈구 1개의 평균 부피를 말한다. 따라서 적혈구 용적인 헤마토크리트치를 적혈구 수로 나누면 적혈구 1개의 평균용적이 산출된다. 정상 평균치는 $90\mu^3$(80~100)이다.

(5) 평균 적혈구 헤모글로빈

평균 적혈구 헤모글로빈(Mean Corpuscular Hemoglobin, MCH)은 적혈구 1개가 가지고 있는 평균 헤모글로빈의 양으로서 헤모글로빈 농도를 적혈구 수로 나누면 적혈구 1당 헤모글로빈의 양이 산출된다. MCH의 정상 범위는 26~34pg인데, 피코그램(picogram) 단위는 1pg가 10^{-12}를 나타낸다.

(6) 평균 적혈구 헤모글로빈 농도

평균 적혈구 헤모글로빈 농도(Mean Corpuscular Hemoglobin Concentration, MCHC)는 헤마토크리트치 1%당 헤모글로빈 농도로서 헤모글로빈 농도를 헤마토크리트치로 나누어 산출하는데 정상 평균치는 34(30~36)% 이다.

4. 빈혈의 증상과 식이요법

1) 철 결핍성 빈혈

(1) 원인과 증상

① 원인

철 결핍성 빈혈(iron deficiency anemia)은 적혈구를 만드는 주요한 영양소인 철의 부족으로 헤모글로빈 합성이 저하되어 발생된다. 그 원인으로는 철 함유식품의 섭취 부족, 철의 위장관 내 흡수 부족 및 철 손실의 증가 등이 있다.

■ 철의 섭취 부족

다이어트 등으로 하루에 1,300kcal 미만으로 섭취하는 경우, 고기나 달걀 노른자를 잘 먹지 않는 채식주의자, 우유나 유제품, 생크림을 넣은 케이크 등으로 열량섭취를 많이 하는 경우, 주스를 지나치게 많이 마시는 유아의 경우 철 섭취량이 부족해지기 쉽다. 따라서 철은 육류, 어패류, 해조류, 두류, 녹색 채소 등에 골고루 들어 있으므로 다양한 식품을 충분히 섭취하는 것이 중요하다.

■ 철의 흡수 부족

철은 무기질 중에서 흡수율이 매우 낮은 영양소로서 평균 흡수율은 약 10% 정도이다. 철 흡수율은 동물성 식품(20~35%)이 식물성 식품(2~8%)보다 높게 평가되고 이러한 철 흡수율은 체내 철 저장량과 요구도에 따라 조절된다. 철 흡수에 영향을 미치는 인자는 철의 형태, 위산, 비타민 C와 유기산, 기타 식사성분 등에 따라 다르다.

■ 철의 배설 증가

흡수된 철의 대부분은 간, 비장, 골수, 소장 등의 페리틴(ferritin)에 저장된다. 철은 장의 점막세포에서 탈락할 때 변이나 피부, 땀 등으로 배설되고 소변으로도 소량 배설된다. 하루에 배설되는 철의 양은 0.5~1.0mg 정도로 적으나, 출혈, 생리, 헌혈 등의 혈액이 손실될 때는 철의 손실량이 많아진다. 즉, 소화성궤양, 위염, 암, 치질, 자궁근종, 생리과다, 아스피린 복용으로 인한 만성 혹은 급성출혈 시에 배설량의 증가로 철 결핍성 빈혈이 오기 쉽다.

② 증상

철 결핍성 빈혈의 증상은 서서히 발생되기 때문에 약한 경우에는 증상이 거의 없다가 심하면 증상이 나타나기 시작한다. 철 결핍성 빈혈의 특유 증상은 다음과 같다.

- 손톱 모양이 납작하게 되면서 세로줄이 나타나다가 부서지기도 하고 더욱 심해지면 손톱이 움푹 패여 숟가락처럼 된다.
- 혀의 돌기부분에 위축이 일게 되면서 통증이 생기고 구강염이 발생한다.
- 소화기관이 위축되어 식욕부진이 일어나고 속이 거북하거나 변비가 생긴다.
- 경우에 따라 간과 비장이 커지기도 하고, 손발에 감각이 없어지고 통증을 느끼기도 한다.
- 음식이 아닌 지푸라기, 흙 등을 먹는 이식증이 나타나거나 생리가 불규칙해지는 증상이 생기기도 한다.
- 청소년의 경우 신장과 체중의 발달 저하가 나타나고 행동장애가 생기기도 한다.

(2) 식사요법

철 결핍성 빈혈의 경우는 철뿐만 아니라 적혈구 합성에 필요한 열량, 단백질, 무기질, 비타민 등을 충분히 섭취하고, 철의 흡수를 높이는 비타민 C도 동시에 섭취해야 한다.

- 밥은 쌀밥보다는 콩, 팥 또는 흑미밥으로 하고, 분식류는 철이 강화된 밀가루를 사용한다.
- 반찬은 철 함량이 높은 쇠간, 쇠고기, 닭고기, 생선류, 두부, 멸치, 굴, 조개, 꼬막, 달걀 등을 한 끼에 두 가지 이상 선택하여 섭취한다.
- 쇠간은 철 함량과 흡수율이 높은 식품이지만 간 특유의 냄새를 제거하는 조리법이 필요하기 때문에 그냥 찌거나 삶아서 섭취하는 것이 좋다. 또한, 간은 신선한 것을 섭취하는 것이 가장 중요하고, 과다섭취 시 비타민 A를 비롯한 간에 농축되어 있는 여러 가지 화학물질을 섭취하는 결과를 초래하므로 1주일에 2~3번 정도 섭취하도록 한다.
- 채소로는 김, 다시마, 미역, 파래 등의 해조류와 깻잎, 열무김치 등의 푸른 잎채소 또는 감자 등을 선택한다.
- 식사와 함께 오렌지주스를 마시거나 식후에 비타민 C 함량이 높은 과일을 곁들이는 것도 철 흡수율을 높인다.
- 채소나 곡류 중에는 푸른색이나 검은색을 띠고 있는 것이 철 함량이 높다.
- 붉은색을 띠고 있는 고기류, 어패류가 철 함량도 높고 흡수율도 높다.
- 우유, 유제품은 대부분 철 함량이 매우 낮기 때문에 어린이들의 경우 하루의 우유섭취량을 3~4컵 이상 과다섭취하게 되면 철 결핍을 초래할 수 있다. 왜냐하면 우유 섭취 때문에 철이 풍부한 다른 식품을 섭취할 기회가 줄어들기 때문이다.
- 〈표 14-2〉에는 상용식품 중 철 함량이 높은 식품을, 〈표 14-3〉에는 철 함량이 높은 식단의 예를 제시하였다.

〈표 14-2〉 철을 다량 함유한 식품

식품	철 함량	식품	철 함량	식품	철 함량
메밀가루	2.6	깻잎(생것)	2.2	고등어자반	2.9
통밀	5.2	찐 것	4.1	꽁치(통조림)	8.0
강력밀가루	2.0	냉이(데친 것)	5.8	멸치(큰멸치)	16.2
통밀가루	3.0	달래	77.2	(중멸치)	15.9
통보리	5.4	도라지(마른 것)	6.2	(잔멸치)	5.5
납작보리	3.0	돌나물	11.7	황태	2.9
현미	3.3	두릅	2.4	미꾸리(삶은 것)	6.4
검정깨	9.1	머위	2.6	은어(구운 것)	5.5
찰옥수수	2.2	알타리무	3.9	굴비	14.4
율무	3.7	무청	11.5	쥐포(마른 것)	4.7
당면(마른 것)	3.0	무시래기(삶은 것)	3.8	청어알	2.3
다크초콜릿	3.2	부추	3.4	가리비(삶은 것)	2.8
강낭콩(삶은 것)	3.3	비름	5.7	개조개	6.0
녹두(삶은 것)	5.2	상추	2.7	석굴	3.9
검정콩	7.8	시금치	2.6	꼬막	6.8
밤콩	8.1	포항초	3.5	맛살	11.0
콩비지	2.3	쑥(데친 것)	4.4	맛조개	5.5
콩가루(볶은 것)	10.4	쑥갓(데친 것)	8.6	모시조개	13.3
콩자반	3.9	열무	2.6	대합	11.9
동부(삶은 것)	3.4	꽃케일	3.3	소라	8.2
완두콩(삶은 것)	2.3	호박고지	4.3	전복(마른 것)	14.6
팥(삶은 것)	2.0	호박잎(찐 것)	8.1	키조개	8.2
도토리가루	3.3	호박나물(산채)	9.2	피조개	7.4
들깨(마른 것)	7.5	느타리(삶은 것)	4.5	홍합	6.1
땅콩	2.8	송이버섯	3.5	꽃게	3.0
밤(마른 것)	3.3	싸리버섯	6.2	멍게	6.9
아몬드(마른 것)	4.7	팽이버섯	5.3	꽃새우	6.0
흰깨(볶은 것)	10.4	감(대봉)	3.6	오징어(마른 것)	2.8
호두(볶은 것)	3.3	돼지고기(목살)	6.4	해삼(마른 것)	53.0
호박씨(마른 것)	9.6	돼지간(삶은 것)	17.9	김(구운 것)	18.3
고구마잎	5.8	돼지허파(삶은 것)	16.4	꼬시래기	6.9
고구마줄기	2.3	쇠고기(안심)	4.7	다시마(생것)	2.4
고사리	6.4	쇠간(삶은 것)	6.5	미역(마른 것)	9.1
고춧잎	3.3	천엽	3.5	파래	13.7
곰취(데친 것)	2.6	허파(삶은 것)	5.4	매생이(생것)	10.1
근대	2.1	난황	5.6	감잎차(가루)	22.6
고들빼기	4.8	참치	4.9		

농촌진흥청 국립농업과학원(2011).

〈표 14-3〉 철 함량이 높은 식단의 예

구분	식단	주재료 및 중량(g)	영양소 함량
아침	쌀밥 모시조갯국 고등어조림 두부양념구이 김구이 무청김치 포도	쌀 90 모시조개 50 고등어 50 두부 80 김 2 김치 45 포도 100	열량 704.1kcal 단백질 33.4g 철 6.44mg
점심	콩밥 북어국 닭찜 깻잎찜 도라지무침 열무김치 우유	검은콩 10, 쌀 80, 찹쌀 10 명태 25, 두부 20, 달걀 10 닭고기 60, 감자 30, 당근 20, 양파 10 들깻잎 8 도라지 37.5, 오이 15 김치 37.5 우유 200	열량 902.1kcal 단백질 55.4g 철 6.35mg
저녁	미역국 쇠고기버섯볶음 달걀찜 멸치풋고추볶음 배추김치 오렌지주스	쇠고기 20, 미역 6 쇠고기 30, 버섯 20 달걀 50, 당근 10 풋고추 20, 멸치 15 김치 45 오렌지주스 150	열량 744.2kcal 단백질 36.6g 철 5.77mg

2) 거대적혈모구빈혈

(1) 원인과 증상

① 원인

거대적혈모구빈혈(Megaloblastic anemia)은 비타민 B_{12}나 엽산이 결핍되어 적혈구의 분화과정에 필요한 DNA 합성이 지연되면서 적혈구분화가 정상적으로 이루어지지 못하여 적혈구로서 기능을 하지 못해 빈혈이 되는 영양성 빈혈의 일종이다. 다음과 같은 경우에 결핍증이 생길 수 있다.

- 동물성 식품을 거의 먹지 않는 채식주의자(vegan)의 경우
- 위 내 비타민 B_{12} 흡수에 필요한 내적 인자(intrinsic factor)가 선천적으로 결

핍된 경우

- 위 절제 및 위종양 등으로 내적 인자의 분비가 줄어든 경우
- 비타민 B_{12}가 흡수되는 회장 부위가 병변 또는 절제된 경우
- 비타민 B_{12}가 인체에 흡수되기 전에 기생충 감염이 된 경우
- 임신이나 갑상샘항진 등에 의해 비타민 B_{12} 요구량이 증가된 경우

② 증상

비타민 B_{12} 결핍의 증상은 소리 없이 서서히 나타나며, 식욕부진, 체중 감소, 허약, 심계질환, 두통 등의 일반적인 빈혈 증상을 보인다. 그 외에 신경의 말초에서 시작하여 중추신경계로 옮아가는 신경장애를 나타내어 이상감각증이 생기거나 걷는 모양이 이상해지고 손가락의 섬세한 연합운동이 잘 안 되는 현상이 발생한다. 증상이 더욱 심한 경우는 기억력 감퇴, 환상, 편집증 등의 증상을 보이기도 한다.

(2) 식사요법

비타민 B_{12}와 함께 열량과 고단백질 등을 충분한 섭취가 중요하다. 비타민 B_{12}는 쇠간, 돼지간, 굴, 조개류, 난황 등에 많이 포함되어 있으며〈표 14-4〉 식물성 식품에는 거의 없다. 채식주의자의 경우 하루에 1μg 정도를 비타민제로 공급하는 것이 좋다. 위에서 분비되는 내적 인자 부족 혹은 회장 절제로 비타민 B_{12} 흡수 불량이 있는 경우에는 주사로 비타민 B_{12}를 50~100μg/일 정도 1~2주 동안 공급한 후 반응을 보아 한 달에 한 번 1.0μg의 비타민 B_{12}를 주사로 공급한다.

〈표 14-4〉 비타민 B_{12}를 많이 함유한 식품

(식품 100g 중 비타민 B_{12} 함량 μg)

비타민 B_{12}			
식품	함량	식품	함량
닭간	44.4	미꾸리	8.5
돼지간	25.2	뱅어	3.3
돼지콩팥	15.3	삼치	5.3
쇠간	52.8	은어(구운 것)	12.0
소 곱창	20.5	임연수어	10.7
소 양	250.0	정어리	9.5
난황	3.0	청어	17.4
메추라기알	4.7	가리비	11.4
가오리	3.7	개량조개	7.9
가자미	3.1	굴	28.1
고등어(구운 것)	18.9	대합	28.4
꽁치(구운 것)	19.3	새조개	10.1
대구(구운 것)	3.9	꽃게	4.7
멸치(자건품)	41.3	꽃새우	2.4
(잔멸치)	64.5	오징어(마른 것)	12.3
		가공치즈	3.2

농촌진흥청(2006).

3) 엽산 결핍성 빈혈

(1) 원인과 증상

① 원인

엽산 결핍성 빈혈은 부적절한 식사를 지속하거나 간경화, 임신, 유아기 등과 관련하여 요구량이 높아졌으나 항경련성 약(간질약) 또는 경구용 피임약 등의 복용으로 엽산의 흡수나 대사가 장애를 받는 경우에 발생한다. 이 밖에도 흡수불량 등의 소화기장애가 있을 경우에도 발생한다.

② 증상

빈혈의 제반 증상이 나타나며 특히 임산부의 엽산 결핍은 기형아의 출산과 관계가 깊다고 알려졌다.

(2) 식사요법

비타민 B_{12} 결핍 때와 마찬가지로 고열량, 고단백, 비타민 C 등을 함께 섭취한다. 엽산 필요량을 충당하기 위하여 1mg 상당의 엽산을 2~3주간 섭취한다. 그 다음에는 저장량을 유지시키기 위하여 적어도 하루에 50~100μg의 엽산을 순수한 엽산 보충제나 음식으로 섭취한다. 빈혈이 없어진 다음에도 항상 엽산이 풍부한 음식을 섭취하도록 하여야 하며, 엽산은 간, 굴, 대구, 콩류, 시금치 등의 푸른 잎채소, 전곡식품에 풍부하다〈표 14-15〉. 엽산은 조리에 의해 쉽게 파괴되므로 채소를 섭취할 때는 될 수 있는 대로 날것으로 혹은 살짝 데치는 정도로 조리하는 것이 좋다.

〈표 14-5〉 **엽산을 많이 함유한 식품**

·식품 100g 중 엽산 함량 μm

엽산			
식품	함량	식품	함량
녹두(마른 것)	460.0	쑥갓	190.0
대두	572.9	양배추	124.8
콩가루(볶은 것)	250.0	케일	120.0
동부(마른 것)	300.0	콩나물	105.7
팥(마른 것)	130.0	쪽파	120.0
땅콩(삶은 것)	150.0	파슬리	220.0
흰깨(마른 것)	198.8	느타리버섯	128.9
해바라기씨(볶은 것)	280.0	표고버섯(마른 것)	240.0
갓	310.0	대추(마른 것)	140.0
고비	210.0	딸기	114.4
고사리	130.0	닭간	1300.0
깻잎	92.3	돼지간	778.9
냉이	180.0	쇠간	716.1
미나리	110.0	난황	140.0
부추	100.0	잔멸치	230.0
브로콜리	210.0	굴	115.0
상추	110.0	김(마른 것)	1530.2
순무잎	110.0	다시마(마른 것)	190.0
시금치	196.2	미역(마른 것)	125.1
쑥	190.0	파래(마른 것)	180.0

농촌진흥청(2006).

Chapter 15

수술과 화상

1. 수술과 영양

1) 수술 전 영양

수술 전에는 식욕부진, 소화불량, 구토, 통증 등의 원인으로 식사량의 감소로 인해 영양불량상태가 유발되기 쉽다. 이러한 상태에서 수술을 받는 경우 회복단계에서 상처 치유가 지연되거나 상처의 감염, 수술 봉합 부위의 봉합부전 등으로 인해 이차적 합병증이 유발될 수 있다.

수술 전 환자의 영양상태는 수술 후 회복을 위해 매우 중요하기 때문에 영양관리 시 현재 환자의 영양상태나 수술의 종류 등을 고려하여야 한다. 따라서 수술 전 적절한 영양관리는 합병증 발생 및 사망률 감소에 도움을 준다. 수술 직전 1~3일간의 저잔사식을 공급하여 수술 후 발생하는 가스 등을 막을 수 있다. 일반적인 수술인 경우 마취 과정에서 위 내용물의 역류나 이로 인한 질식, 폐렴 등을 야기할 수 있기 때문에 장내 잔사를 낮추기 위해 수술 전 6~8시간 정도는 금식을 한다.

(1) 에너지

환자의 대사의 항진 등으로 인해 체내 요구량이 상승되기 때문에 충분한 에너지를 공급하여야 한다. 영양불량이 심한 경우 요구량이 더 증가할 수 있으나 일반적으로 평상시 필요량의 30~50% 더 증가해 35~45kcal/kg 정도 공급한다.

(2) 단백질

수술로 인한 상처나 혈액 소실, 대사항진, 조직 분해 등으로 과한 체단백 분해가 일어날 수 있기 때문에 수술 전 충분한 단백질을 공급하여야 한다. 수술 전 1~2주간의 충분한 단백질 공급을 위해 일반적으로 100g/일 정도, 1.2~1.5g/kg 정도 공급하여 혈청 단백질 수준이 6.0~6.5g/dL 이상이 유지되도록 한다.

(3) 비타민과 무기질

비타민과 무기질은 상처회복에 중요한 영양소이기 때문에 수술 전 충분히 공급하여야 한다. 특히 비타민 A는 상피세포의 형성을 위해, 비타민 C는 콜라겐 합성을 위해, 비타민 B군은 에너지의 원활한 대사를 위해, 비타민 K는 과다 출혈 방지를 위해 보충한다. 이외 칼슘, 아연, 철분 등의 무기질도 상처 회복에 중요한 영양소이므로 충분히 공급하여야 한다.

(4) 수분

수술 시 환자의 수분 상태는 매우 중요하다. 수술에 의해 혈액, 전해질, 수분 손실 등이 이루어지기 때문에 수술 전 탈수되지 않도록 충분히 섭취하게 한다. 경구섭취가 불가능하거나 시간이 부족할 경우 정맥을 통한 충분한 수분과 전해질을 공급하여야 한다.

2) 수술 후 영양

수술로 인한 스트레스 반응은 체내 호르몬의 변화, 대사량의 증가 및 체내 대사의 변화를 초래한다. 에피네프린, 코르티솔, 글루카곤 등의 호르몬은 대사율 상승과 항이뇨호르몬의 분비, 당신생작용으로 고혈당 증상, 단백질 분해 등을 촉진한다. 이외에 체내의 혈액, 체액, 체단백질의 손실로 인해 영양소의 요구량이 증가된다〈표 15-1〉.

따라서 수술 후 영양관리는 수술 전 영양관리와 마찬가지로 현재 환자의 영양 상태, 수술의 종류 등을 고려해야 한다. 수술 직후에는 소화관을 통한 영양 공급이 어렵기 때문에 일반적으로 정맥을 통한 수분과 전해질, 포도당 정도를 공급한다. 이후 어느 정도 기능 회복이 되면 가능한 한 빠른 시일 내에 경구섭취를 통해 충분한 영양소 공급이 이루어져야 한다. 수술 후 식사는 맑은 유동식, 일반 유동식, 연식순으로 진행하되, 그 이행속도는 환자의 상태나 수술의 종류 등에 따라 다르다.

〈표 15-1〉 **수술로 인한 체내 대사 변화**

구분	체내 변화
탄수화물	간에서의 글리코겐 분해 및 당신생 촉진→고혈당 유발
단백질	체단백질 분해 촉진 및 체단백질 합성 억제→소변 내 질소 다량 배설
지질	지방 분해 촉진→체지방량 감소

(1) 에너지

수술 후 대사 항진으로 인해 체내 요구량이 크게 상승하기 때문에 에너지 요구량을 증가시킨다. 충분한 에너지 공급은 수술 후의 빠른 회복을 위해 매우 중요하다. 수술의 종류나 환자의 상태에 따라 체내 에너지 요구량이 다를 수 있으나 일반적으로 평상시 필요량의 10~30% 이상 증가시킨다.

(2) 단백질

수술 후 체단백의 이화작용 항진, 수술로 인한 조직 손상, 체액 및 혈액 손실 등은 혈청 단백질의 저하와 소변으로의 질소 배설의 증가를 초래하기 때문에 충분한 단백질을 공급하여야 한다. 수술 후 충분한 단백질의 공급은 상처회복을 돕고 면역기능을 도와 면역기능의 저하에 따른 감염 등의 합병증을 막을 수 있기 때문에 일반적으로 150g/일, 1.5~2.0/kg 이상 충분히 공급하여야 한다.

(3) 비타민 및 무기질

비타민과 무기질은 수술로 인한 상처 부위의 치유를 위해 충분히 공급하여야 한다. 비타민 A는 세포의 조직 구성을 위해, 비타민 C는 콜라겐 합성을 위해, 비타민 B군은 정상적인 에너지대사를 위해, 비타민 K는 지혈 작용에 도움을 주기 때문에 충분히 공급하여야 한다. 이외에 칼륨, 아연, 나트륨, 염소, 철분 등을 충분히 공급하여야 한다.

(4) 수분

수술하는 동안 다량의 혈액 손실과 전해질 및 수분 손실이 일어나고 수술 후에도 구토, 출혈, 발열 등으로 인해 수분이 손실되어 수술 직후 탈수와 쇼크로 인한 위험을 야기할 수 있다. 따라서 수술 후 체내 수분과 전해질 균형을 위해 정맥을 통해 전해질과 더불어 수분을 충분히 공급하며 소화기능이 원활한 경우 경구를 통해 충분히 섭취하도록 한다.

2. 화상과 영양

1) 화상의 분류

화상이란 열, 방사선, 전기, 화학물질 등에 의해 피부 및 조직이 손상된 질환으로 피부 내 화상의 깊이에 따라 1도, 2도, 3도로 나눈다. 피부는 표피, 진피, 피하조직, 근육층으로 이루어져 있으며 1도 화상은 피부의 표피층이 손상된 것으로 동통과 발적이 동반되며 피부가 벗겨지며 일주일 정도면 회복된다. 2도 화상은 피부의 표피와 진피가 손상되어 동통, 발적, 수포, 부종이 나타나며 2주일 정도면 회복된다. 3도 화상은 피부 전 층뿐만 아니라 피하조직까지도 손상된 것으로 상처의 감염, 패혈증, 저혈압, 쇼크, 급성신부전 등이 발생될 수 있다[그림 15-1].

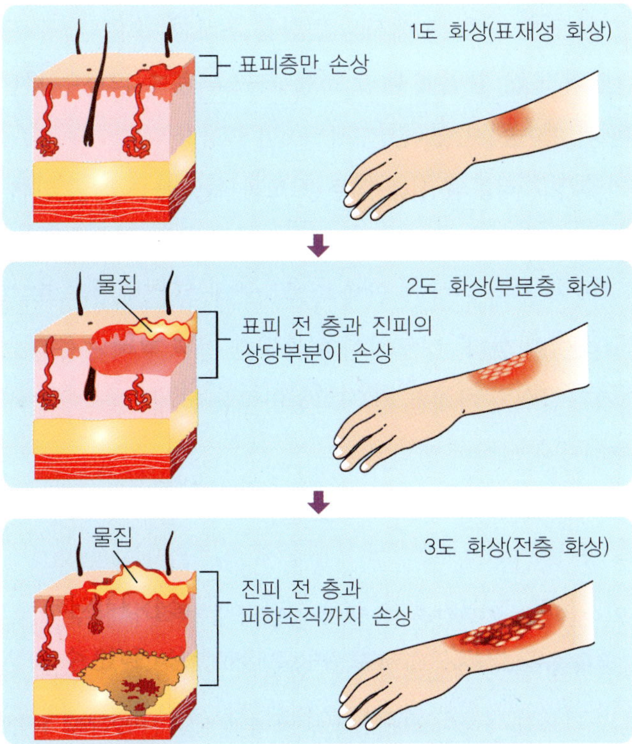

[그림 15-1] 손상 깊이에 따른 화상의 분류

질병관리본부 국가건강정보포털 http://health.cdc.go.kr/

2) 화상 후 체내 변화

화상을 입은 후 초기(3~5일 정도)에는 대사율이 감소하고 산소소비량, 심박출량, 혈압, 체온이 저하된다. 따라서 이 시기에는 손실된 수분을 보충하여야 한다. 이후 체내 이화호르몬의 일종인 카테콜아민(catecholamine), 글루카곤(glucagon) 등에 의한 대사 항진으로 인해 에너지 영양소(탄수화물, 단백질, 지방)의 분해가 증가하여 결국 체내 에너지 요구량이 높아지기 때문에 충분한 영양을 공급하여야 한다.

3) 영양관리

화상 환자는 피부의 손상으로 인해 영양소의 손실이 많고 세균에 의한 감염이 나타날 수 있으며 면역 반응 및 대사의 변화를 초래할 수 있다. 충분한 영양 공급은 상처회복, 면역기능, 감염에 대한 저항성을 도와 화상으로 인한 이환율과 사망률을 낮추는 데 기여할 수 있다.

화상 환자의 영양관리는 우선 손실된 체액과 혈액량 회복을 위해 수분과 전해질을 충분히 보충하며 이후 화상으로 인한 영양소 손실을 보충하고 감염의 위험을 낮추고 체단백의 분해를 막기 위해 수분, 에너지, 단백질, 비타민, 무기질 등을 충분히 공급하여야 한다. 경구섭취가 가능한 경우 고에너지와 고단백질 식사를 공급하되, 경구섭취가 어려운 경우 경장영양을 통해, 경장영양이 어려운 경우 정맥영양을 통해 공급하여야 한다.

(1) 에너지

화상 환자의 에너지 요구량은 화상의 정도나 크기에 따라 다르나 일반적으로 평상시대비 1일 3,500~5,000kcal의 높은 에너지가 필요하며, 에너지대사의 항진으로 심한 경우 기초대사량이 2배까지 증가하게 된다. 에너지 요구량을 결정하기 위한 공식은 다음과 같다.

- Currei 공식
- 성인: (25kcal×화상 전 체중(kg))+(40kcal×전체체표면적에 대한 화상 부위 백분율(%)
- 어린이: (20-100kcal(연령에 따른 권장량)×화상 전 체중(kg))+(40kcal×전체체표면적에 대한 화상 부위 백분율(%)

(2) 당질

당질은 에너지 공급이나 단백질의 절약 작용 등에 필요하기 때문에 충분히 공급하되, 과잉공급에 따른 이차적 질환이 유발되지 않도록 전체 에너지 필요량의 50~60% 정도로 공급하는 것이 바람직하다.

(3) 단백질

화상은 체내 이화작용과 상처로 인해 다량의 체단백 손실을 일으킨다. 화상 환자의 단백질 요구량은 화상의 심한 정도와 화상 부위의 정도에 따라 다르다. 일반적으로 1일 200g 정도로 충분히 공급하며 화상 부위의 체포면적 대비 면적에 따라 화상 부위가 체표면적의 20% 미만인 경우 2g/kg, 20% 이상인 경우 2~3g/kg 정도 공급하여야 한다.

(4) 지방

지방은 당질과 마찬가지로 과잉공급에 따른 이차적 질환이 유발되지 않도록 전체 에너지 필요량의 15% 정도로 공급하는 것이 바람직하다. 섭취하는 지방중 50%가량은 불포화지방산인 오메가-3지방산의 함량이 높은 식품 급원을 섭취하여야 한다. 이러한 지방산은 면역기능 개선 및 합병증 감소에 도움을 줄 수 있다.

(5) 비타민과 무기질

화상 환자의 경우 과다한 체액 손실과 조직의 손상으로 인해 에너지와 단백질 필요량의 증가와 함께 비타민과 무기질의 필요량이 증가하게 된다. 에너지 영양소의 대사에서 조효소로 작용하는 비타민 B군, 상처의 회복이나 면역 세포의 기능 유지를 위한 비타민 A, C를 충분히 공급하여야 한다. 이 외에도 아연, 칼슘과 같은 무기질의 섭취도 충분히 하여야 한다.

(6) 수분

화상은 혈관의 투과성 변화로 인해 상처 부위 쪽 간질(interstitium)로 혈장 단백질, 수분과 전해질이 빠져나가게 되고 상처 부위의 경우 수분 증발을 막을 수 없기 때문에 이러한 손실에 대한 보충을 위해 하루 3~5L 정도의 충분한 수분을 공급하여야 한다.

Chapter 16

면역과 알레르기

1. 면역과 알레르기

1) 면역반응

외부의 병원균, 독성물질로부터 신체를 보호하는 과정에서 여러 세포들과 물질들로부터 면역 반응이 일어난다. 면역 반응은 병원체에 대한 방어를 위해 생물이 일으키는 모든 반응을 의미한다.

체내 면역계는 자기(self)와 비자기(nonself)를 식별하며 면역세포들은 외부에서 들어온 병원체를 인식하고 자기 세포라 할지라도 암세포화된 경우나 바이러스에 감염된 세포를 인식하여 면역 반응을 보인다.

2) 면역계의 분류

(1) 선천성 면역

선천성 면역은 태어날때부터 체내에 갖추어진 가장 기초적인 방어체계이다. 이러한 선천성 면역에는 ① 피부와 점막상피, 상피 표면 물질에 의한 물리적, 화학적 방어막과 ② 인터페론과 같은 염증 매개인자, 보체, ③ 대식세포와 호중구에 의한 식세포 작용이 포함된다. 선천성 면역은 외부의 이물질인 항원에 대한 차이를 구별하지 못하여 특이성이 떨어지나(항원 비특이성) 감염성질환에 중요하게 작용한다.

(2) 후천성 면역

체내에서는 일차적으로 병원체가 침입하였을 때 선천성 면역반응이 작동하나 병원체가 선천성 면역 반응에 의해 제거되지 못한 경우 후천성 면역 반응이 나타나타난다. 후천성 면역은 선천성 면역과 달리 항원 특이적인 특징이 있으며 병원체의 노출에 따라 방어 능력도 증가하는 기억반응이 있어 선천성 면역과는 구별된다.

후천성 면역은 후천적 획득면역으로 그 성분인 림프구와 림프구의 분비물인 항체가 역할을 수행한다. 따라서 후천성 면역은 크게 T림프구에 의해 매개되는 세포성 면역과 림프구의 분비 산물인 항체에 의해 매개되는 체액성 면역으로 구분되며 각기 다른 방식으로 항원을 제거하는 특징이 있다.

〈표 16-1〉 선천성 면역과 후천성 면역의 특징

선천성 면역	후천성 면역
감염에 대한 초기 방어 기작 감염 후 수시간 내에 제거 대식세포, 호중구, 자연살해세포의 작용	감염에 의해 발달하는 방어 기작 감염 수일 후 시작하여 병원체를 인식, 제거, 기억 림프구의 작용

3) 면역계의 세포 성분

(1) 자연살해세포

바이러스에 감염된 세포와 암세포를 인식하여 살해하거나 염증성 시토카인(cytokine)을 분비하여 제거하는 역할을 한다.

(2) 단구세포와 대식세포

단구세포는 골수에서 생성되어 혈액에서 성숙한 세포로 분화되어 조직으로 이동하여 조직의 대식세포로 분화된다.

대식세포는 이물질, 세균, 바이러스 등에 대한 식세포작용을 한다. 대식세포는 모든 조직에 존재하며 중추신경계에는 미세아교세포, 간에는 쿠퍼세포로, 폐에는 폐포 대식세포, 뼈에는 파골세포의 형태로 존재한다.

(3) 과립구세포

과립구는 세포의 형태와 세포질의 염색 특성에 따라 호중구, 호산구, 호염구로 구분한다. 호중구는 대식세포와 마찬가지로 식세포 작용을 한다. 호염구는 염증상황에서 히스타민과 같은 물질을 분비하여 피부의 알레르기 염증 반응인 아토피 발생에 원인 물질로 작용한다. 호산구는 이물질을 해독하고 기생충의 감염을 방지하는 역할을 한다.

(4) 림프구(T림프구, B림프구)

① T림프구

T림프구는 골수에서 생성되어 흉선에서 성숙하여 세포 내 항원을 인식하여 제거하는 역할을 한다. T림프구는 효과T세포와 기억T세포로 구성되어 있으며 효과T세포에는 보조T세포, 세포독성T세포가 있으며 각각 T세포의 활성화와 감염세포의 살해에 관여한다.

② B림프구

B림프구는 T림프구와 달리 골수에서 성숙하여 림프구 표면의 항원을 인식하는 항체를 갖고 있다. 따라서 항원과 B림프구 표면의 항체가 결합하면 분열하여 기억세포와 형질세포로 분화한다. 형질세포는 B림프구 표면에 존재하던 항체와 동일한 항체를 분비하는 역할을 한다.

2) 알레르기

알레르기는 꽃가루, 먼지, 음식, 약물 등과 같은 일반적으로는 체내에 피해를 주지 않는 물질에 대하여 외부에서 침입한 바이러스나 세균에 대한 항원-항체 반응처럼 과민반응을 나타내는 것이다. 결국 알레르기는 항체 또는 면역계 세포 등을 매개로 하여 면역학적 기전에 의해 발생하는 과민반응이라 할 수 있다.

과민반응의 유형에는 크게 네 가지로 구분되며, 그 유형의 매개체와 관련 질환은 〈표 16-2〉에 나타내었다. 일반적으로 알레르기라고 표현하는 유형은 과민반응의 유형 중 제1형 과민반응으로 가장 보편적으로 발생한다.

〈표 16-2〉 과민반응의 유형

면역반응	유형	면역매개체	관련 질환
체액성	제1형 (즉시성)	IgE	아토피, 알레르기, 비염, 천식, 전신성아나필락시스, 식품 알레르기
	제2형 (세포독성형)	IgG	수혈이상반응, 신생아 용혈성질환, 일부 약물 알레르기
	제3형 (면역복합체형)	IgG	사구체신염, 루프스, 류마티스성 관절염, 혈청병
세포성	제4형 (세포면역형)	T세포	접촉성 피부염, 만성천식, 만성알레르기성비염, 이식거부반응, 셀리악병

2. 식품 알레르기

1) 식품 알레르기와 식품 이상반응

식품 알레르기는 무해한 식품 속 단백질이 항원으로 작용하여 발생되는 부적절한 면역반응을 의미한다. 이 외에 식품 속 성분에 대하여 체내 효소가 결핍됨으로써 발생되는 식품불내증(예: 유당불내증)이나 식품 속 독성 성분에 의해 발생하는 비면역학적 반응(예: 세균성 식중독, 세균성 독소에 의한 식중독)은 식품 이상반응으로 식품 알레르기와는 구별된다.

2) 식품 알레르기의 원인물질

알레르기를 일으키는 물질을 알레르겐이라 하며 대부분 단백질이 원인물질이다. 식품의 예로는 우유와 달걀이 대표적이다. 우유에는 다양한 단백질이 있지만 카세인(casein), 락트알부민(lactalbumin), 락토글로불린(lactoglobulin) 단백질이 알레르기의 원인이 되며 달걀은 흰자 내 알부민(albumin)과 오보뮤코이드(ovomucoid)가 원인 물질로 작용한다. 이외에 식품첨가물인 인공 착색제, 발색제, 감미료, 방부제, 자극성 식품, 카페인, 알코올, 인스턴트 식품 등도 알레르기의 원인으로 작용할 수있다.

식품 알레르기는 연령에 따라 주된 원인 식품이 다르며 영유아기에는 우유와 달걀이 주된 원인 식품이나 성인기에는 갑각류, 견과류, 밀가루 등이 주요 원인 물질로 작용한다.

우리나라에서는 2003년 알레르기 유발식품 표시제도가 공포되어 현재 난류(가금류에 한해서), 우유, 메밀, 땅콩, 호두, 대두, 밀, 고등어, 게, 새우, 돼지고기, 복숭아, 토마토, 닭고기, 쇠고기, 오징어, 조개류(굴, 전복, 홍합포함), 이황산류 등 총 21가지 식품에 대한 표시를 의무화하고 있으며 함유량에 관계없이 원재료명을 표시하도록 하고 있다(2016.04.28. 개정 식품의약품안전처 고시)

3) 식품 알레르기의 발병 기전

식품 속 단백질은 대부분 조리과정과 소화 효소에 의해 분해되는데 이에 저항을 나타내는 알레르겐들이 그 상태로 소장 점막에 도달하게 된다. 점막을 통과하여 체내 면역계에 영향을 미쳐 알레르기를 유발하게 된다. 특히 유아는 소화장관의 면역기능이 발달되지 않은 상태에서 알레르겐을 섭취하였을 때 그 증상이 나타나기 쉽다.

4) 식품 알레르기의 증상

식품에 대한 알레르기 증상은 일반적으로 식품을 섭취한 후 수 분에서 수 시간 내에 일어난다. 그 증상이 다양하나 대부분 심각한 증상이 유발되지는 않는다. 심한 경우 저혈압이나 호흡곤란 등을 유발하고 결국 사망까지 초래하는 경우가 있으나 일반적인 식품 알레르기의 징후나 증상은 다음과 같다.

- 피부: 부종, 두드러기, 가려움 또는 습진
- 호흡기계: 천식, 코막힘 또는 호흡곤란
- 소화기계: 복통, 설사, 메스꺼움, 구토, 소화불량
- 기타: 현기증 또는 기절, 아나필락시스(급격한 전신성 알레르기 반응)

5) 식품 알레르기 진단

식품 알레르기의 진단은 환자의 병력, 식사력, 가족력 등을 검토한 후 알레르기 테스트를 근거로 하여 그 원인을 찾는다. 알레르기 진단 시 사용되는 검사에는 피부검사, 혈액검사, 식품제거검사 등이 있다.

(1) 피부시험

피부검사는 면역시험법으로 알레르겐에 특이적인 IgE가 매개하는 알레르기를 알아보는 검사법이다. 검사 방법의 종류에는 긁는 시험법(scratch test), 단자 시험법(puncture test), 밀착 시험법(patch test) 등이 있다. 그중 단자시험법은 란셋의 끝을 이용해 피부에 약간의 상처를 내고 이후 알레르겐 물질을 소량 주입한 후 해당 부위의 반응을 수분 내에 확인하는 방법이다. 홍반, 가려움, 물집 등이 나타난 경우 양성으로 판정한다.

이 방법은 간단하고 수분 내 결과를 확인할 수 있는 장점이 있으나 실제 특정 알레르겐의 섭취에 따른 반응은 파악하기 어려우며 IgE가 매개하는 알레르기 이외에는 검출할 수 없다는 단점이 있다.

(2) 혈액검사

혈액검사는 피부시험과 마찬가지로 IgE가 매개하는 알레르기를 측정하기 위한 검사법이다. 검사 방법에는 방사선 알레르겐 흡수법(radioallergosorbent test, RAST), CAP 형광효소 면역검사법(CAP system Fluorescent Enzyme Immunoassay)이 있다. 그 중 RAST 검사법은 특정 알레르겐 섭취 후 혈청 IgE를 검출하는 방법이다. 이 방법 역시 단자시험법과 마찬가지로 IgE 이외의 매개체에 의한 반응을 검출할 수 없으며 즉시 결과를 확인할 수 없다는 단점이 있다.

(3) 식품제거검사

식품제거검사는 알레르겐으로 의심되는 식품을 제거하여 알레르기 증상이 멈추면 다시 식품을 섭취하여 증상의 재발을 관찰하는 검사방법이다. 이때 '이중맹검 위약대조검사 방식'이 효과적인 진단법으로 사용될 수 있다. 의심되는 알레르겐을 캡슐 안에 넣어 섭취하며 환자 및 관찰자, 검사자 모두 섭취한 알레르겐에 대해 모르는 상태에서 검사를 진행한다. 이 방법은 IgE 이외의 원인에 의한 알레르기를 진단할 수 있다는 장점이 있으나 급격한 전신성 알레르기 반응인 아나필락시스의 위험성을 갖기 때문에 주의하여야 한다.

6) 식품 알레르기의 치료

알레르기질환의 치료 원칙으로는 회피요법, 식사요법, 약물요법, 면역요법 등이 있으며, 식품 알레르기를 치료하기 위한 가장 바람직한 방법이 될 수 있다.

(1) 회피요법

회피요법을 수행하기 위해 먼저 원인이 되는 식품이 포함된 음식을 섭취하지 않고 6개월 정도 회피기간을 거쳐 식품 알레르기 반응을 제거한다. 이후 다시 원인 식품을 소량씩 섭취하였을 때 알레르기 증상이 재발하면 추가로 회피요법을 시행한다. 이러한 과정을 반복하였을 때 식품 알레르기가 치유되기도 한다. 그러나 생명을 위협할 정도로 심각한 증상을 보이는 원인 식품은 식사에서 제거하는 것이 바람직하다.

회피요법 수행 시 회피 식품 수가 적은 경우 수행에 어려움이 없지만 회피할 식품이 많은 경우 영양 부족 또는 불균형을 초래할 수 있기 때문에 영양가가 유사한 식품으로 대체하여 공급하는 것이 바람직하다. 그 예로 우유가 제한해야 할 원인 식품인 경우 대체 식품으로 두유나 두부 등을 선택할 수 있다. 또 다른 예로 밀이 원인 식품인 경우 대체 식품으로 쌀이나 옥수수 등을 선택할 수 있다〈표 16-3〉.

〈표 16-3〉 식품 알레르기 제한 식품에 대한 대체 식품

구분	제한 식품	대체 식품	관련 영양소
우유	우유, 치즈, 버터, 유산균음료, 기타 우유 함유식품	두유, 두부, 곡류 등	단백질, 비타민 D, 칼슘등
달걀	달걀, 마요네즈, 제과, 기타 달걀 함유식품	달걀이 함유되지 않은 제과, 곡류 등	단백질, 지방, 비타민 B
밀	밀가루제품, 과자, 크래커, 스파게티, 기타 밀가루 함유식품	쌀, 보리, 옥수수, 고구마 등	비타민 B군, 니아신

(2) 식사요법

가열조리과정에서 단백질의 변성이나 항원 제거 등이 가능할 수 있기 때문에 가능한 한 알레르기 유발 식품을 가열 조리하여 섭취하는 것이 바람직하다. 그 예로 날달걀을 섭취하는 대신 삶거나, 튀기는 등 가열 조리하여 섭취한다.

(3) 약물요법

약물요법은 일시적 요법으로 알레르기의 증상 완화를 목적으로 수행한다. 알레르기 증상에 따라 사용되는 약물의 종류가 달라지나 일반적으로 항히스타민제가 사용된다. 이외에 부신피질호르몬제나 기관지 확장제 등이 사용될 수 있다.

(4) 면역요법

면역요법은 항원의 제거가 어렵고 약물요법에 따른 부작용이 발생할 때 수행한다. 원인 항원을 확인하고 이후 원인 항원 소량을 혀 밑에 점적하거나 주사하고 증상이 없으면 서서히 함량을 늘리는 방법으로 항원에 대한 저항력을 높일 수 있다.

3. 아토피피부염

1) 아토피피부염의 정의

아토피피부염은 피부에 발생하는 만성적인 알레르기성 염증질환이다. 아토피가 피부 증상으로 나타난 경우를 아토피피부염이라 하며 호흡기계에 증상으로 나타나면 천식과 알레르기성 비염으로 불린다.

2) 원인

아토피피부염은 유전적 소인으로 인해 가족 중 천식이나 비염과 같은 알레르기성질환이 있는 경우 발생 가능성이 높으며 외인성 요인으로 식품, 약물, 화학물질 외에도 온도, 습도, 피부에 자극을 줄 수 있는 옷, 스트레스 등이 영향을 미칠 수 있다.

3) 증상

피부염의 증상은 붉은 반점, 가려움증, 피부 건조증 등이 나타나며 이차적으로 세균의 감염이 증가된다. 아토피피부염의 발병은 주로 유아에서 나타나며 대부분 성인이 되면서 호전되거나 없어지며 연령에 따라 증상의 발생 부위가 다르게 나타난다.

- 생후 2세 이전: 얼굴
- 2세 이후: 팔과 다리의 접히는 부위
- 12세 이후: 이마, 목, 손목, 발목의 건조증, 태선화(단단하고 거친 잔주름들이 뚜렷해짐)

4) 아토피피부염의 치료

아토피피부염은 식품 알레르기와 마찬가지로 회피요법이나 약물요법 등 다양한 치료원칙들이 적용될 수 있다.

식사요법으로 아토피 유발 식품을 제한하고 알레르기를 유발하기 쉬운 달걀, 유제품, 밀가루 음식 등을 제한하고 자극적인 식품, 알코올, 인스턴트 식품이나 패스트푸드 등의 섭취를 피한다. 이 외에 실내의 온습도 조절이나 피부 보습, 집먼지진드기 관리 등 피부의 자극을 줄 수 있는 인자들을 피하는 것이 바람직하다.

4. 후천면역결핍증후군

1) 후천면역결핍증후군의 원인

후천면역결핍증후군(acquired immune deficiency syndrome, AIDS)은 인간면역결핍바이러스(human immunodeficiency virus, HIV)에 감염되어 발병하며 면역체계를 파괴한다. 이 바이러스는 세포성 면역 반응에 관여하는 T림프구인 보조T세포를 직간접적으로 파괴하여 면역기능의 저하를 야기하여 감염 이후 10년 이내 후천면역결핍으로 이행되고 다른 기타 감염성질환과 종양이 발생하여 결국 합병증으로 사망에 이르게 한다.

HIV는 환자나 감염자의 성행위, 수혈이나 혈액제제 등을 매개로 전파되며 모자 감염에 의해 감염될 수 있다.

2) 후천면역결핍증후군의 증상

(1) 1단계: 급성감염기

급성감염기는 바이러스에 감염으로 인한 특징적인 증상이 없으며 수주(약 3~6주) 후 감기증상과 유사한 발열, 인후염, 구토, 발진 등의 증상이 나타날 수 있다.

(2) 2단계: 무증상기

급성감염 이후 무증상 잠복기가 수년 정도 지속되면 급성감염기와 마찬가지로 치료를 하지 않아도 증상은 나타나지 않는다. 그러나 무증상기에도 감염된 바이러스는 지속적으로 면역세포를 파괴하여 점차 면역기능을 저하시키며 다른 사람에게 전파시킬 수 있다.

(3) 3단계: AIDS 관련 증후군기

AIDS 관련 증후군기에는 무증상기 이후 AIDS로 이행되기 전에 체내 면역 체계의 파괴로 인해 몇 가지 증상이 나타난다. 원인을 알 수 없는 발열, 발한, 오한, 설사, 체중 감소, 불면증 등이다. 또한, 이 시기부터는 AIDS의 초기 증상인 입안이 헐거나 백반증, 골반 감염 등이 나타나며, 피부질환으로 지루성 피부염이나 대상 포진도 흔히 발생한다.

(4) 4단계: 감염말기

감염말기에는 면역 체계의 파괴로 인해 각종 바이러스, 진균, 기생충 및 원충과 세균 등에 의한 감염성질환이 발생하며 주요 사망원인이기도 하다. 감염 말기에는 카포지육종, 악성림프종과 같은 악성종양의 유발로 인해 결국 사망하게 된다.

3) 후천면역결핍증후군의 진단

(1) HIV 항체검사

HIV 항체 검사는 효소면역법(Enzyme-Linked Immuno-Sorbent Assay, ELISA)과 웨스턴블롯(western blot) 기법을 적용하여 분석할 수 있으며 양성 여부 판정을 위해 각각 선별 검사와 확진 목적으로 사용된다. 이 검사법은 정확도가 우수하지만 검사과정이 복잡하고 분석과정에 장시간이 소요된다는 단점이 있다. 최근 한 방울의 혈액으로 20분 내에 검사 결과를 알 수 있는 신속검사법이 기존 검사법과 병행하여 사용되고 있다.

(2) HIV 항원검사

HIV 항원검사는 HIV에 노출된 후 항체가 생성되기 전에 분석 가능한 방법이다.

4) 후천면역결핍증후군의 영양치료

AIDS 환자의 영양치료는 질환으로 인한 체조직 소모와 합병증, 영양불량으로 인한 면역기능 저하를 막기 위해 충분한 영양소를 섭취하여야 한다.

식사는 소량씩 자주 영양밀도가 높은 음식을 공급하여 영양결핍 예방 및 체중 감소를 방지한다. 이때 구강 섭취가 어려운 경우 경장영양 또는 정맥영양을 시행한다.

단백질은 체단백질을 유지하기 위해 1~1.4g/kg으로 하며 단백질의 분해 또는 필요량이 증가하는 염증, 발열 증상이 있는 경우 추가로 공급하여야 한다. 그러나 신장질환 등으로 단백질대사에 어려움이 있는 경우 섭취량을 조절하여야 한다.

음식이 소화관 감염의 원인이 될 수 있으므로 날 음식을 피하고 물은 끓여 먹고 음식은 익혀 먹는다.

Chapter 17

약물과 영양

1. 약물과 영양소의 상호작용

약물은 질환의 예방, 진단, 치료의 목적으로 사용하는 화학물질로 체내에 다양한 경로를 통해 유입된다. 약물은 제형이나 투여 경로에 따라 다르나 일반적으로 혈류를 통해 전신 조직으로 이동하며 주로 간에서의 대사과정을 거쳐 신장을 통해 체외로 배설되는 특징이 있어 일반적인 영양소의 흡수, 대사, 배설 경로와 유사하다. 따라서 약물은 영양소의 흡수, 대사, 배설에 영향을 주기도 하며 이와 반대로 영양소가 약물의 흡수, 대사, 작용, 배설에 영향을 줄 수 있다. 그러므로 약물로 인한 영양결핍이나 영양소로 인한 약물의 효과 증가 또는 저하가 나타날 수 있기 때문에 약물과 영양소 간의 상호 관련성에 대한 이해가 필요하며 약물 복용 시 올바른 식습관을 갖도록 하여야 한다.

1) 약물이 영양소에 미치는 영향

다양한 질병의 치료 과정에서 여러 종류의 약물이 처방되며 장기간 복용하는 경우가 많다. 특히 심혈관계질환이나 당뇨, 치매와 같은 만성질환의 치료용 약물들이 그 예라 볼 수 있다. 약물은 식사 여부나 섭취한 음식물의 내용물에 의해 영향을 받을 뿐만 아니라 음식에 함유된 다양한 성분과 상호작용을 한다. 이러한 상호작용은 약물의 흡수저해 또는 증진, 약효의 저하 또는 증진, 독성효과 등이 나타날 수 있기 때문에 체내 위해성이 야기될 수 있다. 또한, 약물은 섭취한 음식에 함유된 특정 영양소에도 영향을 미쳐 영양소의 흡수를 저해하거나 배설을 감소 또는 증가시키는 등 영양상태와도 관련성을 갖는다.

따라서 약물이 적절한 효과를 보이기 위해 ① 약물의 흡수를 돕는 식사를 하거나, ② 의도치 않은 약물의 흡수 증가 또는 감소시키는 음식의 섭취를 제한하여야 하며, ③ 약물 복용에 따른 체외 배설이 증가하는 영양소의 섭취를 늘리는 등 약물에 따른 적절한 식사관리가 필요하다. 질환별 약물과 복용 시 바른 식사관리는 부록에 제시하였다.

(1) 약물이 음식의 섭취에 미치는 영향

약물은 경우에 따라 식욕 증진 또는 저하를 일으켜 음식의 섭취에 영향을 줄 수 있다. 그 예로 항암제는 점막세포의 재생 억제나 손상을 일으키고 미각 수용체의 변화를 초래하여 메스꺼움, 구토, 구강, 소화기관의 염증 및 손상을 유발하여 음식의 섭취 저하를 보인다. 이와 반대로 클로르프로마진(chlorpromazine)이나 탄산리튬(lithium carbonate)과 같은 일부 신경안정제, 스테로이드제제에 의해 음식의 섭취가 증가하기도 한다. 항우울, 항불안제인 플루옥세틴(fluoxetine)은 식욕을 억제시키는 반면 아미트리프틸린(amitriptyline)과 같은 삼환계 항우울제(tricyclic antidepressant)는 식욕을 촉진시킨다.

(2) 약물이 영양소의 흡수에 미치는 영향

약물과 영양소는 대부분 소장에서 흡수되며 약물에 의해 섭취한 영양소의 흡수가 영향을 받을 수 있다. 그 예로 장 내용물을 배설시키는 데 사용되는 하제는 영양소의 장관 내 통과 시간을 단축시켜 영양소 흡수가 저해된다. 이상지질혈증 치료제인 콜레스티라민(cholestyramine)은 지용성 비타민이나 콜레스테롤과 같은 지용성 영양소의 흡수를 방해한다. 일부 항생제와 비스테로이드성 소염진통제인 아스피린은 장 점막의 변화를 초래하여 지방, 단백질, 무기질 흡수를 막는다. 통풍에 사용하는 항염증제인 콜히친(colchicine) 역시 장 점막의 손상을 유발하여 유당분해 저해, 비타민 B_{12}의 흡수를 저해한다. 위산의 작용을 억제하는 제산제는 위 내의 pH를 증가시키기 때문에 비타민 B_{12}, 엽산, 철의 흡수를 방해한다.

(3) 약물이 영양소의 대사에 미치는 영향

약물과 영양소는 유사한 흡수, 대사, 배설 경로를 가지며 중간 대사의 변화나 효소에 영향을 줄 수 있다. 그 예로 항혈액응고제인 와파린(warfarin)은 비타민 K의 길항제로 작용한다. 항암제인 메토트렉세이트(methotrexate)는 엽산 길항제로 작용하여 엽산 결핍을, 결핵치료제인 이소니아지드(isoniazid, INAH)는 비타민 B_6의 길항제로 작용하여 비타민 B_6의 결핍을, 구리대사 관련 유전질환인 윌슨병에 사용되는 페니실라민(penicillamine)은 구리와 결합하여 구리 결핍을 유발할 수 있다.

(4) 약물이 영양소의 배설에 미치는 영향

일부 약물은 영양소의 소변으로의 배설에 영향을 미친다. 그 예로 륨 고갈성 이뇨제인 푸로세미드(furosemide)나 티아지드(thiazide)는 칼륨과 마그네슘의 배설을 증가시킨다. 이와 반대로 칼륨 보존성 이뇨제인 스피로놀락톤(spironolactone)은 칼륨의 배설에는 영향이 없지만 나트륨, 염소, 칼슘의 배설을 증가시킨다. 진통제와 항염증제로 알려진 아스피린(aspirin)은 엽산염의 운반 단백질에 경쟁 작용하여 엽산염과 비타민 C의 체외 배설을 초래한다.

2) 음식이 약물대사에 미치는 영향

(1) 음식이 약물의 흡수에 미치는 영향

음식의 섭취와 동시에 체내에 유입된 약물은 서로 상호작용하기 때문에 주로 소장에서 흡수되는 약물은 식품에 의해 흡수가 저해될 수 있으며 이로 인해 약효 저하로 이어질 수 있다. 이와 반대로 일부 약물은 흡수율을 증가시키기도 하며 전체 흡수량에는 영향을 미치지 않지만 흡수 속도의 변화를 일으키기도 한다.

항생제의 일종인 시프로플록사신(ciprofloxacin)이나 테트라사이클린(tetracycline)은 우유의 칼슘, 마그네슘, 아연 등과 불용성 염을 형성하여 약물과 영양소의 흡수를 감소시킨다. 제산제에 함유된 알루미늄 등의 양이온 역시 체내 무기질과 염을 형성하여 흡수 저하를 초래한다. 섬유소는 약물과 결합하여 약물의 흡수를 감소시킬 수 있어 항생제 복용 시 효능 감소가 나타날 수 있으며 이외에 항우울증제인 아미트리프틸린(amitriptyline)과 심장질환치료제인 디곡신(digoxin) 복용 시 주의하여야 한다. 이와 반대로, 통풍치료제인 설핀피라존(sulfinpyrazone)은 식수와 함께 복용할 때 흡수가 더 용이하며 항진균제로 사용되는 지용성 약물인 그리세오풀빈(griseofulvin)은 고지방식사와 함께 섭취 시 담즙 분비를 촉진시켜 흡수율이 증가한다. 이 외에 아스피린, 철분제제 등은 음식물의 섭취로 흡수 속도가 저하되지만 흡수량에는 영향을 미치지 않는다.

(2) 음식이 약물의 대사에 미치는 영향

체내 약물대사는 주로 간에서 이루어지며 간에서 효소계의 영향을 받는다. 약물은 효소의 일종인 시토크롬 P-450에 의해 전구체형태 또는 비활성형이 활성화되기도 하며 이와 반대로 활성형이 비활성화될 수 있기 때문에 약물대사에 중요한 효소이다. 효소의 활성은 개개인별로 차이가 있기 때문에 약물의 대사 또는 효능에도 차이가 있다. 식품은 약물대사를 억제하거나 증가시킬 수 있는데 그 예로 고단백이나 저당질 식사는 시토크롬 P-450의 산화적 대사를 유도하여 신경안정제인 테오필린(theophylline)의 간 대사를 증가시킨다. 이와 반대로 자몽은 간에서 시토크롬 P-450 3A4 효소의 기능을 억제하여 산화적 대사를 방해한다. 항고혈압제인 프로프라놀롤(propranolol)은 음식과 함께 섭취 시 약물의 대사를 저해하여 혈중 약물의 농도를 증가시킨다.

(3) 음식이 약물의 배설에 미치는 영향

식품은 신장에서 약물의 재흡수에 영향을 줄 수 있다. 항우울제인 리튬(lithium)은 신장의 세뇨관에서 재흡수될 때 나트륨의 재흡수와 상관성을 갖기 때문에 나트륨의 섭취 부족이나 배출이 증가된 상태에서 리튬을 복용하면 나트륨과 리튬 모두 재흡수량이 증가하여 약물에 의한 독성 증상이 나타난다. 이와 반대로 나트륨의 과다섭취는 신장에서의 나트륨 배설량 증가와 더불어 약물의 배설도 증가함으로써 약물의 효과가 낮아질 수 있다.

2. 식품 성분이 약물에 미치는 영향

1) 알코올

알코올은 체내 소화, 흡수, 대사 장기의 병변을 일으키는 원인이 되며 영양불량을 일으킬 수 있다. 이러한 알코올을 약물과 함께 복용할 경우 독성이 증가하고 체내 다양한 장기에 영향을 미칠 수 있다. 그 예로 비스테로이드성 소염제인 아스피린(aspirin)을 알코올과 함께 섭취할 경우 알코올에 의해 위 점막이 자극을 받아 위궤양과 출혈의 위험성이 증가한다. 또한, 간독성의 위험이 있는 약물인 타이레놀(tyrenol)로 알려진 아세트아미노펜(acetaminophen)이나 메토트렉사트(methotrexate)와 알코올을 함께 섭취할 경우 알코올 역시 간에 독성을 유발할 수 있기 때문에 위험성이 커진다. 이 외에 알코올은 약물의 대사를 항진시키기도 또는 저하시키기도 한다.

2) 카페인

카페인은 위산 분비를 촉진시키며 불안정, 떨림, 불면증 등을 유발할 수 있다. 약물과의 상호작용의 예로는 중추신경흥분제인 암페타민(amphetamine)이나 신경안정제인 테오필린 등의 부작용을 높이기도 하며 경구피임약과 병행 복용 시 카페인의 체외 배출을 늦춘다.

3) 티라민

항우울증제인 모노아민산화효소저해제(monoamine oxidase inhibitor)는 생물학적 활성을 띠는 아민류의 일종인 티라민, 도파민, 히스타민을 함께 섭취하였을 때 신경전달물질인 노르에피네프린의 증가로 인해 혈관을 수축시켜 두통, 혈압 상승 등이 나타날 수 있다. 결핵치료제인 이소니아지드(isoniazid, INAH)는 티라민과 히스타민을 분해하는 효소를 억제하기 때문에 함께 복용 시 오한, 두통, 홍조 등이 나타날 수 있다.

티라민은 식품 내 미생물에 의해 생성되어 발효식품인 치즈, 요구르트, 장류, 소시지, 막걸리, 적포도주, 맥주 등에 많이 함유되어 있으며 히스타민은 등푸른 생선에 다량 함유되어 있으며 스트레스나 염증 반응 시 분비된다.

부록

〈표 1〉 감염성질환의 대표적인 약물과 약물 복용 시 바른 식습관

<table>
<tr><th>구분</th><th>분류</th><th>약물</th><th>바른 식사습관</th></tr>
<tr><td rowspan="7">항생제</td><td>페니실린계</td><td>· 페니실린 V(penicillin V)
· 아목시실린(amoxicillin)
· 암피실린(ampicillin)</td><td rowspan="4">· 공복상태에서 약물을 복용(위장장애 시 음식과 함께 복용)</td></tr>
<tr><td>세팔로스포린계</td><td>· 세파클로(cefaclor)
· 세파드록실(cefadroxil)
· 세픽심(cefixime)
· 세프로질(cefprozil)</td></tr>
<tr><td>마크롤라이드계</td><td>· 에리트로마이신(erythromycin)
· 클래리스로마이신(clarithromycin)</td></tr>
<tr><td>설폰아마이드계</td><td>· 설파메톡사졸(sulfamethoxazole)+트리메토프림(trimethoprim)</td></tr>
<tr><td>퀴놀론계</td><td>· 시프로플록사신(ciprofloxacin)
· 레보플록사신(levofloxacin)
· 오플록사신(ofloxacin)
· 트로바플록사신(trovafloxacin)</td><td>· 공복상태에서 약물을 복용함(위장장애 시 음식과 함께 복용)
· 우유, 낙농제품, 제산제, 철을 함유한 식품은 약물복용 후 2시간 이후 섭취함
· 카페인 제한</td></tr>
<tr><td>테트라사이클린계</td><td>· 테트라사이클린(tetracycline)
· 독시사이클린(doxycycline)
· 미노사이클린(minocycline)</td><td>· 공복상태에서 약물을 복용 (위장장애 시 음식과 함께 복용)
· 우유, 낙농제품, 제산제, 철을 함유한 식품은 약물 복용 후 2시간 이후 섭취함</td></tr>
<tr><td>니트로이미다졸계</td><td>· 메트로니다졸(metronidazole)</td><td>· 복용 시/후 최소 3일간 금주</td></tr>
<tr><td colspan="2">진균감염치료제</td><td>· 플루코나졸(fluconazole)
· 그리세오풀빈(griseofulvin)
· 케토코나졸(ketoconazole)
· 이트라코나졸(itraconazole)</td><td>· 복용 후 유제품, 제산제는 약물 복용 후 2시간 이후 섭취함
· 지용성약물(그리세오풀빈, 이트라코나졸)은 식사 직후 복용함
· 케토코나졸 복용 시/후 최소 3일간 금주</td></tr>
<tr><td colspan="2">결핵치료제</td><td>· 이소니아지드(isoniazid, INAH)</td><td>· 티라민[1]과 히스타민[2] 함유식품 주의</td></tr>
<tr><td colspan="4">1) 티라민 다량 함유식품: 치즈, 요구르트, 소나 닭의 간, 소시지, 말린 생선, 초콜릿, 바나나 등
2) 히스타민 다량 함유식품: 등푸른 생선</td></tr>
</table>

〈표 2〉 감정장애의 대표적인 약물과 약물 복용 시 바른 식습관

구분	분류	약물	바른 식사습관
우울증 치료제	모노아민 산화 효소 억제제(MAO 억제제)	· 모클로베미드(moclobemide) · 페넬진(phenelzine) · 트라닐시프로민(tranylcypro-mine)	· 티라민 함유식품 주의(특히 고혈압 환자) · 금주
	세로토닌 재흡수 억제제	· 플루옥세틴(fluoxetine) · 파록세틴(paroxetine) · 설트랄린(sertraline)	· 금주
항불안제		· 디아제팜(diazepam) · 알프라졸람(alprazolam) · 로라제팜(lorazepam)	· 디아제팜, 알프라졸람 등은 자몽주스와 함께 복용 시 약효, 독성 증가 주의 · 카페인 제한 · 알코올 함께 복용 시 약효 증가 주의

〈표 3〉 관절염 및 통증의 대표적인 약물과 약물 복용 시 바른 식습관

구분	분류	약물	바른 식사습관
해열진통제		· 아세트아미노펜(acetamino-phen)	· 공복 시 복용함 · 금주(만성 알코올 섭취 시 간손상 및 위장관 출혈 위험성)
소염 진통제	비스테로이드성 (NSAIDs)	· 아스피린(aspirin) · 이부프로펜(ibuprofen) · 케토프로펜(ketoprofen) · 피록시캄(piroxicam) · 나프록센(naproxen) · 설린닥(sulindac) · 아세클로페낙(aceclofenac)	· 음식이나 우유와 함께 복용함 · 복합진통제의 카페인 주의 · 금주(만성 알코올 섭취 시 간손상 및 위장관 출혈 위험성)
부신피질 호르몬제	코르티코 스테로이드제	· 프레드니솔론(prednisolone) · 코티손(cortisoneacetate) · 트리암시놀론(triamcinolone) · 덱사메타손(dexamethasone) · 메틸프레드니솔론(methyl-prednisolone)	· 음식이나 우유와 함께 복용함

구분	분류	약물	바른 식사습관
마약성 진통제		· 코데인(codein) · 옥시코돈(oxycodone) · 모르핀(morphine) · 히드로코돈(hydrocodone)	· 금주(알코올은 약물의 진정효과를 증가시킴)

〈표 4〉 심혈관질환의 대표적인 약물과 약물 복용 시 바른 식습관

<table>
<tr><th>구분</th><th>분류</th><th>약물</th><th>바른 식사습관</th></tr>
<tr><td rowspan="7">고혈압 치료제</td><td>베타 차단제</td><td>· 아테놀올(atenolol)
· 메토프로롤(metoprolol)
· 프로프라놀롤(propranolol)
· 나도롤(nadolol)</td><td>· 공복 시 복용
· 금주</td></tr>
<tr><td>질산염</td><td>· 이소소르비드(isosorbidedini-trate)
· 니트로글리세린(nitroglycerin)</td><td>· 금주</td></tr>
<tr><td>이뇨제</td><td>· 치아지드(thiazide)계 이뇨제
- 히드로클로르치아지드(hydro-chlorothiazide)
· 고리(loop)이뇨제
- 푸로세미드(furosemide)
- 부메타니드(bumetanide)
· 칼륨보충이뇨제
- 트리암테렌(triamterene)
- 스피노로락톤(spinorolactone)</td><td>· 치아지드나 고리이뇨제 복용 시 과일과 야채를 많이 먹도록 함(칼륨, 칼슘, 마그네슘 등 보충)
· 치아지드나 고리이뇨제와 알로에 함께 복용 시 주의
· 치아지드계 이뇨제와 화학조미료(MSG)섭취 주의
· 푸로세미드는 음식과 함께 복용함
· 칼륨보충이뇨제 복용 시 칼륨이 풍부한 식품이나 칼륨을 함유하는 식염대용품(KCl)의 섭취 제한</td></tr>
<tr><td>앤지오텐신 전환 효소 저해제(ACE 저해제)</td><td>· 캅토프릴(captopril)
· 에날라프릴(enalapril)
· 리시노프릴(lisinopril)
· 퀴나프릴(quinapril)
· 모엑시프릴(moexipril)</td><td>· 과량의 칼륨섭취 제한
· 캅토프릴, 모엑시프릴은 공복에 복용함</td></tr>
<tr><td>알파차단제</td><td>· 프라조신(prazosin)
· 독사조신(doxazosin)</td><td>· 음식이나 음료수와 함께 복용함</td></tr>
<tr><td>칼슘채널 차단제</td><td>· 암로디핀(amlodipine)
· 니페디핀(nifedipine)
· 니카르디핀(nicardipine)</td><td>· 자몽주스와 함께 복용하지 않음(최소 복용 후 2시간 이후 섭취)
· 니카르디핀은 공복 시 복용함</td></tr>
</table>

구분	분류	약물	바른 식사습관
고지혈증 치료제	HMG-CoA 환원효소 저해제	· 심바스타틴(simvastatin) · 로바스타틴(lovastatin) · 아토르바스타틴(atorvastatin)	· 자몽주스와 함께 복용하지 않음(최소 복용 후 2시간 이후에 섭취함) · 로바스타틴은 흡수 증가를 위해 밤에 음식과 함께 섭취함 · 금주(간손상 위험)
항응고제		· 와파린(warfarin)	· 과량의 비타민 K 한번에 섭취 제한 · 보충제 비타민 E 섭취 시 의사 상담 · 인삼, 녹차 섭취 시 약효 감소 · 당귀, 백지, 감초, 정향, 양파, 마늘, 생강, 은행잎제제, 동규자 등을 와파린과 병용 시 출혈 위험 증가

〈표 5〉 **위장장애 및 변비의 대표적인 약물과 약물 복용 시 바른 식습관**

구분	약물	바른 식사습관
히스타민 억제제	· 시메티딘(cimetidine) · 라니티딘(ranitidine) · 파모티딘(famotidine) · 니자티딘(nizatidine)	· 카페인 제한 · 금주
제산제	· 알루미늄(aluminum)을 포함하는 약물 - 수산화알루미늄겔	· 오렌지주스와 알루미늄이 들어 있는 제산제를 함께 복용하지 않음 · 과일주스 및 콜라 등과 함께 복용하지 않음
변비치료제	· 비사코딜(bisacodyl)	· 유제품 섭취 주의(복용 후 최소 1시간 이후에 섭취함)

〈표 6〉 알레르기, 천식, 통풍의 대표적인 약물과 약물 복용 시 바른 식습관

구분	약물	바른 식사습관
항히스타민제 (알레르기)	· 1세대 항히스타민제 · 클로르페니라민(chlorpheniramine) · 디펜히드라민(diphenhydramine) · 브롬페니라민(brompheniramine) · 트리프롤리딘(triprolidine) · 2세대항히스타민제 · 세티리진(certirizine) · 펙소페나딘(fexofenadine) · 아젤라스틴(azelastine) · 로라타딘(loratadine)	· 공복에 복용함 · 술과 함께 복용 시 졸음과 중추신경 억제효과가 나타날 수 있음
기관지확장제 (천식)	· 테오필린(theophylline) · 클렌부테롤(clenbuterol) · 밤부테롤(bambuterol) · 에피네프린(epinephrine)	· 고지방식이는 테오필린의 흡수량을 증가시켜 약효를 증가시킴 · 고탄수화물식이는 테오필린의 흡수량을 감소시켜 약효를 저하시킴 · 음식과 관련된 복용중인 제형을 약사와 상의 · 카페인 제한 · 금주
소염제· 요산 배설 촉진제 (통풍)	· 콜키신(colchicine) · 비스테로이드성소염(NSAIDs) · 알로푸리놀(allopurinol) · 프로베네시드(probenecid) · 설핀피라존(sulfinpyrazone)	· 퓨린이 풍부한 식품섭취 주의 · 다량의 물 섭취 시 요산 결정 배설 도움 · 금주(특히 퓨린 함량이 많은 맥주, 막걸리)

찾아보기

기호

ㄱ

ㄴ

ㄷ

ㄹ

ㅁ

ㅂ

ㅅ

ㅌ

ㅍ

ㅎ

참고문헌

참고문헌

국내문헌

곽재욱(2005). 질환별 영양 치료학. 서울: 신일상사.

구재옥·이연숙·손숙미·서정숙·권종숙·김원경(2012). 식사요법 원리와 실습. 경기: 교문사.

구재옥·이연숙·손숙미·서정숙·권종숙·김원경(2013). 식사요법 원리와 실습. 경기: 교문사.

구재옥·이연숙·손숙미·서정숙·권종숙·김원경(2016). 식사요법 원리와 실습. 경기: 교문사.

구재옥·이연숙·손숙미·서정숙·권종숙·김원경(2017). 식사요법 원리와 실습. 경기: 교문사.

국가건강정보포털 http://health.mw.go.kr/

권순형·김성환·윤옥현·이애랑·이정실·이혜숙·최경순·최향숙(2013). 생각이 필요한 임상영양학. 서울: 수학사.

권순형·서광희·서은영·양경미·정지영·조금호(2016). 에센스 식사요법. 경기: 지구문화사.

권종숙·김경민·김혜경·장유경·조여원·한성림(2012). 사례와 함께하는 임상영양학. 서울:신광출판사.

김미현·양경미·윤정미·윤택준·이복희·이향순·허은실(2013). New 임상영양학. 경기: 지구문화사.

농촌진흥청(2006). 식품성분표(제7개정판).

농촌진흥청 국립농업과학원(2011). 식품성분표(제8개정판).

대한고혈압학회 진료지침제정위원회(2013). 고혈압 진료지침. 대한고혈압학회.

대한골대사학회지침위원회(2008), 골다공증 진단 및 치료 지침.

대한당뇨병학회(2010), 당뇨병 식품교환표 활용지침.

대한당뇨병학회(2011), 당뇨병 진료 지침.

대한신경과학회. http://www.neuro.or.kr/

대한암협회. http://www.kcscancer.org/

대한영양사협회(2008). 임상영양관리지침(제3판), 사단법인 대한영양사협회.

대한의학회 고혈압 임상진료지침 제정 및 집필위원회(2018). 일차 의료용 근거기반 고혈압 권고 요약본. 대한의학회·질병관리본부.

대한치매학회 http://www.thedementia.co.kr/

모수미·이연숙·구재옥·손숙미·서정숙·윤은영·이수경·김원경(2002). 식사요법(제2개정판). 서울: 교문사.

보건복지부(2015). 국민건강통계.

보건복지부(2016). 2016 국민건강통계-국민건강영양조사 제7기 1차년도(2016).

삼성서울병원 간질클리닉 http://epilepsy.samsunghospital.com

서광희·이영순·이병순·김애정·홍경희·김정남(2012). 임상영양학. 경기: 양서원.

서울아산병원(2012). 환자식사저방지침서.

서울아산병원 건강증진센터.

서울특별시 식품안전추진단(2010). 식품 알레르기 교육 및 급식관리 매뉴얼.

손숙미 · 이종호 · 조윤옥(2010). 다이어트와 건강. 경기: 교문사.
손숙미 · 임현숙 · 김정희 · 이종호 · 서정숙(2011). 임상영양학.경기: 교문사.
손숙미 · 임현숙 · 김정희 · 이종호 · 서정숙 · 손정민(2009). 임상영양학. 경기: 교문사.
송경희 · 손정민 · 김희선 · 한성림 · 이애랑 · 김순미 · 김현주 · 홍경희 · 라미용(2012). 식사요법. 서울: 파워북.
송경희 · 손정민 · 김희선 · 한성림 · 이애랑 · 김순미 · 김현주 · 홍경희 · 라미용(2014). 식사요법. 서울: 파워북.
송경희 · 손정민 · 김희선 · 한성림 · 이애랑 · 김순미 · 김현주 · 홍경희 · 라미용(2016). 식사요법. 서울: 파워북.
승정자 · 노숙령 · 한경희 · 김영희 · 홍원주 · 김순경 · 김명희 · 이현옥 · 김애정 · 한은경 · 최미경 · 이윤신 · 김미현 · 김은영 · 배윤정(2007). 임상영양학. 서울: 신광출판사.
식품의약품안전처(2007). 약과 음식 어떻게 먹어야 하나요?
식품의약품안전처(2016). 알아두면 힘이 되는 식품 알레르기 표시 바로 알기.
식품의약품안전청(2010). 약과 음식의 상호작용–의약품 복용 시 주의해야 할 음식.
윤옥현 · 이영순 · 이경자 · 최경순 · 오순덕 · 이정실 (2012). 포인트 식사요법. 경기: 교문사.
윤옥현 · 이영순 · 이경자 · 최경순 · 이정실(2016). 포인트 식사요법. 경기: 교문사.
이명숙 · 김유리 · 임윤숙 · 이승민(2013). 임상영양학. 경기: 양서원.
이명숙 외(2012). 임상영양사를 위한 영양치료 임상영양학. CENGAGE Learning.
이미숙 · 이선영 · 김현아 · 정상진 · 김원경 · 김현주(2012). 임상영양학. 서울: 파워북.
이미숙 · 이선영 · 김현아 · 정상진 · 김원경 · 김현주(2015). 임상영양학. 서울: 파워북.
이미숙 · 이선영 · 김현아 · 정상진 · 김원경 · 김현주(2016). 임상영양학. 서울: 파워북.
이정권 · 이병욱 · 김은미 · 김정욱 · 김진용 · 김혜경 · 송승은 · 윤소윤 · 이기철 · 임경숙 · 임정현 · 안진석 · 김선미 · 송수진 · 윤형곤(2011). 암 환자를 위한 식생활 연구 보고서. 사단법인 대한암협회.
이정희 · 이승민 · 이애자 · 이영미 · 최영희 · 최정희(2011). 영양학. 서울: 대가.
일본비만학회(2006). 비만증 치료 가이드라인.
임상진료지침 정보센터 홈페이지 http://www.guideline.or.kr/
장유경, 이보경, 변기원, 이종현 · 이홍미 · 한영신 · 이유나(2016). 이해하기 쉬운 임상영양관리 및 실습. 서울: 파워북.
장혜순 · 서광희 · 이병순 · 이해정 · 양수진 · 이승림 · 이순희 · 이정윤(2014). 질환에 따른 식사요법. 서울: 신광출판사.
장혜순 · 서광희 · 이병순 · 이해정 · 양수진 · 이승림 · 이순희 · 이정윤(2017). 질환에 따른 식사요법. 서울: 신광출판사.
주은정 · 이경자 · 박은숙 · 유현희(2012). 질병맞춤형 임상영양학. 경기: 교문사.
주은정 · 이경자 · 박은숙 · 유현희(2016). 질병관리를 위한 임상 영양학(2판). 경기: 교문사.
질병관리본부(2015). 고혈압 고급영양실습자료.
질병관리본부 국가건강정보포털. http://health.cdc.go.kr/

최미숙 · 권순형 · 김갑순 · 황금희(2007). 식사요법. 서울: 효일.
최미숙 · 서광희 · 권순형 · 김갑순 · 변기원(2016). 식사요법실습. 서울: 파워북.
통계청(2015). 2014년 사망원인 통계 결과.
통계청(2017). 2016년 사망원인 통계 결과.
한국영양학회(2015). 2015 한국인 영양섭취기준 개정판. 서울 : 한국영양학회.
한국지질동맥경화학회 이상지질혈증 치료지침제정위원회(2015). 이상지질혈증 치료지침. 한국지질동맥경화학회.

외국문헌

ASPEN(1998). Safe practice for parenteral nutrition formulation.

Doll R, Peto R.(1981). The causes of cancer: quantitative estimates of avoidable risks of cancer in the United States today. *Journal of the National Cancer Istitute*, 1981 Jun;*66*(6):1191-308.

Kasper, D., Fauci, A., Hauser, S., Longo, D., Jameson, J., & Loscalzo, J.(2015). *Harrison's principles of internal medicine*, 19e.

Mahan, L. K., & Raymond, J. L.(2016). *Krause's Food and the Nutrition Care Process(14th edition)*, Elsevier Science Health Science

Mahan L. K., Escott-Stump S.(2008). *Krause's Food & Nutrition therapy*, 12th ed. Saunders.

Muscaritoli, M., Bossola, M., Aversa, Z., Bellantone, R., & Fanelli, F. R.(2006). Prevention and treatment of cancer cachexia: new insights into an old problem. *European Journal of Cancer*, *42*(1), 31-41.

Mirtallo, Canada, Johnson, Kumpf, Petersen, Sacks, Seres, & Guenter(2004). *Journal of Parenteral and Enteral Nutrition*. GAGE PUBLICATIONS INC.

Nelms, M., Sucher, K. P., Lacey, K. &, Roth, S. L.(2011). *Nutrition Therapy and Pathophysiology*.

Nelms M, Sucher K. P.(2010). *Nutrition Therapy and Pathophysiology*, 2th ed. Brooks Cole.

Peter Parham(2009). *The immune system*(3rd edition). Garland Science.

Simon, Reece, Dichkey(2010). *Campbell Essential Biology with Physiology* (3rd edition). Pearson International Edition.

Taylor EN, Curhan GC (2013). Dietary calcium from dairy and nondairy sources, and risk of symptomatic kidney stones. *Journal of Urology*, 2013 Oct;*190*(4):1255-9.

World Cancer Research Fund International. http://www.wcrf.org/

Smith, J., Groff, J., & Gropper, S.(2005). *Advanced Nutrition and Human Metabolism*.

Gibson, P. R., & Shepherd, S. J. (2010). Evidence-based dietary management of functional gastrointestinal symptoms: the FODMAP approach. *Journal of gastroenterology and hepatology*, 25(2), 252-258.

저자소개

김미자
충남대학교 식품영양학과 이학박사
대전과학기술대학교 식품영양과 교수

김정연
한양대학교 식품영양학 박사(임상영양 전공)
서정대학교 식품영양과 교수

김미옥
(일본) 오차노미즈여자대학교 식품영양전공 학술박사
대구보건대학교 식품영양과 교수

김지영
연세대학교 식품영양학과(임상영양학 전공) 이학박사
고려대학교 보건과학과 연구교수

강은희
충남대학교 식품영양학과 이학박사
서울아산병원 임상영양사

김지연
연세대학교 식품영양정보관리 이학석사
가톨릭대학교 서울성모병원 임상영양사

고영은
충남대학교 식품영양학과 이학박사
한국생명공학연구원 박사 후 연구원

식사요법

초판 1쇄 인쇄 2018년 3월 8일
초판 1쇄 발행 2018년 3월 12일

지 은 이 | 김미자 · 김정연 · 김미옥 · 김지영 · 강은희 · 김지연 · 고영은
펴 낸 이 | 김기섭
편 집 인 | 이초롱
펴 낸 곳 | 창지사 www.changjisa.com
08589 서울시 금천구 가산디지털 1로 83 파트너스타워 1차 9층
전화 (02)719-2211~3
팩스 (02)701-9386
등 록 | 1977년 4월 28일 · 제1-421호

ISBN 978-89-426-0999-4 (93590)

값 24,000원

이 도서의 국립중앙도서관 출판예정도서목록(CIP)은 서지정보유통 지원시스템 홈페이지(http://seoji.nl.go.kr)와 국가자료공동목록시스템(http://www.nl.go.kr/kolisnet)에서 이용하실 수 있습니다(CIP제어번호: CIP2018007625).